动植物
检验检疫学

余海忠　隋　哲　主编

化学工业出版社

·北京·

内容简介

本书主要介绍了我国进出口动植物及其产品的检验检疫现行法律、法规,动植物及其产品的检验检疫发展趋势,具体是从检疫审批、入境检疫、出境检疫、过境检疫、检疫结果的判定和出证以及检疫处理等方面详细介绍了动植物及其产品的检验检疫主要内容及检疫方法、程序,主要检疫性有害生物的鉴别、分布、传播方式和检验方法,有害生物风险评估的原理、方法和程序,重点介绍了电镜技术、光谱技术、色谱技术、生物化学技术、细胞遗传学技术、免疫鉴定技术、分子生物学技术等现代动植物检验检疫技术的基本原理及基本方法和步骤等;最后介绍了转基因动植物的检验检疫原理和方法。

本书把深奥的动植物检验检疫原理与动植物检验检疫技术方法结合起来进行介绍,具有一定的理论高度和实践应用价值,适用于食品科学与工程、食品质量与安全以及生物科学等相关专业的本科生、研究生作为教材使用,也可以作为动植物检验检疫相关领域的研究和技术人员的参考书。

图书在版编目(CIP)数据

动植物检验检疫学/余海忠,隋哲主编.—北京:化学工业出版社,2023.10

ISBN 978-7-122-42820-2

Ⅰ.①动… Ⅱ.①余…②隋… Ⅲ.①动物检疫②植物检疫 Ⅳ.①S851.34②S41

中国国家版本馆CIP数据核字(2023)第217307号

责任编辑:李 琰　　　　　文字编辑:张春娥
责任校对:王 静　　　　　装帧设计:关 飞

出版发行:化学工业出版社
　　　　　(北京市东城区青年湖南街13号　邮政编码100011)
印　　装:涿州市般润文化传播有限公司
787mm×1092mm　1/16　印张14½　字数358千字
2023年10月北京第1版第1次印刷

购书咨询:010-64518888　　　售后服务:010-64518899
网　　址:http://www.cip.com.cn
凡购买本书,如有缺损质量问题,本社销售中心负责调换。

定　　价:45.00元

前言 >>>>>>>

　　《动植物检验检疫学》以培养合格的动植物检验检疫人员以及普及检验检疫知识为目标，主要论述我国进出口动植物及其产品的检验检疫现行法律、法规，动植物及其产品的检验检疫发展趋势、基本原理和基本方法，动植物检疫的主要内容及检疫程序，检疫处理的原理与方法，主要检疫性有害生物的鉴别、分布、传播方式和检验方法，有害生物风险评估的原理、方法和程序以及现代动植物检验检疫技术。

　　目前已出版的《动植物检验检疫学》教材和参考书有的重点介绍的是动植物检验检疫的法律基础及一般检疫检验的内容、方法和程序，缺乏现代动植物检验检疫的技术内容，理论基础有限；也有的虽然包含了动植物检验检疫的技术内容，但只介绍了技术原理，缺乏技术方法步骤，实用性不强。基于此，编者所在课题组联合中国海关的一线检验检疫工程师编撰了此本兼具理论性与实操性的特色教材，内容涉及检疫审批、入境检疫、出境检疫、过境检疫、检疫结果的判定和出证以及检疫处理等方面系统介绍了动物及动物产品以及植物及植物产品的检验检疫的方法和程序；重点介绍了电镜技术、光谱技术、色谱技术、生物化学技术、细胞遗传学技术、免疫鉴定技术以及分子生物学技术等现代动植物检验检疫技术的基本原理和基本方法及步骤；最后介绍了转基因动植物的检验检疫原理和方法，把深奥的动植物检验检疫原理与动植物检验检疫技术方法结合了起来，具有一定的理论高度和实践应用价值。《动植物检验检疫学》的主编是来自湖北文理学院的余海忠和隋哲，副主编是来自江苏如皋海关的徐莉和来自上海会展中心海关的腾凯。本书的编写过程得到了湖北文理学院、江苏如皋海关、上海会展中心海关和化学工业出版社各位领导与同仁的大力支持。

　　本教材具有前沿性和应用性的特点，既适合食品科学与工程、食品质量与安全、生物科学等相关专业的本科生、硕士/博士研究生作为教材使用，也可以作为动植物检验检疫相关领域工作人员的参考书。

编者

2023 年 10 月

目录 》》》》》

第四章　动植物检验检疫的对象　38

第五章　动植物检验检疫的样品采集　48

第一章

绪 论

检疫（Quarantine）源于意大利语 "quarantina"（本意为 "四十天"），14 世纪中叶，欧洲大陆流行黑死病（black death）、霍乱（cholera）、黄热病（yellow fever）等疾病，严重威胁着人类的生命安全。为阻止这些传染病传入，1403 年意大利在威尼斯建立了世界上第一个检疫机构——lazaretto 检查站，令外国船舶及人员必须滞留海上 40 天，在此期间如未发现有传染病，方允许船舶进港和人员上岸。这种早期的检疫方法被称为隔离法（Isolation），而 Quarantine 就成为隔离 40 天的专有名词，Quarantine 逐渐发展成 "检疫" 的概念。这种始于人类防范疫病的隔离措施逐步被人们运用到阻止动、植物疫病和有害生物传播，遂出现了动、植物检疫。

1866 年，英国颁布法令，扑杀进口种牛带进的牛瘟所传染的全部病牛。为了预防牛瘟的再发生，英国又于 1869 年制定了《动物传染病法》，以控制牛的进口。

1871 年，日本政府采取措施，防止西伯利亚地区流行的牛瘟传入本国，并于 1886 年制定了《兽类传染病预防法规》。

1879 年，由于从美国进口的肉类制品中发现带有旋毛虫、绦虫，意大利下令禁止进口美国的肉类制品。

1881 年，奥地利、德国和法国也相继颁布禁止美国肉类进口的法令。

我国的出入境检验检疫主要由进出口商品检验部门、进出境动植物检疫部门和国境卫生检疫部门以及与之关联和配套的其他业务和行政职能部门协同完成。

20 世纪 70 年代开始，各级商品检验局在部分地区开始承接原先由卫生防疫站和卫生局负责的进口食品卫生监督检验工作，这为后期的整体国民经济快速发展发挥了重要的作用。

改革开放后，我国的进出境动植物检疫事业快速发展，各级检验检疫机构又划归中央垂直领导。1978 年，筹建农林部植物检疫实验所。1980 年，恢复口岸动植物检疫工作，归口农业部统一领导。1981 年 9 月，农业部成立 "中华人民共和国动植物检疫总所"（后更名为 "中华人民共和国动植物检疫局"），负责全国口岸进出境动植物检疫工作。1982 年 6 月，国务院发布《进出口动植物检疫条例》。1987年，由各级卫生防疫部门和卫生行政部门负责的进口食品卫生监督检验工作移交给各级卫生检疫所，形成了以国家进出口商品检验局、农业部动植物检疫总所和卫生部卫生检疫局（总所）分别领导下的"三检"把关、各负其责的检验检疫体制，检验检疫工作在各自归口管理部门的领导下，开始实现跨越式发展，取得了辉煌的成就。

1991年，第七届全国人民代表大会常务委员会第二十二次会议通过《中华人民共和国进出境动植物检疫法》。1994年，国务院批准在动植物检疫总所基础上成立国家动植物检疫局。1997年《中华人民共和国进出境动植物检疫法实施条例》施行，中国动植物检疫真正进入到法治建设的轨道。1998年，为了改变"三检"各成系统、机构林立、职能重叠、效率低下等现状，更好地适应改革开放的形势和外经贸发展的需要，经国务院批准，对原有的检验检疫管理体制进行了改革，将原国家进出口商品检验局、卫生部卫生检疫局和农业部动植物检疫局合并组建成中华人民共和国国家出入境检验检疫局，归属海关总署，内设动植物监管司，全面负责进出境动植物检疫工作，各直属、分支检验检疫局也于1999年完成了改革。2001年，为适应加入世贸组织，国家质量技术监督局和国家出入境检验检疫局合并组成"中华人民共和国质量监督检验检疫总局"，出入境检验检疫事业迎来了飞速发展。2018年3月，国务院机构改革，将国家质量监督检验检疫总局的出入境检验检疫管理职责和队伍划入海关总署。

第二章 ❯❯❯
动植物检验检疫的重要性

第一节　动植物检验检疫的作用

　　动植物检验检疫的作用主要表现在以下几方面。

　　(1) 防止危险性动物疫病的传入、传出及扩散，保护本国、本地区动植物的安全　自然界动植物病、虫、杂草有一定的地域性，其中某些危害性病、虫、杂草可以随人为调运传入新地区，甚至会因更适应新地区的气候环境条件而迅速蔓延。古今中外随动植物及其产品调运传播危险性病、虫、杂草而导致农牧业大灾害的事例屡见不鲜。历史上有名的"爱尔兰大饥荒"就是由于从美洲传入马铃薯晚疫病导致大流行造成的，当时仅 800 万人口的爱尔兰岛死于饥荒者达 20 万人，外出逃荒者 164 万人。1978 年马耳他一农户给猪喂了来自疫区飞机上的残羹剩饭，引起非洲猪瘟暴发，在一个月内波及 304 个猪场，发病猪达 2.5 万头，为控制此病，把全国 7 万多头猪全部宰杀，损失达 500 万英镑，当时全国没有一头活猪，开创了一种传染病使一个国家内一种家畜绝种的先例。

　　(2) 保护农、林、牧、渔业安全生产　最早的动物检疫法律法规是 1869 年英国制定的《动物传染病法》，以及随后其他各国也相继颁布了各类动植物检验检疫法律法规，这些法律法规的制定和实施有效地防止了动植物病虫害、杂草及其他有害生物等的传入、传出，保护了本国、本地区农、林、牧、渔业的安全生产，并且对国与国之间检疫协定书的签订具有重要的推动作用。

　　(3) 防止经济损失和保障人民身体健康　据统计，每年因外来物种的入侵造成的经济损失巨大，比如中国约 574 亿元人民币、印度约 1300 亿美元、美国约 1500 亿美元、南非约800 亿美元。爱尔兰曾因马铃薯晚疫病的流行，造成 100 余万人饿死，人口锐减；根据世界卫生组织统计，人类免疫缺陷病毒（HIV）在世界范围内导致近 1200 万人死亡，超过 3000 万人受到感染。由此可见，动植物的检验检疫，不仅能够有效预防动植物疫病的传播，而且能有效地保护人民身体健康、防止农林牧渔业产业经济的损失。

（4）保护国际贸易正常进行　例如，2003 年世贸组织制止了日本违反国际贸易规则，限制进口美国苹果的行为，世贸组织还解除了日本禁止进口中国新疆哈密瓜的限制，为新疆哈密瓜开辟日本市场保驾护航。2006 年前 10 个月，我国出入境检疫机构共截获有害生物 2471 种，10.4 万次。这些措施，既将有害生物挡在国门之外，又为进口企业挽回了巨大的经济损失。

第二节　动植物检验检疫的主要类型

根据检验检疫的地理位置和检验检疫的严格程度，动植物检验检疫主要分为以下五种类型。

一、发达国家型

地理位置毗邻的经济发达国家，如美国和加拿大，这些国家之间的检疫要求较为宽松，在对待其他国家时，进境检疫非常严格，而出境检疫相对宽松。

二、发展中国家型

如前苏联、印度尼西亚、印度、智利等经济较不发达的国家，农业生产技术差，病虫控制能力不强，进境检疫中，以防止检疫性动物疫病和植物有害生物的传入为主，出境检疫中，进口国一般提出较高的检疫要求，出境检疫也相对较为严格。

三、经济共同体型

地理位置相邻且构成了经济共同体的国家，如欧洲经济共同体，各成员国实施共同的动植物检疫原则和措施，共同体国家之间的动植物检疫非常宽松，共同体以外的国家，其进境检疫要求十分严格，出境检疫相对宽松。

四、自然环境优越型

所处特殊的地理位置，例如澳大利亚、新西兰、日本和韩国等岛国和半岛国，它们的农业生产发达。这些国家的入境检疫要求极为严格，出口检疫较宽松。

五、工商业城市型

如新加坡等以工商业为主的城市化国家或地区，在进境检疫中，对动物、动物产品的检疫较严格，对植物产品检疫较宽松；出口检疫相对宽松。

第三节　动植物检验检疫的基本属性

动植物检验检疫具有下列基本属性：

一、法制性

动植物检疫必须依法进行，法制性是动植物检验检疫各项工作的保障，是其基本特征之一，是动植物检疫工作开展的依据。

二、技术性

动植物检疫要达到"快速、准确、有效"的目的，必须依赖先进的仪器设备，而先进的仪器设备都是建立在一定的物理、化学和生物技术基础之上的，动植物检疫技术的提高，可促进"快速、准确、有效"目的的实现。

三、预防性

预防动植物疫病是动植物检疫的目的。动植物检疫的核心问题是预防本国或本地区以外的检疫性疫病和有害生物的传入和扩散，防患于未然是动植物检疫的基本属性之一。

四、国际性

动植物疫病不分国界，全球传播，国际性是动植物检疫的一个基本属性，特别是对于进出境动植物检疫，其国际性更为突出。为保障国际合作与交流的健康进行，产生和发展了一些相应的国际组织，制定、实施国际公约、标准，进行国际合作与交流，这对动植物检疫具有重要的意义。

五、综合性

动植物检疫技术复杂，需要物理、化学、生物技术综合应用；动植物检疫管理对象错综复杂，管理形式多样，需要法律手段、行政手段和技术手段综合应用，是综合的管理体系。

第四节　动植物检验检疫的实施范围

动植物检验检疫的实施范围如下所述。

一、动植物和动植物产品

包括：通过贸易、科技合作、赠送、援助等方式进出境的动植物和动植物产品，旅客携带的进境动植物和动植物产品，邮寄进境的动植物和动植物产品，过境动植物和动植物产品等。

二、装载容器、包装物及铺垫材料

装载多次使用、易受病虫害污染的进出境货物的容器、包装物和铺垫材料，包括：装载进出境动植物、动植物产品和其他检疫物的装载容器、包装物、铺垫材料；装载过境动物的装载容器，装载过境植物、动植物产品和其他检疫物的包装物、装载容器。

三、运输工具

来自动物疫区的运输工具，进境的废旧船舶，装载出境动物及产品和其他检疫物的运输工具，装载过境动物的运输工具。

四、其他检疫物

其他检疫物包括动物疫苗、血清、诊断液等。

五、动植物检验检疫的发展新形势

(1) 健全法规，执法严格。特别是农业发达国家，如美国、澳大利亚等均颁布了健全的动植物检疫法规。管理体制上，世界上 180 多个国家的动植物检疫主管部门均从属于中央农业行政主管部门，其检疫职责分明，检疫范围明确，没有多部门交叉、重复现象。动植物检疫业务范围包括所有动植物及其动植物产品，一些国家还包括产品的公共卫生。

(2) 履行多边协定。国家间货物的动植物检疫的执行特点是履行多边协定（议）和双边协定（议），并且双边协议中均注意双向检疫许可证和检疫证书认证制度的建议。

(3) 出入境检疫与检验相结合，与农业生产和病虫害防治相结合。入境旅检一般由乘务员分发申报单，查验大厅设有 X 射线检查机，美国、加拿大、澳大利亚等还利用"检疫犬"进行检查。

(4) 动植物检疫与市场经济紧密结合。充分发挥动植物检疫保护国内农业生产和农产品市场的作用，重视动植物检疫宣传工作和入境旅客动植物检疫申报工作，口岸查验部门联合把关。

第三章
动植物检验检疫的法规与规程

第一节　基本术语

一、基本概念

动植物检验检疫的法规与规程中涉及的基本概念较多，重要的如下所述。

有害生物：指任何对植物、植物产品造成损害的植物、动物、病原物的小种、株系或生物型。

非限定性有害生物：指已经广泛发生或普遍分布的有害生物，有些是日常生活中常见的，它们在植物检疫中没有特殊的重要性。

限定性有害生物：一些危害性大，有的虽有分布，但官方已采取控制措施，属于控制范围内的有害生物。分为检疫性有害生物和限定的非检疫有害生物。

检疫性有害生物：国家按法定程序公布的，对出入境货物中禁止携带的危险性有害生物。大多数是国内尚未发生或虽有局部发生但正在控制或扑灭中的外来有害生物，动植物检疫部门依法对其实施严格的检疫处理，以防止其扩散、定植或传播。

限定的非检疫性有害生物：人工种植的植物存在危及这些植物的原定用途而产生无法接受的经济影响，因而在输入国和地区要受到限制的非检疫性有害生物。

疫区：是指由官方划定的发现有检疫性有害生物存在与为害，并正由官方防治的地区。

有害生物低度流行区：是指经主管当局认定，某种有害生物发生水平低，并已采取了有效的监测、控制或根除措施的地区。

控制区：专指国家植物保护组织确定为防治特定有害生物从疫区扩散所必需的最小的限定区域。

保护区：是国家植物保护组织为有效保护受威胁地区而确定的必需的最小的限定区域。

非疫区：有科学证据证明未发现某种有害生物并由官方维持的地区。

非疫产地：指科学证明没有特定有害生物发生，并且官方能适当保持此状况达到规定时间的地区。

非疫生产点：指科学证据表明没有特定有害生物发生，并且官方能保持此状况达到规定时间的产地，作为一个单独单位以非疫产地相同方式加以管理的限定部分。

缓冲区：指环绕非疫区、无疫生产点、疫区、有疫害生产地邻近的地区，该地区内没有特定的有害生物发生或发生程度低并由官方控制，实施植物检疫措施防止有害生物的扩散。

二、动植物检验检疫的法律

（一）我国动植物检验检疫的法律和条例

我国动植物检验检疫的法律和条例有：

(1)《中华人民共和国进出口商品检验法》《中华人民共和国进出口商品检验法实施条例》；

(2)《中华人民共和国进出境动植物检疫法》《中华人民共和国进出境动植物检疫法实施条例》；

(3)《中华人民共和国国境卫生检疫法》《中华人民共和国国境卫生检疫法实施细则》；

(4)《中华人民共和国食品安全法》；

(5)《中华人民共和国进境动物一、二类传染病、寄生虫病名录》《中华人民共和国禁止携带、邮寄进境的动物、动物产品及其他检疫物名录》和《进境动物和动物产品风险分析管理规定》。

（二）国际性动植物检验检疫的法规

(1)《国际植物保护公约》(IPPC)，1952 年生效：由设在粮农组织植物保护处的 IPPC 秘书处负责执行和管理，中国是第 141 个缔约方。

(2)《实施卫生与植物卫生措施协定》（简称《SPS 协定》）：签署于 1994 年 4 月 15 日，是乌拉圭回合多边贸易谈判结果最后文件的一部分，成为构建世贸组织的基本协定之一，随着 1995 年 1 月 1 日世贸组织的成立而开始生效。《SPS 协定》制定了食品安全和动植物健康相关的基本标准，同时允许成员制定各自的标准。

(3) 植物检疫措施国际标准（ISPMS）。

(4)《国际动物卫生法典》《陆生动物卫生法典》和《水生动物卫生法典》，由世界动物卫生组织制定，对全球的动物检疫工作具有权威性的指导作用。

三、动植物检疫机构

（一）中国动植物检疫机构

中华人民共和国海关总署动植物检疫司是中华人民共和国海关总署内设机构。其主要职能是拟订出入境动植物及其产品检验检疫的工作制度，承担出入境动植物及其产品的检验检疫、监督管理工作，按分工组织实施风险分析和紧急预防措施，承担出入境转基因生物及其产品、生物物种资源的检验检疫工作。设有综合处、动物检疫一处、动物检疫二处、植物检疫一处、植物检疫二处等机构。

（二）美国动植物检疫法规及机构

美国动物检疫机构有：农业部动植物卫生检验局（APHIS）、农业部食品安全检验局（FSIS）、卫生与人类服务部（DHHS）下属的食品及药物管理局（FDA）。APHIS的两个重要部门是植物保护和检疫处（PPQ）与兽医处（VS）。APHIS的职能是防止外来农业有害生物的传入；发现和检测农业有害生物；对外来的农业有害生物采取紧急检疫措施；提供相关科技服务，采用科学的检疫标准促进农产品出口；保护野生和濒危动植物，收集、分析和分发有关信息。PPQ的职能是防止动物和植物有害生物传入，植物和动物产品出口检疫证书管理，植物病虫害调查和控制，执行国内外植物检疫法规，与外国政府官员就植物检疫和法规事宜进行协调，执行国际贸易方面保护濒危植物公约，收集、评估和分发植物检疫信息。

（三）其他国家动植物检疫法规及机构

日本农林水产省：日本农林水产省畜产局统管进出境动植物检疫工作，负责管理全国进出境植物防疫工作。

澳大利亚检疫局（AQIS）：澳大利亚的官方植物检疫机构是澳大利亚检疫局（AQIS），它是澳大利亚农林渔业部的下设机构。AQIS下设食品检验处和检疫处，检疫处又设动物检疫、植物检疫和协调发展三个部门。AQIS于1991年制定了进境检疫PRA（有毒生物风险分析）程序。澳大利亚农业和资源经济局和澳大利亚农村科学局协助AQIS完成PRA研究工作。

第二节　检疫审批

检疫审批（检疫许可）是在输入某些检疫物之前，输入单位向检疫机关提出申请，检验检疫机构依据国家有关法律、法规，决定是否批准从国外引进检疫物，或在中国国内运输过境要求的法定程序。

一、申请条件

一般进境审批条件是具有独立法人资格，直接对外签订贸易合同或者协议的单位，其收货人或代理人在出入境检验检疫部门进行了备案。过境动物和过境转基因产品的审批条件是具有独立法人资格，直接对外签订贸易合同或者协议的单位或者其代理人。

二、检疫审批的依据

（一）进出境动植物检疫法及实施条例以及相关配套法规

进出境动植物检疫法及实施条例以及相关配套法规是检疫审批的基础和保障。这些法规以及相关配套条例有：

动植物检验检疫是防止有害生物传入、传出国境，保护农、林、牧、渔业生产和人体健康，保障动物、动物产品及食品安全，促进对外经济贸易发展的重要手段。目前，我国有关进出境的动植物检疫相关法律法规有：

（1）《中华人民共和国进出境动植物检疫法》（主席令第 53 号）。该法共分为八章，五十条。八章分别为：总则，进境检疫，出境检疫，过境检疫，携带、邮寄物检疫，运输工具检疫，法律责任，附则。其中包含检疫审批、检疫申报、现场检疫、隔离检疫、检疫监督以及其他检疫制度等一整套比较完整的制度安排。

（2）《中华人民共和国进出境动植物检疫法实施条例》（国务院令第 206 号）。该条例是根据《中华人民共和国进出境动植物检疫法》的规定而制定的，该条例规定，输入动物、动物产品和禁止进境物（《进出境动植物检疫法》第五条第一款所列）的检疫审批，由国家动植物检疫局或者其授权的口岸动植物检疫机关负责。输入植物种子、种苗及其他繁殖材料的检疫审批，由植物检疫条例规定的机关负责。符合相关条件的，才能够办理进境检疫审批手续。

（3）《进境动植物检疫审批管理办法》（2018 年 5 月 29 日修正版）。该文件明确了海关总署负责检验检疫工作的职责。各直属海关负责所辖地区进境动植物检疫审批申请的初审工作。

（4）《出入境检验检疫流程管理规定》（国质检通〔2017〕437 号）。为加强检验检疫流程管理，原国家质量监督检验检疫总局制定了该文件，依法对出入境货物等监管对象实施检验检疫，主要包括受理报检、审单布控、现场和实验室检验检疫、动植物隔离检疫、检疫处理、综合评定、签证放行和归档部分。

（5）海关总署和原国家质量监督检验检疫总局发布的部分检验检疫方面的部门规章和相关文件。

①《出入境检验检疫报检规定》（2018 年 11 月 23 日修正版）。该文件规定了办理出入境检验检疫报检/申报的具体要求，包括报检范围、报检单、报检资格、入境和出境报检等内容。

②《进境动物隔离检疫场使用监督管理办法》（2018 年 11 月 23 日修正版）。本办法旨在做好进境动物隔离检疫场的管理工作，是根据《中华人民共和国进出境动植物检疫法》及其实施条例等法律法规的规定而制定。

③《出入境检验检疫报检企业管理办法》（总局令 161 号）。该文件对自理报检企业和代理报检企业的报检行为进行了规范。

④《出入境检验检疫签证管理办法》（国质检通〔2009〕38 号）。该文件规定了出入境检验检疫签证管理工作的要求，出入境检验检疫签证流程一般包括受理报检（或申报）、审单、计费、收费、拟制与审签证稿、缮制与审校证单、签发证单、归档。

（二）中国-输出国双边检疫协定（协议、备忘录、条款）

目前我国已与美国、俄罗斯、英国、法国、德国、荷兰、加拿大等多个国家签订了双边输入动物、动物产品的检疫协定（协议、备忘录、条款）300 多个。中国-输出国双边检疫协定（协议、备忘录、条款）是从国外输入动物、动物产品的基本要求。

（三）输出国家或地区的动物疫情情况

中华人民共和国海关总署动植物检疫司根据 OIE（国际兽疫局）报告、使馆通知、派出兽医官汇报，随时掌握国外疫情。

三、审批的权限和范围

（一）特许检疫审批

特许检疫审批是因科学研究等特殊需要引进禁止进境物的，当事人必须事先提出申请，经海关总署或其授权的直属海关批准。办理禁止进境物特许检疫审批手续时，货主、物主或者其代理人必须提交书面申请，说明其数量、用途、引进方式、进境后的防疫措施，并附有关出入境检验检疫机构签署的意见。特许检疫审批的范围如下：

（1）动植物病原体（细菌、真菌、支原体、立克次体、衣原体、寄生虫或其他传染性因子）、害虫及其他有害生物。国家禁止动物病原体入境，但因科学研究等特殊需要引进动物病原体的单位，应至少提前15天向国家出入境检验检疫机关申请《进境动植物检疫许可证》。

（2）动植物疫情流行的国家和地区的有关动植物、动植物产品和其他检疫物。

（3）动物尸体。

（二）进境动物一般检疫审批

1. 中华人民共和国海关总署动植物检疫司负责审批范围

（1）种用动物及遗传物质（精液、胚胎、受精卵、种蛋）；（2）展览、演艺、竞赛用动物；（3）屠宰用哺乳动物；（4）野生动物；（5）过境动物；（6）从一个直属局辖区内进境后调往其他直属局辖区内饲养、屠宰（食用）的动物以及生产、加工、存放的动物产品；（7）所有猪产品和美国、加拿大、蒙古的肉类产品；（8）允许市场销售的肉类产品；（9）中亚五国进口的羊毛、皮张和从阿联酋进口的澳大利亚绵羊皮。

2. 直属局负责审批范围

从一个直属局辖区内的口岸进境并在该直属局辖区内饲养、使用的动物以及动物产品：（1）伴侣动物（犬、猫等）；（2）实验动物（大鼠、小鼠、豚鼠等）；（3）水生动物（鱼、虾、蟹、贝等）；（4）爬行动物（龟、鳖等）；（5）两栖动物；（6）限定在进境口岸局管辖范围内少量用于宾馆、饭店配餐的肉类产品；（7）洗净毛、炭化毛、毛条、蓝湿（干）皮。

第三节　入境检疫、出境检疫与过境检疫

一、入境检疫

（一）入境动物检疫

1. 检疫审批

检疫审批是为了防止动植物传染病、寄生虫病和植物危险性杂草以及其他有害生物的传入，根据国家动植物检疫审批管理办法，对入境、出境与过境动植物及其产品办理检疫许可证的管理办法。根据国家《进境动植物检疫审批管理办法》的规定，入境动物（含过境动

物）、动物产品和需要特许审批的禁止入境物需要办理检疫审批。

入境动物检疫审批工作由海关总署统一管理。海关总署或者其授权的其他审批机构（以下简称审批机构）负责签发《中华人民共和国进境动物检疫许可证》（以下简称《检疫许可证》）和《中华人民共和国进境动物检疫许可证申请未获批准通知单》（以下简称《检疫许可证申请未获批准通知单》）。各直属海关（以下简称初审机构）负责所辖地区进境动物检疫审批申请的初审工作。

提出申请办理检疫审批手续的单位（以下简称申请单位）应当是具有独立法人资格并直接对外签订贸易合同或者协议的单位。申请单位按照规定填写并向初审机构提交《中华人民共和国进境动物检疫许可证申请表》，并提供以下有关材料：

（1）申请单位的法人资格证明文件（复印件）。

（2）《进境动物临时隔离检疫场许可证申请表》：输入动物需要在临时隔离场检疫的，还应当填写《进境动物临时隔离检疫场许可证申请表》。

（3）与定点企业签订的生产、加工、存放的合同：输入动物肉类、脏器、肠衣、原毛（含羽毛）、原皮，生的骨、角、蹄，蚕茧和水产品等，需在海关总署公布的定点企业加工生产、存放的，需提供与定点企业签订的合同。

（4）动物卫生证书（复印件）和准许动物进境的证明文件；办理动物过境的，应当说明过境路线，并提供输出国家或者地区官方检疫部门出具的动物卫生证书（复印件）和输入国家或者地区官方检疫部门出具的准许动物进境的证明文件。

（5）需要提供的其他材料：因科学研究等需要，必须引进《进出境动植物检疫法》第五条第一款所列禁止进境物的，须提交书面申请，说明其数量、用途、引进方式、进境后的防疫措施、科学研究的立项报告及相关主管部门的批准立项证明文件。

初审由入境口岸初审机构进行。加工、使用地不在入境口岸初审机构所辖地区内的货物，还须由使用地初审机构初审。初审的内容包括：

（1）申请单位提交的材料是否齐全；

（2）输出和途经国家或者地区有无相关的动物疫情；

（3）是否符合中国有关动物检疫法律法规和部门规章的规定；

（4）是否符合中国与输出国家或者地区签订的双边检疫协定（包括检疫协议、议定书、备忘录等）；

（5）入境后需要对生产、加工过程实施检疫监督的动物及其产品，审查其运输、生产、加工、存放及处理等环节是否符合检疫防疫及监管条件，根据生产、加工企业的加工能力核定其入境数量；

（6）可以核销的入境动物产品，应当审核其上一次审批的《检疫许可证》的使用、核销情况。

初审合格的，由初审机构签署初审意见。同时对考核合格的动物临时隔离检疫场出具《进境动物临时隔离检疫场许可证》；对需要实施检疫监管的进境动物产品，出具对其生产、加工、存放单位的考核报告；由初审机构将所有材料上报海关总署动植物检疫司审核。海关总署动植物检疫司自初审机构受理申请之日起 30 个工作日内，根据审核情况，签发《检疫许可证》或者《检疫许可证申请未获批准通知单》。

2. 境外产地检疫

为了确保引进的动物健康无病，海关总署动植物检疫司根据进口动物的品种（如猪、马、驴、骡、牛、羊、狐狸、鸵鸟等种畜、禽）、数量和输出国的情况，依照我国与输出国签署的输入动物的检疫和卫生条件议定书，派兽医赴输出国配合输出国官方检疫机构执行检疫任务。其工作内容及程序如下：

（1）了解整个输出国动物疫情，特别是本次拟出口动物所在省（州）的疫情，确定从符合议定书要求的省（州）的合格农场挑选动物；同输出国官方兽医初步商定检疫工作计划。

（2）确认输出国输出动物的原农场符合议定书要求，特别是议定书要求该农场在指定的时间内（如3年、6个月等）及农场周围（如周围20km范围内）无议定书中所规定的疫病或临床症状等，查阅农场有关的疫病监测记录档案，询问地方兽医、农场主有关动物疫情及疫病诊治情况；对原农场所有动物进行检查，保证临床检查所选动物是健康的。

（3）到官方认可的负责出口检疫的实验室，参与议定书规定动物疫病的实验室检验工作，监督动物结核或副结核的皮内变态反应或马鼻疽点眼试验，并按照议定书规定的判定标准判定检验结果；符合要求的阴性动物方可进入官方认可的出口前隔离检疫场，实施隔离检疫。

（4）确认隔离场为输出国官方确认的隔离场；核对动物编号，确认只有农场检疫合格的动物方可进入隔离场；到官方认可的实验室参与有关疫病的实验室检验工作及结果判定；根据检验结果，阴性动物准予向我国出口；在整个隔离检验期，定期或不定期地对动物进行临床检查；监督对动物的体内外驱虫工作；按照议定书规定对动物进行疫苗注射。

（5）拟定动物从隔离场到机场或码头至我国的运输路线，监督对运输动物的车、船或飞机的消毒及装运工作，并要求使用药物为官方认可的有效药物。运输动物的飞机、车、船不可同时装运其他动物。

3. 报检

种畜、禽及其精液、胚胎入境前30日，其他动物入境前15日报检，其他动物产品入境时报检。任何动物、动物产品，特别是活动物、来自疫区检疫物，都必须在入境口岸报检，由口岸检疫机构实施必要的检疫；转关货物一般在目的地报检施检，卸货时发现问题，必须由检验检疫机构在卸货港检验检疫；报检应提交下列文件：

（1）单证：报检单、合同、发票、箱单、提运单；

（2）《进境动植物检疫许可证》；

（3）产地证、输出国检疫证书；

（4）隔离场审批证明（活动物）/加工厂注册登记证书（动物产品）；

（5）进口肉鸡产品：一般贸易项下，《自动登记进口证明》；加工贸易项下，《加工贸易业务批准证》；外商投资企业，《外商投资企业特定商品进口登记证明》。

4. 采样

采样要根据相应标准或合同要求进行，并出具《抽采样凭证》，样品应具有代表性、典型性、随机性，代表货物的真实情况。抽样数量应符合相应的标准。样品的保存温度和条件以及送样时间，应符合规定。

（1）根据国家相关法规，采样要求如下：

① 在采样之前应确认货、证是否相符。

② 采样过程中应避免雨水等环境的不良因素影响，防止样品被污染。

③ 采样用具如注射器、采血管、试管、探子、铲子、匙、采样器、剪子、样品袋等必须是灭菌的。

④ 采集样品一般要求随机采样。若怀疑有可能受病原体污染者，可以进行选择采样。

⑤ 对于样品种类如盒、袋、瓶和罐装者，应取完整未开封的。如果样品很大，则需用无菌采样器采样；样品是固体粉末，应边取边混合；样品是液体的，通过振摇混匀；样品是冷冻的，应保持冷冻状态（可放在冰内、冰箱的冷盒内保存），非冷冻动物产品需保持在 0～5℃中保存。

⑥ 采样前或采样后应在盛装样品的容器或样品袋上立即贴上标签，每件样品必须标记清楚品名、来源、数量、采样地点、采样人及采样日期。

⑦ 采样后出具采样单一式三份，一份留本单位存查，一份交货主或其代理人，一份随同样品送实验室。

（2）采样数量　进出境动物和动物产品检疫采样凡已签订了双边检疫议定书的，其采样数量按检疫议定书进行，否则根据国际兽疫局（OIE）《国际兽医疾病诊断和免疫手册（1996）》中所提出的概率把关的采样原则进行，或采用 OIE《国际水生动物疾病诊断手册（1997）》进行。进出境活动物的采样数量见表 3-1。

表 3-1　出入境活动物的采样数量

动物种类		采样数量	
大家畜(牛、马、驼等)、中家畜(猪、山羊、绵羊等)		逐头采样	
小家畜(兔、貂等)、两栖动物、爬行动物		进口种用:逐头采样;进口非种用:按下述"实验动物"一栏的规定采样;出口:按输入国检疫要求采样	
野生动物(虎、豹、狼、黄鼬、狐等)		偶蹄类、灵长类动物逐头采样。其他动物按检疫要求采样	
伴侣动物(狗、猫)		逐头采样或按检疫要求处理	
鸵鸟		进口:逐头采样;出口:按输入国检疫要求采样	
其他禽鸟类(成年禽、雏禽及其种蛋。鹰、雕、鸡、鸭、鹅、鸽、画眉、百灵鸟等)	批量货物的总数	采样个数	
	≤50 只(枚)	20 个或逐个采样	
	51～100 只(枚)	23	
	101～250 只(枚)	25	
	251～500 只(枚)	26	
	501～1000 只(枚)	27	
	>1000 只(枚)	27(最多 30)	
实验动物(犬、兔、小白鼠、大白鼠、豚鼠等)	批量货物的总数	采样个数	
	≤50 只(个)	20 个或逐个采样	
	51～100 只(个)	23	
	101～250 只(个)	25	
	251～500 只(个)	26	
	501～1000 只(个)	27	
	>1000 只(个)	27(最多 30)	
蜂(种蜂、蜂王、工蜂、蜂卵及幼蜂)		按每个检疫项目分别采取工蜂或幼虫 30 只。蜂王采其蜂卵或幼蜂 30 只	
水生动物 亲鱼		逐条采样,取精、卵液或血、粪便等。可疑患病者立即取样	
水生动物 亲虾		亲虾产卵后逐条取样。可疑患病者立即取样	
水生动物 观赏鱼、鱼苗、虾苗及其受精卵		150 尾(粒)	
动物胚胎、卵母细胞、动物精液		按所签定的双边检疫议定书的要求采样	
食用鱼、鳖、虾、蟹、贝类	批量货物的总数	采样个数	备注
	≤250 尾(粒)	23	尽可能选择可疑患病者
	251～500 尾(粒)	25	
	501～1000 尾(粒)	26	
	1001～5000 尾(粒)	27	
	>5000 尾(粒)	30	

动物种类	采样数量	
	批量货物的总数	采样个数(按 10% 感染)
种蚕、蚕卵	≤50 条(只)	20 条或逐条(只)采样
	51～100 条(只)	23
	101～250 条(只)	25
	251～500 条(只)	26
	501～1000 条(只)	27
	>1000 条(只)	27(最多 30)

5. 入境现场检疫

入境现场检疫内容如下：

(1) 核对货证是否相符。

(2) 登机（船、车）前，检疫人员应检查接运车辆是否经过有效消毒，防漏、防逃措施是否落实。

当装载动物的运输工具抵达口岸时，口岸出入境检验检疫机构应对上下运输工具或者接近动物的人员、装载动物的运输工具和被污染的场地作防疫消毒处理。监督指导有关人员对运输工具（包括接运车辆）、铺垫物、粪便及污染场地和物品进行消毒。

(3)

(4) 登机（船、车）时向承运人或代理人了解、查阅运输途中停靠港口情况、动物健康情况和输出国（地区）检疫证书。

(5) 观察动物在静态及动态状况下的表现，以确定是否有急性烈性传染病或其他传染病症状。若发现有急性烈性传染病症状的，应采取防疫措施，并向国家动植物检验检疫机关报告；发现有炭疽等人畜共患病，应立即向现场工作人员通报，做好防护，采取相应的措施。

(6) 现场未发现可疑传染病或其他异常形态表现的，签发《检疫调离通知单》，准予卸下动物，运往指定隔离场所。

(7) 现场货物检疫完毕并运走后，需对运输工具、包装物、污染场地进行消毒。

6. 隔离检疫

在隔离检疫期应严格按照《进境动物隔离检疫场使用监督管理办法》实施检疫、管理。进境种用大中动物隔离检疫期为 45 天，其他动物隔离检疫期为 30 天。需要延长或者缩短隔离检疫期的，应当报海关总署批准。

(1) 检疫准备

① 动物进入隔离场前 10 天，所有场地、设施、工具必须保持清洁，并采用海关认可的有效方法进行不少于 3 次的消毒处理，每次消毒之间应当间隔 3 天。

② 应当准备供动物隔离期间使用的充足的饲草、饲料和垫料。饲草、垫料不得来自严重动物传染病或者寄生虫病疫区，饲料应当符合法律法规的规定，并建立进场检查验收登记制度；饲草、饲料和垫料应当在海关的监督下，由海关认可的单位进行熏蒸消毒处理；水生动物不得饲喂鲜活饵料，遇特殊需要时，应当事先征得海关的同意。

③ 应当按照海关的要求，适当储备必要的防疫消毒器材、药剂、疫苗等，并建立进场检查验收和使用登记制度。

④ 饲养人员和隔离场管理人员，在进入隔离场前，应当到具有相应资质的医疗机构进行健康检查并取得健康证明。未取得健康证明的，不准进入隔离场。健康检查项目应当包括

活动性肺结核、布氏杆菌病、病毒性肝炎等人畜共患病。

⑤ 人员、饲草、饲料、垫料、用品、用具等应当在隔离场作最后一次消毒前进入隔离检疫区。

⑥ 用于运输隔离检疫动物的运输工具及辅助设施，在使用前应当按照海关的要求进行消毒，人员、车辆的出入通道应当设置消毒池或者放置消毒垫。

（2）具体隔离检疫措施　动物隔离检疫期间，隔离场使用人应当做到：

① 门卫室实行24小时值班制，对人员、车辆、用具、用品实行严格的出入登记制度。发现有异常情况及时向海关报告。

② 保持隔离场完好和场内环境清洁卫生，做好防火、防盗和灭鼠、防蚊蝇等工作。

③ 人员、车辆、物品出入隔离场的应当征得海关的同意，并采取有效的消毒防疫措施后，方可进出隔离区；人员在进入隔离场前15天内未从事与隔离动物相关的实验室工作，也未参观过其他农场、屠宰厂或者动物交易市场等。

④ 不得将与隔离动物同类或者相关的动物及其产品带入隔离场内。

⑤ 不得饲养除隔离动物以外的其他动物。特殊情况需使用看门犬的，应当征得海关同意。犬类动物隔离场，不得使用看门犬。

⑥ 饲养人员按照规定作息时间做好动物饲喂、饲养场地的清洁卫生，定期对饲养舍、场地进行清洗、消毒，保持动物、饲养舍、场区和所有用具的清洁卫生，并做好相关记录。

⑦ 隔离检疫期间所使用的饲料、饲料添加剂与农业投入品应当符合法律、行政法规的规定和国家强制性标准的规定。

⑧ 严禁转移隔离检疫动物和私自采集、保存、运送检疫动物血液、组织、精液、分泌物等样品或者病料。未经海关同意，不得将生物制品带入隔离场内，不得对隔离动物进行药物治疗、疫苗注射、人工授精和胚胎移植等处理。

⑨ 隔离检疫期间，严禁将隔离动物产下的幼畜、蛋及乳等移出隔离场。

⑩ 隔离检疫期间，应当及时对动物栏舍进行清扫，粪便、垫料及污物、污水应当集中放置或者及时进行无害化处理。严禁将粪便、垫料及污物移出隔离场。

⑪ 发现疑似患病或者死亡的动物，应当立即报告所在地海关。立即将疑似患病动物移入患病动物隔离舍（室、池），由专人负责饲养管理，然后对疑似患病和死亡动物停留过的场所和接触过的用具、物品进行消毒处理并禁止自行处置（包括解剖、转移、急宰等）患病、死亡动物，死亡动物应当按照规定作无害化处理。

（3）饲料、饲草要求及熏蒸消毒制度　为了保证进口动物隔离检疫的顺利完成，防止通过饲草、饲料将动物传染病引入隔离检疫场，规定：

① 饲草须来自非疫区，饲料须来自经检验检疫机关考核认可的加工厂，饲料配方须经检验检疫机关认可。

② 饲草、饲料应征得检验检疫机关的同意后，方可运进场区，在指定区域进行堆放，以便熏蒸处理。

③ 所有运进场区的饲草、饲料必须在检验检疫机关的监督下，由检验检疫机关认证合格的专业人员，使用检验检疫机关认可的药物，在规定的时间进行熏蒸除害处理。未经处理不得用于饲喂动物。不得擅自饲喂、添加未经检验检疫机关批准的饲草、饲料、添加剂及药品。

④ 做好饲草的防雨工作，严禁使用霉败变质饲草、饲料饲喂动物。有任何异常情况及

时向检验检疫机关报告。

（4）兽医制度 为了保证进口动物隔离检疫的顺利完成，确保进口动物隔离检疫的各项规定的落实，规定：

① 驻场兽医为检验检疫机关派驻进口动物隔离检疫场的全权代表，负责隔离场的监督管理，落实各项隔离检疫制度。

② 负责完成动物隔离检疫前期的各种准备工作，包括接运、试剂准备、人员安排、草料处理、饲养员体检及培训、出具运输工具，拟制消毒证书及隔离检疫用具、药品、隔离检疫区的消毒处理等。

③ 动物隔离检疫期间，做好动物分圈、编号、临床检查、定期巡视、诊疗、疑似动物的隔离等，并详尽记录。

④ 场方兽医应协助驻场兽医工作，未经许可，不得擅自改变处方用药；不得擅自带入治疗器械、药品；严禁擅自带入、使用生物制品。

⑤ 场方兽医发现动物死亡时，应及时向驻场兽医汇报，不得擅自处理，更不得隐瞒不报。对死亡动物尸体，经驻场兽医初步诊断后，移至病畜隔离区，并采取相应的防疫消毒措施，对死亡动物病因进一步确诊后，进行无害化处理。

⑥ 经检疫发现的阳性动物，应尽快实施隔离饲养，并委派专人看护，在征得上级检验检疫机关同意后，进行无害化处理。发现重大问题时，驻场兽医应及时向上级检验检疫机关汇报。

7. 实验室检验

不需进行实验室检测的货物，从口岸报检到领取单证，一般需 5～13 个工作日。需进行实验室检测的货物，视检测项目的多少及是否有药残项目而定，一般需另加 5～10 个工作日。

8. 领取单证

检验检疫结束，合格发放《入境货物检验检疫证明》，不合格发放《检验检疫处理通知书》。

（二）入境动物产品检疫

1. 入境动物产品类别

入境动物产品指的是向我国输出的未经加工或虽经加工，仍有可能传播有害生物、危害农牧渔业生产和人体健康的各种动物产品，包括：

（1）毛、羽、绒、皮 绵羊毛、兔毛、鸡毛、孔雀尾毛，鸭绒、山羊绒、驼绒，牛皮、山羊皮、鳄鱼皮。

（2）角、骨、蹄、甲 鹿角、鹿茸，虎骨、牛骨，蹄壳、贝壳、龟板。

（3）肉、内脏及制品 鲜、冷、冻的牛、羊、猪肉等，牛肝、牛舌、杂碎、肠等，火腿、熏肉、腊肠等。

（4）哺乳动物奶及制品 鲜牛、羊、马奶，奶粉、奶酪、冰激凌。

（5）水产品、软体及无脊椎动物 大马哈鱼、多宝鱼、石斑鱼，牡蛎、扇贝、鲍鱼，蜗牛、田螺等。

（6）甲壳类动物 对虾、龙虾，大闸蟹、膏蟹，蜈蚣、蝎子等。

（7）动物油脂及动物粉类 牛、猪、羊的油脂，鱼油，肉骨粉、鱼粉、牛骨粉、贝壳粉。

（8）蛋及蛋制品 鸡、鸭、鹅、鸽蛋、皮蛋、咸蛋等。

(9) 其他动物产品 蚕丝、燕窝；蜂蜜、牛黄等。

2. 报检

我国对屠宰厂、加工厂、冷库、仓库等相关企业实行卫生注册登记制度，需熏蒸消毒的，入境前 15 天报检；其他的 7 天。报检应提交下列文件：

(1)《进境动植物检疫许可证》；

(2) 国外生产、加工、存放企业的注册登记证；

(3) 国内生产、加工、储存输入动物产品企业在出入境检验检疫机构申办的注册登记证；

(4) 输出国政府检疫机构签发的《检疫证书》；

(5) 报检单。

3. 采样

进出境动物产品检疫采样要求同进出境动物检疫。进出境动物产品的采样数量见表 3-2。

表 3-2 进出境动物产品的采样数量

动物产品种类		批量货物的总数/件	抽检货物的采样数/件	每份样品的量
肉脏类(肉类、脏器、肉粉)、奶类、蛋品类		≤100	7	100~500g
		101~250	8	
		251~10000	9	
		>10000	(最多 10)	
动物油脂(不含食用动物油)		≤100	7	100~200g
		101~250	8	
		251~10000	9	
		>10000	(最多 10)	
动物性药材		≤100	7	5~10g
		101~250	8	
		251~10000	9	
		>10000	(最多 10)	
皮张类	大、中动物原皮张	逐张采样		2cm²
	大、中动物分割皮,小动物原皮张	≤100 张	7 张	2cm²
		101~250 张	8 张	
		251~10000 张	9 张	
		>10000 张	10 张	
毛、羽、绒、鬃、尾		≤100	7	50g
		101~250	8	
		251~10000	9	
		>10000	(最多 10)	
蚕茧		≤100	7	10 只蚕茧
		101~250	8	
		251~10000	9	
		>10000	(最多 10)	
骨蹄角类(包括生骨粉、碎骨)		≤100t	7	20~50g
		101~250t	8	
		251~10000t	9	
		>10000t	(最多 10)	
动物性饲料(鱼粉、肉骨粉、蒸制骨粉、血粉、鳗鱼饲料、虾饲料等)		≤100t	11	100~500g
		101~250t	15	
		251~10000t	17	
		>10000t	20	

动物产品种类	批量货物的总数/件	抽检货物的采样数/件	每份样品的量
水生动物产品（鱼、虾、蟹、贝等冷冻及干制品）	≤100t	7	100～500g
	101～250t	8	
	251～10000t	9	
	>10000t	（最多10）	
其他动物的加工品（蜂蜜等）	≤10t	7	50g
	11～50t	8	
	>50t	9（最多10）	

4. 现场检疫

对进口动物性粉类产品，检查发货单位是否按合同要求将货配齐；唛头标识是否清晰；品名、规格、数量、包装是否与单证相符。对入境内脏类及制品、奶制品、动物水产品、软体及无脊椎动物，检查其生产、加工、储藏过程是否符合要求。存储仓库应做到清洁干燥、保持通风、温度适宜，并有防腐、防虫措施。

5. 实验室检验

根据样品检测内容，确定样品保存方法，尽快送到检疫实验室，一般不应超过24h。特殊情况可根据被检测对象的要求和送样运输的要求作相应处理（如加入保护剂、抑制剂或固定剂，现场接种，将样品放入带有冰块或干冰的冰壶中或泡沫塑料隔热箱内等）。样品送往实验室时应按下列内容填报送检单：送检单位（送检人）、送检日期、样品名称、采样部位、数量、来源、有关货主的信息（编号、姓名、地址、联系方法等）、要求检测的项目等。送检时，必须同时提交采样单，以供检验人员参考。

动物检疫实验室在接到样品和采样报告单时，应立即登记、填写实验序号，按检验规程和送检内容进行检验。

将分布均匀的颗粒状或粉末状样品（奶粉、鱼粉、肉骨粉、骨粉、血粉、羽毛粉、鳗鱼饲料、虾饲料等）或者液体样品（牛乳、蜂蜜等）混合、缩减，制备缩减样品。对混合缩减样品应尽快完成检验。

实验室样品（试样）的量应按照合同要求，或按检验项目所需样品量的三倍制样。其中一份作检验，一份作复验，一份作备查。

《检疫许可证》有明确检验检疫要求的，按其要求进行实验室检验检疫；无具体要求的，按国家标准或行业标准进行检验检疫。实验室检验检疫完毕后，出具《检验检疫结果报告单》。进出口活动物的血清样品，自发出检疫报告后至少2年方可处理；进出口动物产品的样品，自发出检疫报告后需保存6个月方可处理。

6. 监督管理

按照海关总署有关规定，进境动物产品生产、加工、存放的登记注册单位所在地检验检疫机构，对登记注册企业实行检疫监督。

进境动植物检疫许可证所批"在定点加工厂进行加工"的食用性动物产品的生产、加工、存放过程需接受海关检疫部门的检疫监督管理。

检查受检单位的兽医卫生条件，督促其落实兽医卫生防疫制度，要求进境动物产品专库存放，获得《入境货物检验检疫证明》前，不得加工、使用进境动物产品。

要求受检单位制定进境动物产品使用计划，监督其按照申请时申报的工艺流程对进境动物产品进行加工或使用，对生产、加工、存放进境动物产品的场所、工作台、设备、搬运工具以及装载容器等及时进行消毒处理，对进境动物产品存放、加工过程中产生的下脚料、废弃物进行无害化处理，督促生产加工企业建立相关生产记录和相应的统计资料供核查，对擅自将在指定单位生产、加工、存放的进境动物产品调离的，按照国家有关法律法规予以处罚。对监督过程中发现兽医卫生条件不合格以及没有落实防疫措施的，限期整改。

不需在登记注册单位或指定单位生产、加工、存放的进境动物产品，经入境口岸检验检疫机构现场检验检疫和实验室检验检疫合格并出具《入境货物检验检疫证明》后，允许加工、使用。对擅自加工、使用未获得《入境货物检验检疫证明》的进境动物产品的，按照国家有关法律法规予以处罚。

7. 检疫出证及处理

检疫结果判定的依据有：国际标准、双边检疫协议、国家标准、检疫规程。

入境动物的出证有：《熏蒸/消毒证书》《入境货物检验检疫证明》《检验检疫证书》《检验检疫处理通知书》。

出境动物的出证有：《熏蒸/消毒证书》《出境货物检验检疫证明》《动物检疫证书》《出境货物通关单》。

入境动物产品的出证有：《入境货物检验检疫证明》。

出境动物产品的出证有：《兽医卫生证书》。

检疫处理指检验检疫机构对违章入境或检疫不合格的进出境动物、动物产品和其他检疫物采取的强制性措施。检疫处理的方式有：除害、熏蒸、消毒、高温、低温、扑杀、销毁、退回、截留等。

实验室检验检疫合格的，检验检疫机构签发《入境货物检验检疫证明》。对不需在登记注册单位或指定单位生产、加工、存放的进境动物产品做放行处理；对需要在登记注册企业或指定企业生产、加工、存放的进境动物产品，监督生产、加工、存放过程。

实验室检验检疫不合格的，检验检疫机构出具《检验检疫处理通知书》，相关货物作除害、退回或者销毁处理。

口岸现场查验或实验室检验发现问题，进口单位或其代理人要求对外索赔的，按照有关要求出具相关证书。

（三）种用、乳用动物的检疫

《中华人民共和国动物防疫法》（2021年修订）第二十三条规定，种用、乳用动物应当符合国务院农业农村主管部门规定的健康标准。饲养种用、乳用动物的单位和个人，应当按照国务院农业农村主管部门的要求，定期开展动物疫病检测；检测不合格的，应当按照国家有关规定处理。

1. 审批条件

跨省、自治区、直辖市引进乳用动物、种用动物及其精液、胚胎、种蛋的，货主应当填写《跨省引进乳用种用动物检疫审批表》，向输入地省、自治区、直辖市动物卫生监督机构申请办理审批手续。

输入地省、自治区、直辖市动物卫生监督机构应当自受理申请之日起10个工作日内，做出是否同意引进的决定。符合下列条件的，签发《跨省引进乳用种用动物检疫审批表》；

不符合下列条件的，书面告知申请人，并说明理由。

（1）输出和输入饲养场、养殖小区取得《动物防疫条件合格证》。

（2）输入饲养场、养殖小区存栏的动物符合动物健康标准。

（3）输出的乳用、种用动物养殖档案相关记录符合规定。

（4）输出的精液、胚胎、种蛋的供体符合动物健康标准。

2. 申请材料

申请跨省引进乳用、种用动物及其精液、卵、胚胎、种蛋的单位或个人，应提交以下材料：

（1）《跨省引进乳用种用动物检疫审批表（申报书）》（一式二份）。

（2）输入地动物饲养场《动物防疫条件合格证》复印件。

（3）动物隔离场所情况资料：动物输入后在饲养场内隔离的，需提供隔离舍情况，包括平面图、地址、规模等证明材料。动物输入后在动物隔离场所隔离的，需提供该隔离场的《动物防疫条件合格证》复印件及其平面图、地址、规模等证明材料。

（4）输出地动物饲养场的《种畜禽生产经营许可证》《动物防疫条件合格证》复印件以及所在地省、市、县级动物疫病预防控制机构出具的最近三个月该种畜禽规定的动物疫病实验室检测报告复印件各一份。复印件应该加盖输出地动物饲养场的原始印章。检测报告至少包括如下畜或禽的检测项目，检测数量不少于30份（如全场饲养量不足30头的，提供有关饲养量的证明，可以按照实际饲养量抽检），各类动物检测项目如下所述。

① 种鸡：H5亚型禽流感、新城疫抗体；H5亚型禽流感、H7亚型流感病原学。

② 种鸽：H5亚型禽流感抗体；H5亚型禽流感、H7亚型流感病原学。

③ 种鸭：H5亚型禽流感抗体；H5亚型禽流感、H7亚型流感、鸭瘟病原学。

④ 种鹅：H5亚型禽流感抗体；H5亚型禽流感、H7亚型流感、小鹅瘟病原学。

⑤ 种猪：口蹄疫O型、猪瘟、布鲁菌病抗体；猪瘟、高致病性猪蓝耳病、猪圆环病毒病病原学。

⑥ 种牛、奶牛：口蹄疫O型及亚洲I型、布鲁菌病抗体；牛结核病抗体；口蹄疫病原学。

⑦ 种羊、奶羊：口蹄疫O型及亚洲I型、布鲁菌病抗体，小反刍兽疫抗体。

国家或自治区有其他疫病检测规定的，按照要求提供相关疫病检测报告。

（5）输入地动物养殖场法定代表人（负责人）居民身份证复印件。代办的，同时提交代办人的居民身份证复印件。

（6）输入地县级动物卫生监督所出具的《跨省引进乳用种用动物检疫审批申请人情况核查表》。

3. 申请和审批程序

（1）申请与受理　申请人应在调运动物前30～60天向所在地县级动物卫生监督机构行政审批大厅服务窗口（以下简称审批服务窗口）提出申请，提交申请材料。审批服务窗口收到申请材料后审核。申请人提供的材料齐全、符合法定形式的，应及时受理并做好备案登记，将全套材料移交当地动物卫生监督所进行实质性审查。否则当场或者在5日内告知申请人需要补正的全部内容。材料不符合要求不予受理的，应书面说明原因。

（2）审核审批　受理申请后，当地动物卫生监督机构按照管理程序审批。审核、审批原则上实行承办人员、分管领导、主管领导三级岗位逐级审核的制度，并在《跨省引进乳用种用动物检疫审批内部审核表》上签署审核意见和签名。审核的主要内容如下：

① 审核申请材料的真实性。

② 审核输出地养殖场疫病检测结果是否符合以下要求：H5 亚型禽流感、新城疫、猪瘟、口蹄疫 O 型及亚洲 I 型、小反刍兽疫的免疫抗体合格率达 70％以上；结核病、布鲁菌病抗体检测均为阴性；各种疫病的病原学检测均为阴性。

③ 审核输入地的动物防疫情况。主要审核输入地是否为国家规定对拟引进动物种类的限制调入区域。若是，需要核查其他有关动物防疫情况。必要时，可派员对输出地有关防疫情况进行现场调查、核实。对输入地动物隔离场所情况进行现场审核。

④ 动物卫生监督机构根据资料审核、调查核实的情况，按照审批条件和程序作出是否同意引进乳用动物、种用动物及其精液、胚胎、种蛋的行政受理和审批意见。由县级动物卫生监督机构（设区市的城区未设立动物卫生监督机构的，由市级动物卫生监督机构）承办人在《跨省引进乳用种用动物检疫审批表》（申报书）的"输入地省级动物卫生监督机构受理意见"栏上提出受理意见并签名，加盖省级动物卫生监督机构行政审批专用章。由负责人在《跨省引进乳用种用动物检疫审批表》的"输入地省级动物卫生监督机构审批意见"栏上提出审批意见并签名，加盖省级动物卫生监督机构行政审批专用章。最后，将《关于同意×××申请跨省引进种（乳）×的审批意见》《跨省引进乳用种用动物检疫审批表》（申报书）第二联、《跨省引进乳用种用动物检疫审批表》第一联和第二联送达审批服务窗口。

⑤ 审批服务窗口按照规定及时告知申请人领取《跨省引进乳用种用动物检疫审批表》（申报书）和《跨省引进乳用种用动物检疫审批表》。

（3）审批结果公开 受委托实施审批的动物卫生监督机构在签发出《跨省引进乳用种用动物检疫审批表》后的 2 个工作日内将《跨省引进乳用种用动物检疫审批表》扫描件通过网络报送省级动物卫生监督机构，后者应当及时在省级动物卫生监督网上公布审批结果。

4. 审批后检疫监督管理

《跨省引进乳用种用动物检疫审批表》有效期为 7～21 天。申请人应当在《跨省引进乳用种用动物检疫审批表》批准的有效期内引进动物。逾期未引进的，申请人应当重新办理审批手续。

（1）加强引进动物落地后的报告和监督检查 申请人应该落实引进动物的落地报告和隔离观察制度，及时将跨省引进乳用种用动物到达输入地的具体时间报告当地动物卫生监督机构。接到动物到达输入地的报告后，所在地县级动物卫生监督机构应当及时安排执法人员到现场监督检查。检查的重点为：引进的动物临床上是否健康无异常；畜禽标识佩戴及随附的《动物检疫合格证明》是否合法有效；《跨省引进乳用种用动物检疫审批表》及沿途公路动物卫生监督检查站检查签章情况；引进的动物是否全部来源于原审批同意引进的动物养殖场等。

经检查全部符合要求的，下达《乳用种用动物隔离观察通知书》，准予进入隔离观察场所；检查不符合要求的，视具体情况作相应处理。

（2）加强动物隔离期间的监管 引进乳用种用动物后，申请人要严格按规定在经批准的隔离场所对动物进行隔离观察，大中型动物隔离观察 45 天，小型动物隔离观察 30 天。隔离观察的重点为：观察动物的动态、静态、食态等临床表现，进行体温、呼吸、脉搏测定，定期进行环境、圈舍、食用具消毒，必要时，进行特定病原学、血清学实验室检测。隔离观察期间发现动物有异常情况的，及时采取有效措施进行妥善处置。

所在地动物卫生监督所要落实具体监督工作人员，严格实施隔离过程监管。要督促动物隔离场所业主建立《跨省引进乳用种用动物隔离观察日志》，所在地动物卫生监督所至少每周要对隔离动物检查一次，并在隔离观察日志上签署监督检查意见。

（3）加强隔离观察期满后的处置工作　动物隔离观察期满，经监督人员最后一次检查，确认隔离观察合格的，报请当地动物卫生监督所签发《跨省引进乳用种用动物隔离观察解除通知书》，准予混群饲养；不合格的，按照有关规定进行处理。隔离观察合格后需继续运输、销售的，货主应当依法按程序申报检疫，取得有关《动物检疫合格证明》后，方可运输、销售。

（4）及时报送和通报信息　输入地县级动物卫生监督所应当在引进动物隔离期满后 7 天内填写《跨省引进乳用种用动物隔离观察结果备案表》，将扫描件分别传送给自治区动物卫生监督所、市级动物卫生监督所、同级水产畜牧兽医主管局和动物疫病预防控制中心。

（5）加强跨省引进乳用种用动物信息档案管理　及时掌握本辖区跨区域引进动物的动态信息，按照一批一档的原则建立完整的省外引进乳用种用动物检疫审批、落地监管、隔离观察、特定疫病实验室检测等档案资料，并妥善保存。跨省引进乳用种用动物检疫审批及监管档案应该长期保存。每一批（每套）材料包括并按照以下顺序装订存档：

①《跨省引进乳用种用动物检疫审批表》（申报书）；

②《跨省引进乳用种用动物检疫审批内部审核表》；

③《跨省引进乳用种用动物检疫审批表》；

④ 申请人提交的其他申请材料；

⑤《跨省引进乳用种用动物隔离观察通知书》；

⑥《跨省引进乳用种用动物解除隔离观察通知书》；

⑦《跨省引进乳用种用动物隔离观察结果备案表》；

⑧《跨省引进乳用种用动物隔离观察日志》复印件或照片打印件；

⑨ 引进动物附有的检疫证明复印件或检疫证明照片打印件；

⑩ 其他相关材料。

二、出境检疫

（一）出境动物检疫

出境动物是指我国向境外国家或地区输出供屠宰食用、种用、养殖、观赏、演艺、科研实验等用途的家畜、禽鸟类、伴侣动物、观赏动物、水生动物、两栖动物、爬行动物、野生动物等。检验检疫机构根据《中华人民共和国进出境动植物检疫法》及其实施条例以及相关法律法规对出境动物实施检验检疫。检验检疫的依据是输入国家或者地区和中国有关动植物检疫规定；双边检疫协定；贸易合同中订明的检疫要求。

检验检疫的程序一般包括注册登记、检疫监督管理、受理报检、隔离检疫和抽样检验、运输监管、离境检疫和签发证单等方面。

1. 注册登记

《中华人民共和国进出境动植物检疫法实施条例》第三十二条明确规定，对输入国要求中国对向其输出的动植物、动植物产品和其他检疫物的生产、加工、存放单位注册登记的，口岸动植物检疫机关可以实行注册登记，并报国家动植物检疫局备案。

申请注册的饲养场必须符合中国海关总署动植物检疫司发布的相应出口动物注册饲养场基本卫生要求。申办出口动物饲养场注册登记的，应由出口动物饲养场或其拥有独立法人资格的上级主管单位（出口动物饲养场不具备独立法人资格的）向所在地直属检验检疫机构提出注册登记申请，提交《申请表》和《企业法人营业执照》复印件、饲养场平面图和彩色照片（包括场区全貌、进出场区及生产区消毒通道、栏舍内外景、兽医室、发病动物隔离区、死亡动物处理设施、粪便处理设施、隔离检疫舍等）以及饲养管理制度和动物卫生防疫制度等资料一式三份，同一单位所属的位于不同地点的饲养场应分别申请。

直属检验检疫机构审核申请注册的单位所提供材料的真实性和准确性，并按出口动物饲养场动物卫生基本要求进行实地考核，必要时采样送实验室检验，符合要求的，予以注册，发给出口动物饲养场卫生注册登记证，并报中国海关总署动植物检疫司备案。实行一场一证制度，注册登记证有效期五年。有效期满后继续饲养出口动物的饲养场，须在期满前 6 个月重新申办注册登记手续。

直属检验检疫机构应在每年规定时间内对已注册的饲养场按出口动物注册饲养场条件和动物卫生基本要求进行考核，同时结合注册饲养场遵守检验检疫法律法规情况和日常管理水平进行年审。对逾期不申请年审，或年审不合格且在限期内整改不合格的，检验检疫机构应注销其注册登记，吊销其《注册证》。出口动物育肥场、中转场（仓）、中转包装场参照上述规定办理注册登记和年度审核。

2. 检疫监督管理

我国的检验检疫机构对出境动物的饲养过程实施检疫监督制度。监督制度的内容主要包括如下几个方面：

（1）检验检疫机构对注册饲养场应实行分类管理，定期或不定期检查其动物卫生防疫制度的落实情况、动物卫生状况、饲料及药物的使用等，并将检查结果填入注册饲养场管理手册。

（2）检验检疫机构对注册饲养场实施疫情监测，发现重大疫情时，立即采取预防措施，并于 12 小时向海关总署报告。

（3）检验检疫机构对注册饲养场进行农药、兽药和其他有毒有害物质的检测工作。

（4）注册饲养场须将本场的免疫程序报检验检疫机构备案，并严格按规定的程序进行免疫。严禁使用国家禁止使用的疫苗。

（5）注册饲养场应建立疫情报告制度。发现疫情或疑似疫情时，必须及时采取紧急预防措施，并于 12h 内向所在地检验检疫机构报告。

（6）注册饲养场不得饲喂和存放国家禁止使用的药物和动物促生长剂。对国家允许使用的药物和动物促生长剂，要遵守国家有关规定，特别是停药期的规定，并须将所使用药物和动物促生长剂的名称、种类、使用时间、剂量、给药方式等填入管理手册。

（7）注册饲养场须保持良好的环境卫生，切实做好日常防疫消毒工作，定期消毒饲养场地和饲养用具，定期杀虫、灭鼠、灭蚊蝇。进出注册场的人员、车辆和笼具必须严格消毒。

3. 报检

输出动物的货主或其代理人应在动物出境前向启运地检验检疫机构预报检（一般种用大、中动物 45 天，种用禽鸟类和水生动物 30 天，食用动物 10 天），提交输入国法定和贸易合同规定的动物检验检疫要求以及与所输出动物有关的资料。在隔离检疫前一星期填写《出境货物报检单》，并持贸易合同（售货确认书或函电）、信用证、货运单、发票等资料向启运地检验检疫机构正式报检。

对输入国要求中国对向其输出的动物饲养单位注册登记的，货主或其代理人在报检时须提交出口动物饲养场注册登记证；输出国家规定的保护动物的，须提交国家濒危物种进出口管理机构核发的允许出口证明书；输出种用畜禽的，应提交农牧部门出具的种用动物允许出口证明书；输出实验动物的，须提交国家科技行政主管部门核发的允许出口证明书；输出观赏鱼类的，须有养殖场供货证明、养殖场或中转包装场注册登记证和委托书。

出境伴侣动物，货主在离境前持所在地县级以上农牧部门出具的动物健康证书及狂犬病疫苗接种证书向离境口岸检验检疫机构报检，每位旅客限带 1 只伴侣动物出境。

出境展览动物、竞技动物，货主或其代理人应在动物出境前 30 天持目的地国家官方出具的允许展出演出证明书、展出演出合约、所在地检验检疫机构或县级以上农牧部门出具的动物健康证书、国家濒危物种进出口管理机构核发的允许出口证明书向出境口岸检验检疫机构报检。

检验检疫机构受理报检后，应核对出口动物饲养场注册登记号、出口公司备案资料、合同或信用证、发票及其他必要的单证，经审核符合出境检验检疫报检规定的，接受报检；否则，不予受理。

4. 隔离检疫和抽样检验

出口动物实施启运地隔离检疫和抽样检验；离境口岸作临床检查和必要复检。输出动物出境前下列情况须进行隔离检疫。

(1) 需隔离检疫的情况

① 进口国要求隔离检疫的，检验检疫机构按照进口国的要求对出境动物进行隔离检疫；

② 根据贸易合同的规定需对出境动物进行隔离检疫的，按合同进行检疫；

③ 出境动物进行检疫过程中发现传染病的，应对其同群假定健康动物实施隔离检疫；

④ 我国政府对出境动物有隔离检疫规定的，按规定进行隔离检疫。

(2) 隔离场所　输出动物，出境前需经隔离检疫的，在口岸动植物检疫机关指定的隔离场所检疫。

(3) 动物挑选　在检验检疫机构的监督下，货主或其代理人应挑选健康无临床症状、符合贸易合同要求的动物进入隔离场集中饲养。

(4) 临床检查　一般进行群体临床检查，必要时逐头（只）、逐项进行个体临床检查。对批量较大、群体检查无明显异常的，可抽检部分个体临床检查。

(5) 采样　检验检疫机构根据出口动物检测的具体项目需要采取动物血液以及咽喉、气管、泄殖腔拭子和阴道分泌物、包皮囊冲洗液等样品送实验室检验。采样标准按有关规定执行，输入国有明确要求的，执行输入国的要求。

5. 实验室检验

实验室检验结果是出境动物检验检疫出证和实施检疫处理的主要依据。实验室检验项目应依据输入国家和中国有关规定、协定以及贸易合同确定。检验方法、操作程序及判定标准应执行国家标准、行业标准，无国标、行标的，可参照国际通行做法进行。进口方有明确要求并已订入有关协议或合同的，可按进口方要求进行。

6. 加施标志

根据需要，货主或其代理人应在检验检疫机构监督下，对检验检疫合格的动物加施检验检疫标志。

7. 出证

检验检疫机构对检验检疫合格的出境动物签发《动物卫生证书》和《出境货物通关单》或《出境货物换证凭单》。《出境货物通关单》适用于从本局辖区口岸直接出口的动物，《出境货物换证凭单》适用于从其他直属局辖区口岸出口的动物。输入国家或地区没有检验检疫要求，不需要出具证书的，直接签发《出境货物通关单》，予以放行。

出境动物检疫证书由授权检验检疫官员使用中英文签发，加盖检验检疫机构印章。如货主或其代理人需要使用其他语种签证的，检验检疫机构也应尽力予以配合，但必须使用中外文对照编制，以免产生误解。

出境动物检疫证书发出后，如需更改，应由报检人填写《更改申请单》，交回原签发的证书后，经施检部门同意可以重新签证；如证书正本或副本遗失，报检人必须书面说明理由，经法定代表人签字、加盖公章，并在指定报社登报申明，经施检部门审核后方可重新签发证书。

8. 运输监管

经启运地检验检疫机构检验检疫合格的出境动物，从启运地运往出境口岸的过程中，交通、铁路、民航等运输部门和邮电部门凭检验检疫机构签发的单证办理承运和邮递手续；检验检疫机构对检验检疫合格的出境动物实行监装制度，确认待运动物是检验检疫合格的动物；核对出口动物品种和数量，确保货证相符。监督对装运动物的运输工具和装运场地进行消毒处理；出口动物运输途中所用饲料、饲草及铺垫材料必须来自非疫区；必要时检验检疫机构可派员随同押运人员一起，监督从启运地运往出境口岸的全过程，了解运输途中动物的健康状况，监督运输途中的防疫工作。

出口大、中动物，货主或其代理人必须派出经检验检疫机构培训考核合格的押运员负责国内运输过程的押运。押运员在押运过程中须做好运输途中的饲养管理和防疫消毒工作，不得串车，不得沿途抛弃或出售病、残、死动物及饲料、粪便、垫料等，并做好押运记录。运输途中发现重大疫情时应立即向启运地检验检疫机构报告，同时采取必要的防疫措施。出口动物抵达出境口岸时，押运员须向出境口岸检验检疫机构递交押运记录，途中所带物品和用具须在检验检疫机构监督下作消毒处理。

9. 离境检验检疫

经启运地检验检疫机构检验检疫合格的出口动物运抵离境口岸后，离境口岸检验检疫机构实施临床检查或者复检。

（1）离境申报　出口动物运抵出境口岸后，货主或其代理人应向离境口岸检验检疫机构申报，属于离境口岸检验检疫机构辖区内的出口动物货主或其代理人在离境申报时应递交启运地检验检疫机构出具的《动物卫生证书》和《出境货物通关单》；不属于离境口岸检验检疫机构辖区内的出口动物货主或其代理人在离境申报时应递交启运地检验检疫机构出具的《动物卫生证书》和《出境货物换证凭单》，属于首次申报的，对来自注册登记饲养场的动物，还须递交出口动物饲养场检疫注册登记证正本和副本影印件，向离境口岸检验检疫机构申请备案。

（2）离境查验　离境检验检疫机构受理申报后，核定出口动物数量，核对货证相符，查验检验检疫标识，并按照隔离检疫的要求实施群体临床检查和个体临床检查。

（3）签证放行　离境口岸检验检疫机构对离境查验合格的出境动物，在启运地检验检疫机构签发的《动物卫生证书》上加签出境日期、数量、检疫员姓名，加盖检验检疫专用章，并根据启运地检验检疫机构出具的《出境货物换证凭单》，签发《出境货物通关单》。启运地与离境口岸属于同一直属检验检疫机构的，应核对启运地签发的《出境货物通关单》。

（4）收费　离境口岸检验检疫机构按国家有关规定收取检验检疫费。

（5）对进行配额管理的动物，应在《核销手册》上核销出口动物数量。

（6）出口动物运抵出境口岸后，不能立即出境，需要在出境口岸中转仓暂养的，货主或其代理人应报请离境口岸检验检疫机构实施中转仓检验检疫。

① 进仓申报　货主或其代理人应填写"进仓检验检疫申报单"，持启运地检验检疫机构签发的《动物检疫证书》一正本两副本，向离境口岸检验检疫机构申报，首次申报的，对来自注册登记饲养场的动物，还须递交出口动物饲养场检疫注册登记证正本和副本影印件，向离境口岸检验检疫机构申请备案。

② 查验单证　离境口岸检验检疫机构受理申报后，查验启运地检验检疫机构签发的《动物检疫证书》和《出境货物换证凭单》，并核对货证相符。

③ 进仓检疫　动物进仓时，离境检验检疫机构核定出口动物数量，查验检验检疫标志，并按照隔离检疫的要求实施群体临床检查和个体临床检查。对查验合格的，允许进仓。

④ 留仓检疫　离境检验检疫机构巡仓检疫员每天对仓库内动物进行巡仓检疫两次，检查出口动物健康状况、饲养管理及库存数量等情况，及时记录，发现问题及时处理。

⑤ 出仓检疫　动物离仓出境前，货主或其代理人应报请检验检疫机构对出仓动物实施出仓检疫。出仓检疫时，检验检疫机构应进行群体临床检查和个体临床检查；对需要加施检验检疫标志的，应对标志进行检查；对检疫合格的出口动物，在启运地检验检疫机构签发的《动物卫生证书》上加签出境日期、数量、检疫员姓名，并加盖检疫放行章，签发《出境货物通关单》允许装车启运。

⑥ 监装　检验检疫机构对检验检疫合格的出境动物实行监装制度，确认出口动物来自检验检疫机构注册的饲养场和中转仓，临床检查无任何传染病、寄生虫病症状和伤残情况，并核对出口动物品种、数量无误，检验检疫标志完善的，予以放行，否则，不予出口。

⑦ 出口动物由中转仓运抵出境口岸后，应再次接受出境口岸现场检验检疫机构临床检查或复检　临床检查不合格的需进一步做隔离检疫和实验室检验的，必须在检验检疫机构指定的隔离场隔离检疫，并抽样做实验室检验。检查合格的，予以放行；否则，不予出口。发现重大疫情的，货主或其代理人应积极协助检验检疫机构及时扑灭疫情，检验检疫机构同时通知当地防疫部门做好防疫工作，并报告海关总署和通知启运地检验检疫机构。

⑧ 回空车辆消毒　装载动物出境的空车辆进境时，应在进境口岸检验检疫机构设置的消毒场所对车辆、笼具、饲用工具等进行消毒处理，以防止将动物疫情传入国内。

（二）出境动物产品检疫

出境动物产品的检疫程序为：报检、产地检疫、启运地和出境口岸检疫、出证或放行。

1. 定义及范围

出境动物产品是指中华人民共和国向国外或港澳特区输出未经加工或虽经加工但仍有可能传播有害生物，危害农牧渔业生产和人体健康的动物的皮张类、毛类、骨蹄角、明胶、蚕茧、饲料用乳清粉、鱼粉、骨粉、肉粉、肉骨粉、血粉、油脂以及未列出的动物源性饲料及添加剂、动物源性中药材以及动物源性复合肥等非食用性动物产品。

（1）皮张类　指牛皮、马皮、驴皮、山羊皮、绵羊皮、猪皮、兔皮、麂皮、黄鼬皮、香鼠皮、灰鼠皮、艾虎皮、旱獭皮、水貂皮、蓝狐皮、蟒皮、蛇皮、鸵鸟皮等生皮、盐干皮及盐湿皮。

（2）毛类　指绵羊毛、山羊毛、兔毛、牦牛毛、驼毛、猪鬃毛、马鬃毛、黄狼尾毛、鬃刷制品、鸡毛、鸭毛、鹅毛、火鸡毛、孔雀尾毛、羽毛、山羊绒、牦牛绒、驼绒、羽绒、鸭绒等；根据加工程度分为原毛、洗净毛、碳化毛、毛条。

（3）骨蹄角及其产品类　指鹿角、鹿茸、羚羊角等动物角类，虎骨、豹骨、牛骨、羊骨、猪骨等动物骨类，动物蹄壳、贝壳及其制品、龟板、玳瑁、明胶等。

（4）其他非食用动物源性产品　是指动物油脂、动物粉类、动物源性中药材、动物源性复合肥和其他动物源性制品等。动物油脂是指未炼制或已炼制的动物性的工业用油脂肪；动物粉类主要用于饲料、肥料和工业原料，如肉骨粉、骨粒粉、骨蹄粒、有机肥、骨碳粉、鱼粉、血粉、乳清粉、羽毛粉、贝壳粉等；动物源性中药材如羚羊角、麝香、鹿茸等；其他动物源性制品，如硫酸软骨素（牛软骨、鸡软骨）、甲壳胺（素）、蚕蛹、蚕茧、废蚕丝。

2. 报检

凡我国法律法规规定必须由出入境检验检疫机构检验检疫的，或进口国规定必须凭检验检疫机构出具的证书方准入境的，或有关国际条约规定须经检验检疫的出境动物产品，均应向当地出入境检验检疫局报检。货主或其代理人输出动物产品时，除野生濒危动物产品外的其他动物产品，货主可直接到口岸出入境检验检疫机构报检。输出动物产品到达出境口岸后拼装的，因变更输入国而有不同检疫要求的，或者超过规定的检疫有效期的，应当重新报检。

出境非食用性动物产品最迟应于报关或装运前 7 天报检，对有特殊检验检疫要求而使检验检疫周期较长的货物，应留有相应的检验检疫时间。报检应附证单如下：

（1）按规定填写的《出境货物报检单》。

（2）对外贸易合同（售货确认书或函电）、信用证、发票、装箱单等必要的单证。

（3）输入国政府要求出具检疫证书的，可根据要求进行检疫，并出具检疫证书。必要时，生产者或经营者须提供出口动物产品的检验合格证或检测报告。

（4）凭样成交的出境非食用性动物产品，应提供经买卖双方确认的样品。

（5）对输入国要求中国对向其输出的动物产品的生产、加工、存放单位注册登记的，出入境检验检疫机构可以实行注册登记，并报国家出入境检验检疫局备案。

接受报检后，检务人员仔细检查报检单内容是否填写完整、准确，所附单证是否齐全、一致和有效，检验检疫依据是否明确、有无特殊要求。

3. 检验检疫依据

（1）有强制性的国家标准或检验检疫标准的，按照相应的标准进行检验检疫。

（2）没有强制性的国家标准或检验检疫标准的，按照对外贸易合同签订的标准进行检验检疫；凭样成交的，应当按照贸易双方确认的样品进行检验检疫。

（3）强制性的国家标准或检验检疫标准低于进口国的标准或对外贸易合同签订的标准的，按照进口国的标准要求或对外贸易合同签订的标准进行检验检疫。

（4）法律、行政法规未规定有强制性的国家标准或检验检疫标准，对外贸易合同也未约定检验检疫要求或检验检疫要求不明确的，按照海关总署对此类产品的规定进行检验检疫。

4. 现场检疫

检疫人员可在仓库、货场，也可在生产、加工过程中检疫，检疫内容如下：

（1）施检员了解进口国相关检验检疫要求，检查发货单位是否按合同要求将货配齐；唛头标识是否清晰；商品品名、规格、数量、重量、包装要求是否与单证相符。所附合同、信用证、厂检合格单是否齐全。

（2）检查出口动物产品的生产、加工过程是否符合相关要求。

（3）检查产品储藏情况是否符合相关规定。存储仓库应清洁干燥、通风、温度适宜，并有防腐、防虫措施。

5. 实验室检验检疫

（1）采样　采样由检验检疫机构负责，货主或代理人应协助采样工作。样品采样应根据相应标准或合同进行，并出具《抽采样凭证》。

样品应具有代表性、典型性、随机性，代表货物的真实情况，抽样数/重量应符合相应的标准。样品的保存温度和条件以及送样时间，应符合规定。

（2）感官检验检疫　对抽取的样品进行感官检验检疫，检查内容包括：规格、长度、外观、色泽、弹性、组织状态、黏度、气味、异物、异色以及其他相关的项目。

（3）品质分析　品质分析依检验检疫的依据进行。对羽绒、羽毛进行含绒量、毛片、陆禽毛、飞丝、杂质、损伤毛、异色毛绒、鸭毛绒等项目的检验要根据合同要求进行。

（4）理化检验　依检验检疫规定的理化要求进行。对出口羽绒、羽毛进行透明度、蓬松度、残脂率、水分、气味等项目检验，对出口动物性复合肥进行水分、含氯量、五氟化二磷、杂质、粒度及含沙量等项目的检验要根据合同进行。

（5）微生物检验检疫　根据检验检疫依据规定的项目对出口产品进行微生物检验检疫。一般对出口的皮毛类进行炭疽杆菌检验，对出口的动物性饲料进行致病性沙门菌、志贺菌检验，对出口的动物性药材进行炭疽杆菌和致病性沙门菌检验要根据合同要求进行。

6. 检验检疫监管

检验检疫监管方式包括驻厂监管、定期监管和不定期抽查监管。对出境动物产品生产、加工过程及生产工艺，质量管理情况，兽医卫生防疫措施执行情况，产品的存储、运输等情况，以及对检验检疫机构要求的检疫处理措施的执行情况进行监管。需要检验检疫机关兽医驻厂的，其生产、加工须在官方兽医的监督下进行；否则生产、加工的产品不得出口。

7. 签证与放行

检验检疫人员根据现场检验检疫、感官检验检疫和实验室检验检疫结果，进行综合判定，填写《出境货物检验检疫原始记录》，内容包括：检验检疫时间、地点、检验检疫依据、品名、重量、抽样数量、出口国别、注册号、现场检验检疫情况、检验检疫人员、评定意见等。对判定为合格的，以及经过消毒、除害以及再加工、处理后合格的，准允出境；对判定为不合格，无法进行消毒、除害处理或者再加工仍不合格的，不准出境。

8. 拟证

检验检疫工作完成后，依据检验检疫结果和证稿的要求，检验检疫人员拟制相关的证稿，包括出境货物通关单、兽医卫生证书等，货物离境口岸不在出证检验检疫机关所在地的，还须出具《出境货物换证凭单》。证书内容包括：证书名称、品名、数量、重量、收发货人名称、地址、港口、运输方式、卫生注册编号、生产加工企业地址、生产及检验检疫时间、包装标识、证明内容、签证日期、签证地点、官方兽医签字等。按照检验检疫业务人员拟制的证稿，缮印证书，并由授权签发人签发。

9. 出境口岸检验检疫

对检验检疫出证机关和货物离境口岸检验检疫机关分属不同地方管辖的，当出境动物产品运至出境口岸时，出境口岸检验检疫机关一般按下列规定处理：

（1）启运地原集装箱原铅封（含陆运、空运、海运）直运出境的，由出境口岸检验检疫机构验证放行。

（2）出境动物产品到达出境口岸时，已超过检验检疫规定有效期限的，需要向出境口岸检验检疫机构重新报检。

（3）出境动物产品到达出境口岸后，需改换包装或者拼装、更改输入国家或地区，而更改后的输入国家或地区又有不同检疫要求的，均须向出境口岸检验检疫机构重新报检。

三、过境检疫

（一）过境动物的检疫

过境动物是指从我国口岸入境，经我国同一口岸更换航班或轮船运往第三国或地区，以及从我国口岸入境，经我国境内运输后从另一口岸运往第三国或地区的动物。

要求运输动物过境的承运人或者押运人应当持货运单和输出国家或者地区政府动植物检疫机关出具的动物卫生证书（复印件）和输入国家或者地区官方检疫部门出具的准许动物进境的证明文件，向进境口岸动植物检疫机关报检，并应当同时提交国家动植物检疫局签发的《动物过境许可证》。此外还需办理《中华人民共和国动植物检疫许可证》，并按照指定的口岸和路线过境。对过境动物将依照《中华人民共和国进出境动植物检疫法》和《动植物检疫法实施条例》进行检疫。检疫的范围为国际兽疫局（OIE）所公布的最新《动物疫病名录》以及中国政府所公布的动物最新一、二类传染病、寄生虫病名录。

1. 过境检疫审批

动物入境前，货主或其代理人须直接向海关总署提出动物过境检疫申请，按要求填写《中华人民共和国动物过境检疫申请表》，说明拟过境的路线，并提供以下资料：

（1）输出国官方机构出具的动物检疫证书复印件；

（2）目的地或运输途经下一个国家、地区官方机构出具的动物进境检疫许可证或动物接收证复印件。

有以下情况者，过境申请不被批准：

（1）输出国家、地区或进入中国国境前所途经国家、地区发生一类动物传染病或其他严重威胁我国畜牧业和人体健康的疾病，拟过境动物属该疫病的易感动物；

（2）无输出国、地区官方检验检疫证书；

（3）无目的地或运输途经下一个国家、地区官方机构出具的动物进境检疫许可证或动物接收证。

2. 从我国同一口岸过境动物的检疫

（1）报检　货主或其代理人应在动物抵达口岸前向口岸所在地的检验检疫机构报检。报检时提供：报检员证、动物过境许可证、贸易合同、协议、发票、货运单和输出国家或地区动植物机关出具的动物健康证明（可在动物入境时补齐），并预交检疫费。

（2）现场检疫　在货物到达入境口岸前，货主或其代理人要提前预报准确的到港时间，并做好通关和接卸准备。检疫人员对装卸动物的车辆要提前进行消毒处理。在接卸动物的场地设立简易隔离标志，并对场地进行消毒。现场检疫人员在接卸动物前登上运输工具，检查运输途中的记录，审核动物健康证书，核对货证是否相符，对动物进行临床观察和检查。检疫合格的准予过境，发现有《中华人民共和国进出境动植物检疫法》第十八条规定的名录所列动物传染病、寄生虫病的全群动物"不准过境，全群退回"或"全群扑杀、销毁"。过境动物的饲料受病虫害污染的，作除害或者销毁处理。

过境动物应及时离开我国口岸，口岸检验检疫机构对运输工具、接近动物的人员及被污染的场地作防疫消毒处理。对过境途中死亡的动物尸体、动物排泄物、铺垫材料及其他废弃物作无害化处理。准予过境的可签发《动物过境检疫放行通知单》。

3. 从我国口岸入境，经我国境内运输后从另一口岸出境的过境动物的检疫

（1）入境口岸检疫　入境口岸检验检疫机构完成现场临诊检查后，根据许可证的要求，需要进行隔离检疫时，由检疫人员监督将动物运往指定隔离场所隔离，依照许可证进行有关实验室项目检验。隔离场所和实验室检验参照以上相应条目。入境口岸检验检疫机构经检疫准予过境的动物，签发《过境动物调离通知单》。

（2）动物的监运　过境动物在我国境内运输的全过程必须在我国出入境检验检疫机构专人的监督下按指定的路线过境。

过境动物在我国运输期间，运输工具、笼具必须良好并能防止渗漏。动物在吸血昆虫活动季节过境，其运输工具、装载笼具还须具有防护设施。对死亡动物的尸体、动物排泄物、铺垫材料及其他废弃物作无害化处理，不得擅自抛弃。

过境动物的饲料受病虫害污染的，作除害或销毁处理。需要在我国境内添装饲料、铺垫材料时，应先征得我国口岸检验检疫机构的同意，所填装的饲料、铺垫材料应来自非疫区并符合兽医卫生要求。

上下过境动物运输工具的人员须经口岸动物检疫监运官允许，并接受必要的防疫消毒处理。过境途中发现有《中华人民共和国进出境动植物检疫法》第十八条规定的名录所列动物传染病、寄生虫病的，按有关规定及时就地处理。

（3）出境口岸的检疫　过境动物到达出境口岸前，货主或其代理人要提前预报准确的到港时间。出境口岸检验检疫机构派人对装卸动物的车辆提前进行消毒处理。现场检疫人员应在接卸动物的场地设立简易隔离标志，并对场地进行消毒，在装卸动物前登上运输工具，对动物进行临床观察和检查，检疫合格的准予离境，发现有《中华人民共和国进出境动植物检疫法》第十八条规定的名录所列动物传染病、寄生虫病的，须及时上报国家出入境检验检疫局，全群动物"不准出境"。准予过境的可签发《过境动物检疫放行通知单》。

过境动物应及时离开我国口岸，口岸检验检疫机构对运输工具、接近动物的人员，以及被污染的场地作防疫消毒处理。对运输途中死亡动物的尸体、动物排泄物、铺垫材料及其他废弃物作无害化处理。

（二）过境动物产品和其他检疫物的检疫

过境动物产品和其他检疫物是指经陆路、水路、航空运输从我国口岸入境，经我国同一口岸更换航班运往第三国或地区，以及从我国口岸入境，经我国境内运输后从另一口岸运往第三国或地区的肉类及其副产品、皮张、绒和毛类、动物性饲料、水产品、蛋品、动物性药材、生物制品和其他动物产品，以及动物疫苗、血清、诊断液、动物性废弃物等。要求运输动物产品和其他检疫物过境的，货主或其代理人必须事先商得国家出入境检验检疫局同意，并按照指定的口岸和路线过境。对过境动物产品和其他检疫物将依照《中华人民共和国进出境动植物检疫法》和《中华人民共和国进出境动植物检疫法实施条例》进行检疫。我国对亚欧大陆桥国际集装箱过境运输制定了管理办法。

1. 从我国同一口岸过境的动物产品和其他检疫物的检疫

（1）报检　货主或其代理人应在动物产品和其他检疫物入境前，提前向入境口岸检验检疫机构预报其重量、运输工具种类、启运时间、启动港口、途经国家或地区、入境时间等，并提供有关和约、协议副本等资料。口岸检验检疫机构据此做好有关检疫、消毒器械的准备工作。

过境动物产品和其他检疫物到达口岸时，货主或其代理人须填写报检单，并持和约或协议、货运单、输出国家或地区及过境国家或地区兽医官签发的检疫证书等单证，向入境检验检疫机构报检。

（2）现场检疫　口岸检验检疫机构查验输出国家或地区政府动物检疫机关出具的检疫证书，核查货证是否相符，并依据是否打开集装箱和非集装箱运输进行不同的检疫：对来自非疫区整集装箱过境的动物产品和其他检疫物，入境口岸检验检疫机构对无渗漏、铅封完好的集装箱，不进行消毒处理，允许过境；对出现渗漏的集装箱，要按卫生要求进行消毒、密封后，允许过境，无法密封的不准过境。对来自疫区或途经疫区的过境集装箱，要进行外包装消毒处理，采取有效的密封措施，不渗漏时允许过境。

对准备打开集装箱或非集装箱运输的入境动物产品和其他检疫物，口岸检验检疫机构依规定进行现场检疫：查询过境动物产品和其他检疫物的启运时间、港口、途经国家或地区、查看运行日志等；核对单证与货物的名称、重（数）量、产地、包装、唛头标记是否相符；查验动物产品和其他检疫物有无腐败变质，容器包装是否完好，发现散包、容器破裂者，应令货主或其代理人负责整理。

上述查验符合要求者，现场检疫人员允许卸离运输工具，并及时对运输工具的有关部位及动物产品和其他检疫物的容器、包装外表、铺垫材料、污染场地等进行消毒处理。

经现场检疫合格的过境动物产品和其他检疫物，入境口岸检验检疫机构签发《动物产品和其他检疫物过境检疫放行通知单》，允许过境。过境动物产品和其他检疫物应及时离开我国口岸。不合格的动物产品和其他检疫物，进行检疫处理。

2. 从我国一个口岸入境，在我国境内运输后从另一口岸出境的过境动物产品和其他检疫物的检疫

（1）入境口岸检疫　同前文相关内容。入境口岸检验检疫机构签发《过境动物产品和其他检疫物调离通知单》。

（2）过境动物产品和其他检疫物的监运　过境动物产品和其他检疫物在我国境内运输的全过程必须在我国出入境检验检疫机构专人的监督下按指定的路线过境，未经口岸检验检疫机构同意，任何人不得开拆包装。口岸检验检疫机构应对其进行检疫监管，防止动物产品和其他检疫物容器、包装破损。如出现渗漏、散落时，必须对其污染的环境、器具进行消毒。

（3）出境口岸检疫　过境动物产品和其他检疫物到达出境口岸前，货主或其代理人要准确预报到达的时间。动物产品和其他检疫物运抵时，货主或其代理人应持入境口岸检验检疫机构签发的《动物产品和其他检疫物过境调离通知单》等单证，到出境口岸检验检疫机构报检。

出境口岸检验检疫机构按《动物产品和其他检疫物调离通知单》等单证的内容，核对过境动物产品和其他检疫物的名称、重（数）量、产地、包装、唛头标记等。对装输工具作防疫消毒处理。准予过境的签发《过境动物产品和其他检疫物过境检疫放行通知单》。过境动物产品和其他检疫物应及时运出我国口岸。

3. 亚欧大陆桥国际集装箱过境动物产品和其他检疫物的检疫

亚欧大陆桥运输是指国际集装箱从东亚、东南亚国家或地区由海运或陆运进入我国口岸，经铁路运往蒙古、欧洲、中东等国家和地区或相反方向的过境运输。

我国对亚欧大陆桥国际集装箱过境运输制定了如下的管理办法。

（1）我国只办理20ft（英尺，1ft＝0.3048m）、40ft箱，过境国际集装箱型应符合国际化组织（ISO）的规定。

（2）办理过境的中国口岸为：连云港、天津、大连、上海、广州港和阿拉山口、二连、满洲里、深圳北铁路换装站。

（3）输入过境动物产品和其他检疫物，货主或其代理人应当在动物产品和其他检疫物入境前提前向入境口岸检验检疫机构预报货物的数量、启运地点途经国家或地区、入境时间等。口岸检验检疫机构据此做好消毒器械的准备工作。动物产品和其他检疫物到达口岸时，货主或其代理人须填报检单，并持和约或协议、输出国家或地区兽医官签发的检疫证书、货运单证，向入境口岸检验检疫机构报检。

（4）入境口岸检验检疫机构对来自非疫区的过境箱和来自疫区或途经疫区的过境箱的检验检疫与同一口岸过境的动物产品和其他检疫物的检疫相同。

（5）入境口岸检验检疫机构对同意过境的货物签发《过境动物产品和其他检疫物调离通知单》。

过境箱在我国境内运输途中，任何人不得打开箱体，铅封必须完好，不得有任何渗漏现象。过境箱到达出境口岸时，货主或其代理人应持入境口岸签发的《过境动物产品和其他检疫物调离通知单》等单证到出境口岸检验检疫机构报检。出境口岸检验检疫机构查验货物铅封完好，无渗漏现象时，不进行检疫处理，同意出境。

第四节　检验检疫结果判定与处理

一、动植物、动植物产品检疫结果判定的依据和判定的结果

检疫结果的判定直接关系到动植物、动植物产品检验检疫病传入、传出国境。将阳性判为阴性，会造成疫病传入或传出国境；将阴性判为阳性，进口的动植物、动植物产品就要做退回或销毁处理，影响对外贸易的发展。

动植物、动植物产品检疫结果判定的依据有：

（1）国际标准　世界贸易组织规定，动物卫生领域的国际标准是世界动物卫生组织（OIE）制定的标准，《陆生动物诊断试验和投药标准手册》和《水生动物诊断试验手册》包括 OIE 的所有 A 类和 B 类病的诊断方法和判定标准，是动物检疫结果判定的依据。

（2）双边协议　目前，我国已和 50 多个国家签署了近 200 个进出境动物和动物产品检疫议定书（双边协定），在这些议定书中，明确规定了各种疫病的诊断方法和结果判定标准，缔约双方开展检疫时，必须严格遵循议定书中规定的方法和判定标准。

（3）国家标准　全国动物卫生标准化技术委员会负责制定、修订和审定动物检疫和动物卫生的标准。目前有关动物检疫和动物卫生方面的国家标准达数十个。

（4）检疫规程　贸易双方无检疫议定书，又无国家标准可供依据时，可参照中国海关总署动植物检疫司制定的检疫规程。

二、检疫出证的形式和具体过程

（一）检疫出证概述

检疫出证包括出具检疫证书和证单两种形式。一般证书用于对境外官方出具，证单用于对境内有关部门和团体出具。证书和证单格式均由中国海关总署动植物检疫司统一设计印制。出入境动物、动物产品的检疫证书由授权的检疫官签发，加盖口岸出入境检验检疫机构印章。检疫证书一般采用一份正本、四份副本签发，检验检疫部门除留一份副本存档外，其余均交报检人。特殊情况如信用证指明必须两份或以上正本的，经审批后可以签发，但必须在证书备注内声明"本证书是×××号证书正本的重本"。证书多使用中英文表述，证单用中文表述。如货主或其代理人有特殊要求需要使用其他语言签证的，也应尽力予以配合。应申请人要求签发两种或多语种证书时，必须中外文对照编制，以避免产生误解。对于证书的重要栏目，如数量、重量等的数字左右加上限制符号"—"。证稿应符合有关法律法规，符合国际贸易通行规范，用词明确、恰当，文字通顺，并按照证稿规范拟制。证书的内容编制结束后，应在下一行打上 8 个结束符号"＊"以示证书正文内容结束。所有与检疫内容无关的项目，应加注在证书结束符号以下的备注栏内。用于对外索赔、结算等的检疫证书须在备注栏内加注检疫费用。出入境动物、动物产品一般应以检讫日期作为对外签证日期，证书超

过有效期限后，自行失效。换证凭单以标明的有效期为准。检疫证书发出后，如需更改或补充内容，应由报检人填写《更改申请单》。

（二）入境动物检疫出证

根据输入动物、动物产品的具体情况，入境口岸动物检疫人员对报检动物或动物产品分别实行现场检疫、隔离检疫和调离检疫。

1. 现场检疫

入境动物及动物产品运抵入境口岸时，入境口岸动物检疫人员要登机、登船、登车，对入境动物进行临床检查，对动物产品要查验外包装是否完整，有无污染，查验货物有关单证，如检验检疫机构批准的《检疫许可证》《入境货物检验检疫报检单》、输出国家或地区官方动物检疫机关签发的动物检疫证书、动物健康证书、兽医卫生证书、动物产品检疫证书、熏蒸消毒证书以及其他相关证书；对运输工具和动物污染的场地进行防疫消毒处理。

现场检疫未发现入境动物出现传染病症状的，经检疫消毒后，由口岸检验检疫机关出具《调离通知单》，将入境动物、动物遗传物质调离到口岸检验检疫机关指定的隔离场做隔离检疫；对动物产品外包装良好或无其他异常情况的，签发《入境货物调离通知单》，调往指定的场所，并通知到达地所辖口岸检验检疫机关做进一步检疫、监管。

2. 隔离检疫

入境动物在口岸检验检疫机关认可或指定的动物隔离场实施隔离检疫。输入马、牛、羊、猪等种用或饲养动物，必须在国家检验检疫机关设在北京、天津、上海、广州的入境动物隔离场进行隔离检疫。一般情况下，牛、羊、猪等大中型动物隔离期为 45 天，其他动物隔离期为 30 天。

隔离检疫期间，口岸动物检疫人员对入境动物进行详细的临床检查，并做好记录；对入境动物、动物遗传物质按有关规定采样，并根据我国与输出国签订的双边检疫议定书或我国的有关规定进行实验室检验。动物经检疫合格的，口岸检验检疫机关出具《动物检疫证书》准许入境。检疫不合格的，签发《检验检疫处理通知单》并在口岸检验检疫机关的监督下，按要求进行检疫处理。检出《中华人民共和国进境动物一、二类传染病、寄生虫病名录》中一类病的，全群动物或动物遗传物质禁止入境，做退回或销毁处理；检出《中华人民共和国进境动物一、二类传染病、寄生虫病名录》中二类病的阳性动物禁止入境，做退回或销毁处理，同群的其他动物放行，并进行隔离观察；阳性的动物遗传物质禁止入境，做退回或销毁处理。

3. 调离检疫

根据检疫需要，检疫人员可在入境现场或指定的隔离场、仓库采取入境动物样品做实验室检验。采样人员应出具《采样凭证》，如实填写被采动物检疫样品的品名、数量、重量等。检疫合格的，口岸检验检疫机关签发《检验检疫放行单》，检疫不合格的，签发《检验检疫处理通知单》，通知货主或其代理人除害、退回或销毁处理，货主或其代理人可执此单向海关核销入境数量。

（三）出境动物检疫出证

检疫合格的动物在离境前，由口岸检验检疫部门作最后一次临床检查，确认健康的，出具检疫证书和证单，包括《动物卫生证书》《熏蒸/消毒证书》《出境货物通关单》，货主凭证单向海关办理动物出境手续。出境动物证书一般以检讫日期为签证日期。检疫证书的证稿必须由动物检验检疫部门负责人审核，授权签字人签字。

检疫不合格的动物，出具《检验检疫处理通知单》，由经办人在通知单签字，施检负责人审核签字并通知货主或其代理人，在检疫机关监督下进行检疫处理。

动物装运前要对运输工具、装运场地进行消毒处理，对运输途中所用的草、料和铺垫材料检疫或检疫处理后，出具相应的《植物检疫证书》或《熏蒸/消毒证书》。

输入国没有检疫要求，不需要出具证书的，经检疫合格后，签发《出境货物通关单》，予以放行。

（四）入境动物产品的出证

入境动物产品需调离海关监管区外进行检验、检疫、处理时签发《入境货物通关单》。检疫合格的动物产品出具《入境货物检验检疫证明》，由检疫人员签字，主管人员核签，同意入境加工、使用或销售，对其运输工具进行消毒处理后，出具《熏蒸/消毒证书》，准予放行。

检疫不合格的，在索赔有效期内（一般在货物到达口岸时起40天，或者在贸易合同中订明索赔期限）出具《检验检疫证书》，其证稿由施检部门负责人审核，授权签字人签字，关系到几个部门的，应进行会签，以此作为对外索赔的依据。

检出我国进境动物一、二类传染病、寄生虫病原体时，出具《检验检疫处理通知单》，由施检部门负责人签字并通知货主或其代理人，在检疫机构的监督下做防疫、消毒、除害、销毁或原包装退回处理。

属于一批到货分拨数地（分港卸货或异地检验检疫），口岸检验检疫机构只对本港卸下的货物进行检疫，先期卸货港的口岸检验检疫机构应出具《入境货物检验检疫情况通知单》，将检验检疫情况汇总给其他分卸港或异地检验检疫机构，此单一式两联，一联留本地卸货港的口岸检验检疫机构存档，一联交异地卸货港的口岸检验检疫机构。此单仅限于检验检疫系统内部使用，货主可凭口岸检验检疫机构出具的《入境货物通关单》，办理运输手续。在分卸港实施检疫中发现疫情并必须进行船上熏蒸、消毒时，由该分卸港的口岸检验检疫机构统一出具《熏蒸/消毒证书》，并及时通知其他分卸港的口岸检验检疫机构。需要对外出证的，由卸毕港的口岸检验检疫机构汇总后统一出具检验检疫证书，由授权签字人审核后签发。

（五）出境动物产品的出证

检疫合格的或经除害处理后合格的，依据输入国家和中国有关检疫规定、双边检疫协定以及贸易合同中的要求，出具《兽医卫生证书》，其证稿由施检部门负责人审核，由授权签字人签字。证书签字日期一般为检讫日期，有效期为21天。在起运前对其运输工具实施熏蒸或消毒，并出具《熏蒸/消毒证书》。

对俄罗斯出口的肉产品需出具专用的《兽医卫生证书》，证书的固定内容部分（包括证语）均用中俄文对照印刷在证书上，空白内容由出证口岸检验检疫机构根据实际情况用英文打印。

　　检疫合格或经卫生处理后合格的，不需要证书的，签发《出境货物通关单》和《熏蒸/消毒证书》，予以放行，货主凭此单通关。检疫不合格的，通知货主或其代理人，在检疫机关监督下做检疫处理。如无有效方法作除害处理的，出具《检验检疫处理通知单》，不准出境。

　　分批预检并批出口的动物产品，由施检部门做出结论并拟出证稿，授权签字人签字，由检务部门办理，并批出口通关和出证。

　　分批出口的预检动物产品，经查验合格后可分批通关或出证，在《出境货物换证凭单》上核销本批出口货物的数量并留下影印件备案，原《出境货物换证凭单》由检务部门退回报检人，供以后继续出口换证之用，待本批预检货物全部出口完毕后收回《出境货物换证凭单》存档。

第四章 ≫≫≫
动植物检验检疫的对象

第一节　动物及其产品的检验检疫对象

一、动物疫病的概念及分类

（一）一类疫病

一类疫病多为发病急、死亡快、流行广、危害大的急性、烈性传染病或人和动物共患的传染病，对人和动物危害严重，需要采取紧急、严厉的强制性预防、控制和扑灭措施的疾病。包括：口蹄疫、牛瘟、牛传染性胸膜肺炎、牛海绵状脑病、小反刍兽疫等。

（二）二类疫病

二类疫病是指可造成重大经济损失，需要采取严格控制、扑灭措施的疾病。该类疫病的危害性、暴发程度、传播能力以及控制和扑灭的难度等不如一类疫病大。包括：布氏杆菌病、牛传染性气鼻管炎、牛恶性卡他热、牛白血病、牛出血性败血病、牛结核病、牛焦虫病、牛椎虫病等。

（三）三类疫病

三类疫病是指常见多发呈慢性发展状态，可造成重大经济损失、需要控制和净化的动物疫病。包括：牛流行热、牛黏膜病、牛生殖器弯曲杆菌病、毛滴虫病、牛皮蝇蛆病等。

二、动物现场检疫

（一）流行病学调查

流行病学调查是指用流行病学的方法研究疾病、健康和卫生事件的分布及其决定因素，提出预防保健对策和健康服务措施，并评价这些对策和措施的效果。

流行病学基本上是一门归纳性的科学，从"描述"与"分析"两方面来体现它的归纳性，在描述中注重分析，在分析中贯穿描述。

分析性描述是将所得资料按不同地区、不同时间以及不同人群特征分组，将疾病、健康或卫生事件的分布情况真实地展示出来。其方法既基础又灵活。人们往往会从其结论中获得启迪，引导人们进一步探索与研究。

描述性分析是指那些已发展成熟的方法，包括观察性研究、实验性研究以及数学模型研究。

观察性研究是指通过现场调查分析的方法，包括横断面研究、病例对照研究和定群研究三种方法进行流行病学研究。

实验性研究是指对研究对象施加或消除某种因素或措施，以观察此因素或措施对研究对象的影响。实验性研究可划分为临床试验、现场试验和社区干预试验三种试验方式。

数学模型研究又称理论流行病学研究，即通过数学模型的方法来模拟疾病流行的过程，以探讨疾病流行的动力学，从而为疾病的预防和控制以及卫生策略的制定服务。例如人们通过模拟 AIDS/HIV 在不同人群中和社会经济状况下的流行规律来预测 AIDS/HIV 对人类的威胁并比较不同的干预策略预防和控制 AIDS/HIV 的效果。

（二）临诊检疫

1. 群体检疫

群体检疫是指对待检动物群体进行的现场检疫，从大群动物中挑拣出有病态的动物，隔离后进一步诊断处理，根据整群动物的表现，评价动物群健康状况。

（1）群体检疫的组织　群体检疫以群为单位。根据检疫场所的不同，将同场、同圈（舍）动物划为一群；或将同一产地来源的动物划为一群；或把同车、同船、同运输的动物划为一群。在畜群过大时，要适当分群，以利于检查。

群体检疫应按先大群，后小群；先幼年动物群，后成年动物群；先种用动物群，后其他动物群；先健康动物群，后染病动物群的顺序进行。

群体检疫的时间，应依据动物的饲养管理方式、动物种类和检疫要求灵活安排。对于放牧的动物群，多在放牧中跟群检疫或收牧后进行；舍饲动物常在饲喂过程中进行。反刍动物在饲后安静状态下看其反刍；奶牛、奶羊则常在挤乳过程中观察乳汁性状。在产地和口岸隔离检疫时，则需按规定在一定时间内完成必检项目。

（2）群体检疫的方法和内容　群体检疫以视诊为主，即用肉眼对动物体格大小、发育程度、营养状况、精神状态、姿势与体态、行为与运动等整体状态进行观察。一般是先静态检查，再动态检查，后饮食状态检查。

① 静态观察　在动物安静的情况下，观察其精神状态、外貌、营养、立卧姿势、呼吸、反刍状态、羽、冠、髯等，注意有无咳嗽、气喘、呻吟、嗜睡、流涎、孤立一隅等反常现

象，从中发现可疑病态动物。

② 动态观察　静态检查后，先观察动物自然活动，后观察驱赶活动以及起立姿势、行动姿态、精神状态和排泄姿势。注意有无行动困难、肢体麻痹、步态蹒跚跛行、屈背弓腰、离群掉队及运动后咳嗽或呼吸异常现象，并注意排泄物的颜色、混合物、气味等。

③ 食态观察　检查动物饮食、咀嚼、吞咽时的状态。注意有无不食不饮、少食少饮、异常采食以及吞咽困难、呕吐、流涎、退槽、异常鸣叫等现象。对有异常表现或症状的动物需标上记号，单独隔离，进一步做个体检疫。

2. 个体检疫

个体检疫是指对群体检疫中检出的异常个体或抽样检查（5%～20%）的个体进行系统的临诊检查，初步鉴定动物是否患病、是否为检疫对象。若个体检疫发现患病动物，应再抽检10%，必要时可全群复检。个体检疫的方法内容一般有视诊、触诊、听诊和检测体温等。

（1）视诊　利用肉眼观察动物，检查内容如下：

① 精神状态检查　健康动物两眼有神，反应敏捷，动作灵活，行为正常，若兴奋过度，惊恐不安，狂躁不驯，甚至攻击人畜，多见于侵害中枢神经系统的疫病（如狂犬病、李氏杆菌病等）。精神抑制，呆立不动，反应迟钝，轻则昏睡，严重时昏迷，倒地躺卧，意识丧失，见于各种热性病或侵害神经系统的疾病等。

② 营养状况检查　营养良好的动物，肌肉丰满，皮下脂肪丰富，轮廓丰圆，骨骼棱角不显露，被毛顺滑有光泽，皮肤富有弹性；营养不良的动物，则表现为消瘦，骨骼棱角显露，被毛粗乱无光泽，皮肤缺乏弹性，多见于慢性消耗性疫病（如结核病、肝片吸虫病等）。

③ 姿势与步态检查　健康动物动作灵活而协调，步态稳健。病理状态下，有的动物异常站立，如破伤风患畜形似"木马状"、神经型马立克病鸡两足呈"劈叉"状；有的动物被迫躺卧，不能站立，如猪传染性脑脊髓炎；有的动物站立不稳，如鸡新城疫病，鸡头颈扭转，站立不稳甚至伏地旋转；跛行则由神经系统受损或四肢病痛所致。

④ 被毛和皮肤检查　健康动物的被毛整齐柔软而有光泽，皮肤颜色正常，无肿胀、溃烂、出血等。若动物被毛粗乱无光泽、脆而易断、脱毛等，见于慢性消耗性疫病（如结核病）、螨病等；如猪瘟病猪的四肢、腹部及全身各部皮肤有指压不褪色的小点状出血，而猪丹毒病猪则呈现指压褪色的菱形或多角形红斑。正常鸡的冠、髯红润，若发白则为贫血的表现，呈蓝紫色则为缺氧的表现（如鸡新城疫病鸡冠髯黑紫）。

⑤ 呼吸和反刍检查　主要检查呼吸频率、节律、强度和呼吸方式，看有无呼吸困难，同时检查反刍情况等。

⑥ 黏膜检查　主要检查眼结膜、口腔黏膜和鼻黏膜，同时检查天然孔及分泌物等。黏膜的病理变化可反映全身的病变情况。正常情况下，马、犬的黏膜为淡红色；牛的黏膜颜色呈淡粉红色（水牛的较深）；猪、羊黏膜颜色呈粉红色。黏膜苍白见于各型贫血和慢性消耗性疫病，如马传染性贫血；黏膜潮红，表示毛细血管充血，除局部炎症外，多为全身性血液循环障碍；弥漫性潮红见于各种热性病和广泛性炎症；树枝状充血见于心机能不全的疫病等；黏膜发绀见于呼吸系统和循环系统障碍；黄染是血液中胆红素含量增高所致，见于肝病、胆道阻塞及溶血性疾病；黏膜出血，见于有出血性质的疫病，如马传染性血梨形虫病等。另外，口腔黏膜有水疱或烂斑，提示有口蹄疫或猪水泡病；鼻盘干燥或干裂，要注意有无热性疫病；马鼻黏膜的冰花样瘢痕则是马鼻疽的特征病变。

⑦ 排泄动作及排泄物检查　粪尿的颜色性状能提示某些疫病，如里急后重是直肠炎的特征；仔猪白痢排白色糊状稀粪，仔猪红痢排红色黏性稀便。注意动物排泄动作有无困难及粪便颜色、硬度、气味、性状等有无异常。

（2）触诊　触诊耳朵、角根，初步确定体温变化情况。触摸皮肤弹性，健康动物皮肤柔软，富有弹性；弹性降低，见于营养不良或脱水性疾病。检查胸廓、腹部敏感性。触诊体表淋巴结，检查其大小、形状、硬度、活动性、敏感性等，必要时可穿刺检查。如马腺疫下颌淋巴结肿胀、化脓、有波动感，牛梨形虫病肩前淋巴结急性肿胀。禽类要检查嗉囊，看其内容物性状及有无积食、气体、液体，如鸡患新城疫时，倒提鸡腿可从口腔流出大量酸性气味的液体食糜。

（3）听诊　听叫声、咳嗽声，如牛呻吟见于疼痛或病重期，鸡新城疫时发出"咯咯"声；肺部炎症表现为湿咳。借助听诊器听心、肺、胃肠音有无异常等。

（4）体温测定　体温升高的程度分为微热、中热、高热和极高热。微热是指体温升高0.5～1℃，见于轻症疫病及局部炎症。中热是指体温升高1～2℃，见于亚急性或慢性传染病、布氏杆菌病、胃肠炎、支气管炎等。高热是指体温升高2～3℃，见于急性传染病或广泛性炎症，如猪瘟、猪肺疫、马腺疫、胸膜炎、大叶性肺炎等。极高热是指体温升高3℃以上，见于严重的急性传染病，如传染性胸膜肺炎、炭疽、猪丹毒、脓毒败血症和日射病等。体温升高者，需重复测温，以排除应激因素（如运动、暴晒、拥挤引起的体温升高）。体温过低则见于大失血、严重脑病、中毒病或热病濒死期。测体温时应考虑动物的年龄、性别、品种、营养、外界气候、妊娠等情况，这些都可能引起一定程度的体温波动，但波动范围一般为0.5℃，最多不会超过1℃。体温测定一般采用直肠测温，禽可测翅下温度。

（5）叩诊　叩诊心、肺、胃、肠、肝区的音响、位置和界限以及胸腹部敏感程度。

（三）病理学检查

病理学检查是采用病理形态学检查的方法，观察标本大体病理改变，然后切取一定大小的病变组织，用病理组织学方法制成病理切片，用显微镜进一步检查病变组织，探讨病变产生的原因、机理及发展过程，最后做出病理诊断。在临床方面主要是进行尸体病理检查及手术病理检查。手术病理检查的目的是明确诊断及验证术前的诊断，决定下步治疗方案及估计预后，进而提高临床的治疗水平。

单纯形态学观察进行病理诊断仅能粗略定量估计。20世纪90年代病理检查进入组化、免疫组化、分子生物学及癌基因检测。随着科学的迅速发展，新仪器设备和技术的应用，超微结构病理、分子病理学、免疫病理学、遗传病理学等方法也都应用到了病理检查中。具体检查方法如下所述。

（1）形态学检查　形态学病理学检查是通过显微镜观察组织细胞形态变化，为临床治疗提供依据。以肿瘤形态学病理学检查为例说明：

子宫颈癌常用阴道分泌物涂片检查，肺癌用痰涂片检查，胸腔或腹腔以及泌尿道的原发或转移癌用胸/腹水、尿液离心后作涂片检查。我国医务工作者研制成食管细胞采取器（食管拉网法）检查食管癌及贲门癌（阳性确诊率为87.3%～94.2%）。还用鼻咽乳胶球细胞涂片、负压吸引细胞法及泡沫塑料海绵涂片法等采取鼻咽分泌物检查鼻咽癌，提高了阳性诊断率（阳性率为88%～92%）。用胃加压冲洗法采取胃内容物检查胃癌，也使阳性诊断率有了显著提高。

（2）**活体组织检查** 从患者身体的病变部位取出小块组织（根据不同情况可采用钳取、切除或穿刺吸取等方法）或手术切除标本制成病理切片，观察细胞和组织的形态结构变化，以确定病变性质，作出病理诊断，称为活体组织检查（biopsy），简称活检。这是诊断肿瘤常用的而且较为准确的方法。近年来由于各种内窥镜（如纤维胃镜、纤维结肠镜、纤维支气管镜等）和影像诊断技术的不断改进，不但可以直接观察某些内肿瘤的外观形态，还可在其指引下准确地取材，进一步提高了早期诊断的阳性率。

（3）**免疫组织化学检查** 免疫组化原理是利用抗原与抗体的特异性结合反应来检测组织中的未知抗原或者抗体，主要是肿瘤相关抗原（肿瘤分化抗原和肿瘤胚胎抗原），借以判断肿瘤的来源和分化程度，协助肿瘤的病理诊断和鉴别诊断。常用的染色方法有过氧化物酶-抗过氧化物酶复合物法，即 PAP 法（peroxidase-antiperoxidase complex method）和卵白素-生物素-过氧化物酶复合物法，即 ABC 法（avidin-biotin-peroxidase complex method）。利用免疫组织化学方法已经可以对许多常规方法难以判断其来源的肿瘤加以鉴别。例如细胞骨架的中间丝（intermediate filament），平均直径为 10nm，介于微管和微丝之间。中间丝有五类，即神经原纤维、胶质原纤维酸性蛋白、结蛋白（desmin）、波形蛋白（vimentin）和角蛋白（keratin），它们各自具有生物化学和免疫学特性，并分别存在于不同类型的细胞中，故有相对的特异性，可用来协助诊断相应的神经细胞、神经胶质细胞、横纹肌和平滑肌、间叶组织和上皮细胞肿瘤。利用激素和激素受体的特异性结合，还可以对乳腺癌等激素依赖性肿瘤的雌激素受体、孕激素受体的水平进行免疫组化测定。雌激素受体阳性者对于内分泌治疗的效果较好，预后也优于受体阴性的病人。

能用于肿瘤辅助诊断和鉴别诊断的抗体已不胜枚举。但诊断某些肿瘤的抗体也不够特异，因此在判断结果时必须结合形态学和临床特点。

（4）**电子显微镜检查** 电子显微镜在确定肿瘤细胞的分化程度、鉴别肿瘤的类型和组织发生上可起重要作用。在电镜下，癌细胞之间常见较多的桥粒连接或桥粒样连接，因而可与肉瘤相区别。在恶性小圆细胞肿瘤中，各类肿瘤也有其超微结构特点，如神经母细胞瘤常见大量树状细胞突，在瘤细胞体及胞突中均可查见微管和神经分泌颗粒；Ewing 肉瘤细胞常分化差，胞浆内细胞器很少，但以大量糖原沉积为其特点；胚胎性横纹肌肉瘤可见由肌原纤维和 Z 带构成的发育不良的肌节；小细胞癌常见细胞间连接和胞浆内神经分泌颗粒；恶性淋巴瘤除可见发育不同阶段淋巴细胞的超微结构特点外，不见细胞连接、神经分泌颗粒、树状胞突和糖原沉积，从而可与其他小圆细胞肿瘤相区别。

（5）**流式细胞术** 流式细胞术（flow cytometry）是一种快速定量分析细胞的新技术，已广泛用于肿瘤研究，特别是应用于瘤细胞 DNA 含量的检测。许多资料表明，实体恶性肿瘤的 DNA 大多为非整倍体或多倍体，所有良性病变都是二倍体。检测异常 DNA 含量不但可作为恶性肿瘤的标志之一，且可反映肿瘤的恶性程度及生物学行为。

（6）**图像分析技术** 病理形态学的观察基本上是定性的，缺乏精确客观的定量标准。图像分析技术（image analysis）弥补了这一缺点。随着电子计算机技术的发展，形态定量技术已从二维空间向三维空间发展。在肿瘤病理方面图像分析主要应用于核形态参数的测定（区别癌前病变和癌；区别肿瘤的良恶性；肿瘤的组织病理分级及判断预后等）、DNA 倍体的测定、显色反应（如免疫组织化学）的定量等方面。

（7）**分子生物学技术** 十余年来分子生物学肿瘤研究领域引起了一场革命。重组 DNA

技术、核酸分子杂交技术、聚合酶链式反应（polymerase chain reaction，PCR）和 DNA 测序等新技术在肿瘤的基因分析和基因诊断上已经开始应用。例如对恶性淋巴瘤，利用 Southern 印迹杂交技术和 PCR 方法，可以对样本淋巴组织中是否存在单克隆性的增生做出判断，从而协助形态学诊断。这些技术还被用于肿瘤的病因和发病学研究。

第二节　植物及其产品的检验检疫对象

一、检疫性害虫

检疫性的害虫主要包括以下几类：

（一）检疫性实蝇

这种实蝇是小型的昆虫，主要的危害在于幼虫能够在果实的内部进行取食，从而引发细菌感染，导致落果，甚至是整个果实的腐烂。对于这种实蝇的主要鉴定方法是以成虫的形态特征为准，主要的检疫方法是视检和饲养，而处理的方式主要是低温处理、高温处理和熏蒸处理。

（二）检疫性甲虫

这种甲虫的种类最为丰富，能够对作物、水果和木材等产生危害，主要的鉴定方法同样是以成虫的形态特征为准。例如马铃薯甲虫，无论是成虫还是幼虫都能够取食寄主植物的叶片和枝梢，其鉴定的主要方式有肉眼观察以及实验室检测。

中华人民共和国进境植物检疫性有害生物名录中有 446 种，其中昆虫 146 种。

新的《全国农业植物检疫性有害生物名单》中，昆虫类的有 17 种，包括菜豆象、柑橘小实蝇、柑橘大实蝇、蜜柑大实蝇、三叶斑潜蝇、椰心叶甲、四纹豆象、苹果蠹蛾、葡萄根瘤蚜、苹果绵蚜、美国白蛾、马铃薯甲虫、稻水象甲、蔗扁蛾、红火蚁、芒果果肉象甲和芒果果实象甲。

2005 年 3 月 1 日开始生效的森林植物检疫对象中，昆虫 11 种，即红脂大小蠹、椰心叶甲、松突圆蚧、杨干象、苹果蠹蛾、美国白蛾、双钩异翅长蠹、蔗扁蛾、枣大球蚧、红棕象甲、青杨脊虎天牛。

二、检疫性细菌

检疫性病原细菌的传播途径主要是种苗传播，一旦传入，很难防治。细菌病害的检疫比真菌病害要困难得多，主要有：

（一）梨火疫病菌

梨火疫病菌主要寄生于梨属、苹果属和山楂属植物，感染寄主繁殖器官，导致病树的大量死亡。有资料记载，在美国的加利福尼亚州，在病菌盛行的 1 年时间内，梨树从近 13 万株减少到了 1500 株,在南部的 4 年时间内损失了将近 95% 的梨树,最后不得不放弃梨树的栽培。梨火疫病菌主要通过包装材料和运输工具以及气流和昆虫传播。

(二)玉米细菌性枯萎病

玉米细菌性枯萎病菌的主要寄主是玉米,尤其是甜玉米,一旦感染,茎部开始腐烂,植株矮缩,叶子枯萎,产量下降达 40%~90%,主要的传播途径是带有病菌的玉米种子以及带有病菌的昆虫。其常用的鉴定方法主要包括半选择性培养基的分离鉴定和选择性培养基的分离鉴定,根据在不同培养基上的菌落特征和颜色等进行快速鉴定以及进行酶联免疫吸附测定(ELISA 测定)和免疫荧光反应,在短期内就可以对样品进行大量的检测,适用于现场调查和流行病学的研究。

三、检疫性真菌

检疫性病原真菌的传播途径主要是种子、种苗和植物产品传播,其寄生范围广泛,容易检测出来。目前列入各国检疫性的真菌有 100 多种,常见的检疫性病原真菌主要有:

(一)小麦矮腥黑穗病菌

小麦矮腥黑穗病菌主要寄生于小麦,也能侵染大麦和黑麦等 18 个属的多种植物,但除了小麦,在其他寄主上很难发病。小麦一旦遭受侵害,往往出现植株的严重矮化,产量降低,严重的甚至绝收。携带有病菌的小麦籽粒会变成布满黑粉的菌瘿,无论是人还是畜禽食用之后都会引发中毒。这种病菌的主要传播途径是带菌的种子和土壤。小麦矮腥黑穗病菌的主要检测方法有直接性的检测(主要是放大镜)、洗涤检查、冬孢子自发荧光实验、冬孢子萌发实验以及 PCR 技术等。

(二)大豆疫病菌

大豆疫病菌的唯一寄主是大豆,其危害主要在于引起大豆根、茎的腐烂以及植株的矮化、枯萎甚至死亡。传播的主要途径是土壤传播和大豆种子。大豆疫病菌的主要检验方法是种子检验、病残体检验、土壤诱集检验以及分子生物学检验等。

(三)烟草霜霉病菌

烟草霜霉病菌的分布非常广泛,在全球范围内的 65 个国家广泛分布,其寄主主要是烟草属的植物,导致植株的大量枯死、严重降低烟叶的产量和质量,其传播途径主要是气流传播、卵孢子传播和种子传播。烟草霜霉病的主要检验检疫方法是通过对干烟叶以及烟制品的孢囊梗和孢子的检查以及对卵孢子的检查进行诊断。

(四)栗疫病菌

栗疫病菌主要寄主是栗树,导致栗子果实的产量和质量下降,严重的会导致全株枯死。风力传播以及带病苗木等的调运则是主要的传播途径。

总的来说,病原真菌的检验,除了具有明显症状的植物材料可以选用直接检验之外,对于症状不明显或者是具有多种真菌复合感染时可选用洗涤检验、分离培养检验、吸水纸培养检验、种子部分透明检验和生长检验等,也可以借助电子显微镜、荧光显微镜进行检验。

四、检疫性病毒

检疫性病毒共有 39 种，主要通过寄主繁殖材料进行远距离的传播以及昆虫、线虫和真菌等传毒的介体传播。

（一）番茄环斑病毒

番茄环斑病毒寄主广泛，主要寄主是葡萄、桃子、李子、樱桃和苹果以及玫瑰等植物。其危害严重，一旦感染，就会有病斑在局部出现，严重的会使整个叶片变黄，导致寄主植物产量严重下降，甚至是绝收。其传播途径主要是种子和苗木的调运以及土壤线虫等。

（二）烟草环斑病毒

烟草环斑病毒能够侵染 54 科 246 种的植物，尤其是侵染豆类、瓜类以及薯类和花卉、果树等，引发大豆芽枯病，产量严重受损；烟草感染这种病毒后，植株严重矮化，叶片小质量差，种子的收获大减。常用的烟草环斑病毒的检测方法主要有生物学测定、酶联免疫吸附测定以及 PT-PCR 检测等方法。

五、检疫性线虫

（一）马铃薯金线虫

1. 生物学特性

马铃薯金线虫雌雄异形，雄虫线性，雌虫初为梨形、白色，后为球形、金黄色或淡黄色，雌虫死亡后体壁硬化成为褐色的胞囊，内含数百粒虫卵。马铃薯根分泌物促进胞囊内卵的孵化，幼虫游出土壤中，为寄主根的分泌物所引诱到达根部，以口器在细根表面开孔，侵入根中，根组织变为巨大细胞，幼虫取食细胞巨变的根组织发育。1 龄幼虫在卵壳内，蜕皮后 2 龄幼虫破卵壳，逸出胞囊外进入土壤中，遇到寄主时，从近根尖端处入侵。3 龄幼虫在根内度过，4 龄雄幼虫仍在根内，只有后部露出根表面，第 4 次蜕皮后，雄成虫从根内逸出进入土壤，不再取食，寻找雌虫交配。雌虫大部分露于根表面，经 3 次蜕皮肥大，变为球形成虫，根表皮破裂，虫体外露，只有颈部插在根部，可寄生于块茎，成熟后，释放引诱雄虫的物质，体内充满卵，最多有 500 粒，变成胞囊后，壁粗糙、厚且坚硬，保护内部的卵，成熟胞囊在病薯块、病根及病土中越冬。孵化成熟的适温为 16～22℃，完成 1 代约需 40 天，一年生 1～2 代。胞囊随黏附病土的种薯或其他带根繁殖材料以及随农具黏附的土壤、风和灌溉水近距离传播。

2. 检验方法

漂浮法：刷掉块茎表面的泥土，将泥土放在 10％的硫酸镁溶液中搅动，使漂浮物迅速上浮，静置后过滤，最后将滤纸晾干，制作胞囊阴门锥玻片，显微镜下观察胞囊外形、色泽、角质膜花纹、测量胞囊长度、宽度和颈部长；观察阴门锥膜孔类型、有无阴门桥、下桥及肛门到阴门之间的隆起脊纹数，测量阴门膜孔长度和宽度、阴门裂长度和肛阴距离。根据胞囊阴门形态检验鉴定。

（二）香蕉穿孔线虫

1. 生物学特性

香蕉穿孔线虫为内寄生可迁移性线虫，最适生长温度 24～30℃，雌虫经常受精，在根组织中产卵，产卵期约 15 天，平均每天产卵 2 粒（0.5～6 粒/天），卵 3～7 天即可孵化。24～32℃时，从卵至完成一个生活史为 20～25 天。幼虫及雌虫不侵染寄主，雄虫不能侵入、取食完整无损的根部。香蕉穿孔线虫寄主广泛，可危害 300 多种单子叶和双子叶植物，主要是危害根部，造成根腐，根量减少，直到剩下很少的短根，抑制生长，降低产量，植株倒毁，造成减产 40％～90％。

2. 传播途径

香蕉穿孔线虫主要通过植物根系伸长和相互交织接触传染近距离传播。自身移动的距离每月 15～20cm。农具、人和畜携带的泥土以及水流都可传播。

香蕉穿孔线虫远距离传播主要通过带线虫的种植材料的调运，带虫的种植材料是新病区再次蔓延的虫源。在没有寄主根和活球茎碎片的土壤中，线虫存活期不超过 6 个月；土壤中的香蕉穿孔线虫，在不种蕉情况下需 5 年才能全部死亡，可能由于田间有替代的杂草寄主。

香蕉穿孔线虫的各龄虫态都可由根侵入寄主，大多数从根尖侵入，在细胞间吸取汁液，造成根组织内形成空洞，10～14 天后，侵染点附近细胞坏死，初现病斑，21～28 天后，内部扩大成棕红色的孔道，贯穿皮层，皮层中腔扩大，病根表面产生明显的边缘隆起的纵向裂缝。卵产在病组织内。组织坏死后线虫转移或离开根部进入土壤，然后从别的部位再侵入根部。

3. 检验方法

染病的香蕉根部和球茎组织呈红褐色或黑色。将香蕉根茎黏附的土壤洗净，剪成小段，放入玻璃皿内加清水，解剖镜下观察，表面有红褐色至黑褐色病痕、坏死或裂缝者即染香蕉穿孔线虫。

4. 防治

严格实行检疫制度，引种的蕉类球茎和种苗消毒处理，轮作，一旦发生穿孔线虫病，可采用"热、毒、饿"综合治理措施。热就是将发病的蕉头、蕉根集中煮沸半小时或挖一个大坑，切碎蕉头，深埋高温沤制。毒就是将病田土壤用杀线剂，如呋喃丹、益舒宝、米乐尔等进行消毒处理。饿就是病田坚持休耕 2～3 年，每月喷除草剂 1～2 次，不长杂草，使土壤中线虫缺乏营养而死亡。

（三）松材线虫

1. 生物学特性

松材线虫蠕虫状。雌成虫细长，唇区隆起，无唇环，口针基部稍膨大，食道滑刃形，中食道球大，食道腺覆盖肠端，排泄孔位于食道和肠交界处，神经环正好在中食道球下面；阴门前部有阴门盖覆盖着，后阴子宫囊很长，尾部宽圆，少数有指状突。雄成虫交合刺大型，尾弓形，末端尖锐，有交合伞，无引带，有卵圆形的尾翼，尾部还有两对尾突。发育温度范围 9.5～33℃，在 25℃下 4～5 天完成生活周期，−17℃下可存活 5 个月。每雌虫平均产卵 79 粒。生活史包括繁殖周期和分散周期，繁殖周期在生长季节，以卵、1～4 龄幼虫和成虫反复繁殖；分散周期是线虫的休眠和传播时期，属于 3 龄和 4 龄幼虫。

2. 危害

松材线虫主要危害松属植物，也侵染冷杉属、云杉属、雪松属和落叶松属等。线虫从伤口进入松树木质部，寄生在树脂道中，大量繁殖后遍及全株，导致松树木质部内髓射线薄壁组织细胞受到破坏，管胞形成受抑制，水分输导受阻，呼吸作用加强，树脂分泌减少至停止，蒸腾作用减弱，导致松树萎蔫病，直至迅速死亡。松材线虫致病力强，传播快，寄主死亡速度快，且常常猝不及防；松树一旦感染该病，最快的 40 天左右即可枯死，3～5 年间便造成大面积毁林的恶性灾害，治理难度大。该病害属于危及国家生态安全的重大病害，是国际、国内重要的检疫对象，任何树龄均可发病。松材线虫（以其宿主松褐天牛为例）病害发展过程分 4 个阶段：

(1) 松树外观正常，树脂分泌减少，蒸腾作用下降，在嫩枝上往往可见松褐天牛（传播松材线虫病的主要媒介是松褐天牛）啃食树皮的痕迹。

(2) 针叶开始变色，树脂分泌停止，除松褐天牛痕迹外，还可发现产卵刻槽。

(3) 大部分针叶变为黄褐色，萎蔫，可见松褐天牛的蛀屑。

(4) 针叶全部变为黄褐色至红褐色，病树整株干枯死亡。

3. 传播

该病借助于天牛的迁飞自然扩散，天牛幼虫在越冬和化蛹期间分泌脂肪酸在蛹室积累，引诱 3 龄幼虫向蛹室集中，后变为 4 龄，受天牛幼虫羽化时产生的 CO_2 引诱而转移到天牛成虫体表，再通过腹部气门进入天牛气管，聚集在腹部，再从气门出来，移至尾部，当天牛成虫在健树上取食和在衰弱树上产卵时，线虫即从伤口侵入，通过皮层和松脂道进入木质部，6～9 天后，木质部细胞死亡，停止分泌松脂，出现外部症状，线虫数量急剧增加，30天达到最高峰。后期，环境条件不适应，线虫以 3 龄幼虫越冬。高温干旱利于发病，夏季40 天内降水少于 30mm、55 天以上平均气温高于 25℃，会严重发生。发病最适温度 20～30℃，低于 20℃、高于 33℃不发病。

4. 检疫和防治

松材线虫主要通过形态观察进行检验检疫，其防治措施如下：

(1) 严格检疫制度，不从病区输入松苗和松原材。

(2) 在天牛成虫期，喷洒 0.5％杀螟松乳剂，每株 2～3kg；飞机喷洒，浓度提高到3％，每公顷 60kg，持效期 1 个月以上。

(3) 晚夏和秋季用杀螟松喷洒病树，每平方米树表用药 400～600mL，可完全杀死树皮下的天牛幼虫。

(4) 汰除病树，残留树桩要低，并剥去树桩的树皮，连同树梢集中烧毁。原木可用溴甲烷熏蒸，或加工成 2cm 以下的薄板。此措施应在天牛羽化前完成。

第五章

动植物检验检疫的样品采集

第一节 细菌样品的采集处理

一、细菌的分离与接种

（一）分离

分离细菌是把混杂的细菌分离为单个细胞使其生长繁殖，形成单个菌落，以便得到纯菌种，常用平板划线分离法，如下所述。

1. 倒平板

如图 5-1 所示，右手持盛培养基的三角烧瓶置火焰旁边，用左手将瓶塞拔出，瓶口保持对着火焰；然后用右手手掌边缘或小指与无名指夹住瓶塞（也可将瓶塞放在左手边缘或小指与无名指之间夹住。如果三角烧瓶内的培养基一次用完，瓶塞则不必夹在手中）。左手持培养皿并将皿盖在火焰旁打开一缝，迅速倒入培养基约 15mL，加盖后轻轻摇动培养皿，使培养基均匀分布在培养皿底部，然后平置于桌面上，待凝固后即为平板。

2. 划线

平板凝固后，用接种环以无菌操作取相应的菌苔一环在平板上划线。

（1）连续划线法 将挑取样品的接种环在平板培养基表面连续划线，如图 5-2 所示。

（2）三区划线法 将挑取样品的接种环先在培养基的第一区（约占整个平板面积的一半）作第一次连续划线，再转动培养皿约 60°角，并将接种环上残余物烧掉，待冷却后通过第一次划线部分作第二次划线，然后作第三次划线，如图 5-2 所示。划线完毕，盖上皿盖，倒置于培养箱培养。

皿加法   手持法

图 5-1   倒平板

（3）分区划线法   将挑取样品的接种环先在培养基上划一条线，再将接种环上残余物烧掉，转动培养皿从第一条线上连续划 4～6 条线，再将接种环上残余物烧掉，转动培养皿从第二次划的线上划过再连续划 4～6 条线，依次类推，直至划满平皿为止，如图 5-2 所示。

挑取单个菌落接种于斜面培养基上，如果不纯，再移植纯化，最后得到纯培养。

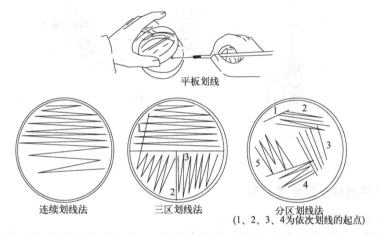

平板划线

连续划线法   三区划线法   分区划线法
                                      （1、2、3、4 为依次划线的起点）

图 5-2   平板划线分离的划线方法

（二）接种

微生物接种技术是生物科学中最基本的操作技术之一。由于实验目的、培养基种类及容器等不同，为获得生长良好的纯种微生物所用接种方法也有所不同。微生物接种必须在一个无杂菌污染的环境中进行严格的无菌操作。常用的接种方法有斜面接种法、平板接种法、液体接种法及试管半固体培养基的穿刺接种法。常用的接种工具有接种针、接种环、接种钩、接种圈、接种铲或接种锄、玻璃涂棒等。将细菌接种至液体培养基、半固体培养基及固体斜面操作步骤不同。

1. 试管菌种接种至液体培养基

（1）将菌种试管与待接种的试管培养基依次排列，夹于左手的拇指与食指之间，用右手的中指与食指或食指与小指拔出试管塞并夹出。

（2）置试管口于酒精火焰附近。

（3）将接种工具垂直插入酒精火焰中烧红，再横过火焰三次，然后放于无菌的培养基表面待其冷却。

（4）用接种环取少许菌种置于另一支液体培养基的试管中，在液体表面处的管内壁上轻轻摩擦以及晃动接种环，使菌体分散并从环上脱开，进入液体培养基。

（5）取出接种工具，将试管口和试管塞进行火焰灭菌。

（6）重新塞上试管塞。

（7）摇动液体培养基试管，使菌体在培养液中分布均匀。

（8）烧死接种工具上残留余菌，把试管和接种环放回原处。

2. 试管菌种接种至半固体培养基

试管菌种接种至半固体培养基是利用穿刺接种，用接种针下端取菌种（针必须挺直），自半固体培养基的中心垂直刺入半固体培养基中，直至接近试管底部，但不要穿透，然后沿原穿刺线退出，塞上试管塞，烧灼接种针，如图 5-3 所示。整个过程需无菌操作。

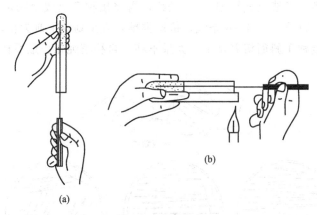

(a)　(b)

图 5-3　穿刺接种

3. 试管菌种接种至固体培养基

（1）斜面接种（图 5-4）

① 手持试管　用左手大拇指和其他四指将菌种试管和待接种斜面试管握住，使中指位于两试管之间，斜面向上。

② 放松试管塞　右手将菌种管和待接试管的试管塞旋松，以便接种时拔出。

③ 取接种环　右手拿接种环，在火焰上将环端和有可能伸入试管的部分烧过灭菌。

④ 拔试管塞　用右手的无名指、小指和手掌边先后拔出菌种管和待接试管的试管塞，然后让试管口缓缓过火灭菌。

⑤ 环冷却　将灼烧过的接种环伸入菌种管，先使环接触没有长菌的培养基部分，使其冷却。

⑥ 取菌种　待环冷却后轻轻沾取少量的菌或孢子，然后将接种环移出接种管，注意不要使环的部分碰到管壁。

⑦ 接种　在火焰旁边迅速将沾有菌种的接种环伸入待接斜面试管。从斜面培养基的底部向上部作"Z"形来回密集划线，不要划破培养基，也可以用接种针在斜面培养基的中央拉一条线作斜面接种，以便观察菌种的生长特点。

⑧ 塞试管塞　取出接种环，灼烧试管口，并在火焰旁将试管塞塞上。塞试管塞时，不要用试管迎试管塞。

⑨ 环灭菌　将接种环烧红灭菌。放下接种环，再将试管塞旋紧。

（2）平板接种　操作步骤与微生物的平板划线分离法相同。

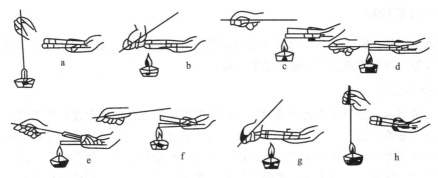

图 5-4　斜面接种时的无菌操作

二、细菌的培养

细菌培养是用人工方法使细菌生长繁殖的技术。培养时应根据细菌种类和目的等选择培养方法、培养基、培养条件（温度、pH 值、时间、对氧的需求与否等）。由于细菌无处不在，而培养的致病菌一旦污染环境，就会引起交叉感染。因此从制备培养基开始，整个培养过程必须无菌操作。细菌培养分为容器、工具的消毒，培养基的制备，接种和培养管理四个步骤。

（一）容器、工具的消毒

菌种培养用的培养基应连同培养容器用高压蒸汽灭菌锅灭菌。小型生产性培养可把配好的培养液用普通铝锅或大型三角烧瓶煮沸消毒。大型生产性培养则把经沉淀砂滤后的水用漂白粉（或漂白液）消毒后使用。

（二）培养基的制备

培养基的制备是根据所培养细菌种类的营养需要选择合适的培养基配方，按培养基配方把所需物质称量，逐一溶解，混合，配成培养基。一般采用血琼脂培养基划线培养。怀疑存在只能在巧克力培养基上培养且需要一定二氧化碳才能生长的细菌（如副猪嗜血杆菌、传染性胸膜肺炎放线杆菌等）时，应采用巧克力培养基划线，烛缸培养。培养基常用牛肉汤、蛋白胨、氯化钠、葡萄糖、血液等和某些细菌所需的特殊物质配制成液体、半固体、固体等。一般细菌可在有氧条件下 37℃中放 18～24h 生长。厌氧菌则需在无氧环境中放 2～3 天后生长。个别细菌如结核菌要培养 1 个月之久。

如果培养的光合细菌是淡水种，菌种培养可用蒸馏水、生产培养可用消毒的自来水（或井水）配制培养基。如果培养的光合细菌是海水种，则用天然海水配制培养基，在海水中加入磷元素时，不能用磷酸氢二钾，应用磷酸二氢钾，不然会产生大量沉淀。

（三）接种

培养基配好后，应立即接种。光合细菌生产性培养的接种量高，菌种母液量和新配培养液量之比为（1∶4）～（1∶1），尤其是微气培养，接种量更应高些，否则光合细菌在培养液中很难占绝对优势，影响培养的最终产量和质量。

（四）日常管理

影响细菌生长的因素很多，内因是菌种品质，外因是光照、温度、营养、敌害、pH 值和厌气程度等。日常管理以光合细菌培养为例：

1. 搅拌和充气

光合细菌培养过程中必须充气或搅拌，以促进沉淀的光合细菌上浮获得光照。小型厌气培养人工摇动培养容器，每天至少摇动三次，定时进行。大型厌气培养则用机械搅拌器或使用小水泵使水缓慢循环运转，保持菌体悬浮。微气培养是通过充气帮助菌体上浮，因为培养液中溶解氧含量增加，光合细菌繁殖受到抑制，产量下降，所以必须严格控制充气量。一般采用定时断续充气，充气量控制在 $1\sim1.5L/(L\cdot h)$ 之间，溶解氧量保持在 $1mg/m^3$ 以下。

2. 光照度调节

光合细菌培养需要连续照明，根据需要调整光照度。白天可利用太阳光培养，晚上则利用人工光源，或完全利用人工光源培养。人工光源一般使用碘钨灯或白炽灯泡。一般培养光照强度应控制在 $2000\sim5000lx$ 之间。如果光合细菌生长繁殖快，细胞密度高，则光照强度应提高到 $5000\sim10000lx$。光照强度可通过调整培养容器与光源的距离或使用可控电源箱调节。

3. 温度调节

光合细菌对温度的适应范围一般在 $23\sim39℃$。在常温下培养也可将温度调整在光合细菌生长繁殖最适宜的范围内，使光合细菌更好地生长。

4. 酸碱度调整

光合细菌指数生长期大量繁殖，菌液的 pH 值上升，但当 pH 值超过最适范围甚至生长的适应范围时，光合细菌的生长下降。因此，及时调整菌液的酸碱度，使 pH 值保持在最适范围非常重要。必须每天或隔天测定菌液的 pH 值，当 pH 值上升超出最适范围时，最常用的是醋酸或乳酸和盐酸来降低菌液的酸碱度。当光合细菌的生长达到一定密度，pH 值也上升到 9 以上，细菌生长受阻时应采收或再扩大培养。

在培养过程中，菌液的颜色是否正常、接种后颜色是否由浅变深，均反映光合细菌是否正常生长繁殖以及繁殖速度的快慢。必要时可通过显微镜检查。

温度、光照和 pH 值之间是对立统一的，温度高，光照应弱；温度低，光照应强。如果温度高，光照强，pH 值就会迅速升高，培养基产生沉淀，抑制光合细菌的生长；如果温度低，光照弱，光合细菌得不到最佳能源，生长速度也慢。试验表明，光合细菌生长的最适条件是：①温度 $15\sim20℃$ 时，光照为 $30000\sim50000lx$，培养基 pH 值为 7.0；②温度 $25\sim30℃$ 时，光照为 $3000\sim5000lx$，培养基的 pH 值为 7.0。

三、细菌的鉴定

细菌鉴定是指将未知细菌按生物学特征确定分类地位的过程。细菌鉴定可将细菌鉴定至属和种，细菌鉴定方法包括生化鉴定、核酸检测、血清学鉴定及质谱技术等。在实验室中，主要是根据感染性疾病的类型、标本种类、采集部位等因素建立具体的检验程序。

（一）生化鉴定

生化鉴定是细菌鉴定中最重要的一种，主要是根据细菌对营养物质代谢能力的差异进行鉴定，包括蛋白质分解产物试验、触酶试验、糖分解产物试验、氧化酶试验、凝固酶试验等。

（二）血清学鉴定

血清学鉴定适用于含较多血清型的细菌，常用方法是玻片凝集试验，并可用免疫荧光法、协同凝集试验、对流免疫电泳、间接血凝试验、酶联免疫吸附试验等方法，快速、灵敏地检测样本中致病菌的特异性抗原。用已知抗体检测未知抗原（待检测的细菌），或用已知抗原检测患者血清中的相应抗体及其效价。血清学鉴定操作简单快速，特异性高，可在生化鉴定的基础上为细菌鉴定提供依据。

（三）分子生物学检测

分子生物学检测方法包括核酸扩增技术、核酸杂交、生物芯片及基因测序等，适用于生长缓慢、营养要求高、不易培养的细菌。常见的核酸扩增技术有聚合酶链式反应、连接酶链式反应等，主要用于耐甲氧西林葡萄球菌、结核分枝杆菌等病原菌的检测。核酸杂交有斑点杂交、原位杂交等，用于致病性大肠埃希菌、沙门菌、空肠弯曲菌等致病菌的检测。生物芯片包括基因芯片和蛋白质芯片，主要是对基因、蛋白质、细胞及其他生物进行大信息量分析的检测技术。

（四）微生物自动鉴定系统鉴定

微生物自动鉴定系统从原理上包括以下几种：

1. 表型鉴定方法

美国 Biolog 公司的 Microstation 和 Omnilog 自动微生物鉴定系统，基于 95 种碳源或化学敏感物质的利用为原理，另外还有基于微生物细胞壁的脂肪酸构成的气相色谱分析脂肪酸的鉴定方法，可鉴定细菌、酵母和霉菌超过 2650 种；在临床领域，梅里埃、BD、热电和西门子都有相应的自动微生物鉴定系统，主要以鉴定致病菌为主，通常是 200~600 种数据库，可做药敏测试。

2. 基因型的鉴定方法

如以 Life 和杜邦为典型代表的基因测序法及基因条带图谱法。

3. 蛋白质的鉴定方法

以布鲁克和梅里埃为代表，基于蛋白质飞行质谱平台，分析不同高度保守的微生物核糖体蛋白电解离后的电子飞行时间进行鉴定。

以上三类方法各有优缺点，理论上不冲突，可以互为补充，应根据需要进行选择。

（五）质谱技术

质谱技术是一种新型的软电离生物质谱，主要是对核酸、蛋白质、多肽等生物大分子串联质谱进行分析。其用于细菌的化学分类和鉴定，具有高灵敏度和高质量检测范围的优点。

第二节　真菌样品的采集处理

　　真菌的鉴定首先是对真菌分离培养，将检验标本划线分离接种或插种于真菌培养基内，置于合适的生长环境进行孵育，获得纯种真菌，并进一步做真菌药物敏感试验，鉴定真菌种类。

　　真菌繁殖既可以有性繁殖也可以以无性孢子繁殖，在适宜的条件下能在人工培养基内生长，产生各种形态的孢子与无性子实体，这是真菌分类和鉴定的主要依据。

一、真菌的分离与接种

（一）平板划线分离法

　　(1) 取适合真菌的琼脂培养基融化，冷至45℃，注入无菌平皿中，每皿15~20mL，制成平板待用。

　　(2) 取要分离的材料（如田土、混杂的或污染的真菌培养物、真菌）少许，投入盛无菌水的试管内，振摇，使分离菌悬浮于水中。

　　(3) 将接种环火焰灭菌并冷却，蘸取上述菌悬浮液，进行平板划线（同细菌的划线法）。

　　(4) 置温箱中培养2~5天，待长出菌落后，钓取可疑单个菌落先作制片检查，若只有一种所需要的真菌生长，即可进行钓菌纯培养。如有杂菌可从单个菌落中钓少许菌制成悬液，再作划线分离培养，有时需反复多次，才得纯种。另外，也可在放大镜下，用无菌镊子夹取一段待分离的真菌菌丝，直接放在平板上作分离培养，可获得该种真菌的纯培养。

（二）稀释分离法

　　(1) 取盛有无菌水的试管5支（每管9mL），分别标记1号、2号、3号、4号、5号。取样品（如田土等）1g，投入1号管内，振摇，使悬浮均匀。

　　(2) 按无菌操作法，用1mL灭菌吸管从1号管中吸取1mL悬浮液注入2号管中，并摇匀；同样由2号管取1mL至3号管，依此类推，直至5号管。每稀释一管更换一支灭菌吸管。

　　(3) 用2支无菌吸管由4号、5号试管中各取悬液1mL，分别注入2个灭菌培养皿中，再加入融化后冷至45℃的琼脂培养基约15mL，轻轻在桌面上摇转，静置，使冷凝成平板。然后倒置于温箱中培养，2~5天后，从中挑选单个菌落，并移植于斜面上。

二、真菌的培养

　　除少数真菌培养不成功外，多数真菌能人工培养。真菌的培养方法主要有试管法、平皿培养和玻片培养，培养基包括固体琼脂培养基、液体培养基和双向培养基。真菌分离培养应考虑所分离真菌的特性，配制合适的培养基，选择所需的气体环境。同时，由于真菌分离材料常污染有大量细菌，所以可在培养基中加入抗生素并在分离培养过程中严格执行无菌操作，将菌种分别接种于 2～3 管含有青霉素、链霉素的沙保弱琼脂斜面培养基内，临床标本直接接种，真菌菌种则用灭菌接种环按斜面培养基接种法接种。接种后将培养基放入 28℃ 或 37℃ 培养箱中培养，逐日观察菌落形态及颜色变化。

酵母菌在固体培养基上多呈油脂状或蜡脂状，表面光滑、湿润、黏稠，有的表面呈粉粒状、粗糙或有皱褶。菌落边缘整齐、缺损或带丝状。菌落颜色有乳白色、黄色或红色等。酵母菌在液体培养基中会产生混浊、沉淀物，改变其表面生长性状。

不同霉菌在固体培养基上培养 2～5 天，可见霉菌菌落呈绒毛状、絮状、蜘蛛网状等。菌落大小依种而异，有的能扩展到整个固体培养基，有的有一定的局限性（直径为 1～2mm 或更小）。很多霉菌的孢子能产生色素，致使菌落表面、背面甚至培养基呈现黄色、绿色、青色、黑色、橙色等不同的颜色。霉菌在液体培养基中生长，一般都在表面形成菌层。

三、真菌的鉴定

真菌的鉴定是对真菌进行分离培养后根据菌落在显微镜下的形态、结构、大小、边缘、颜色、生长速度、表面性质、下沉现象等特征确定菌种，必要时通过生化反应鉴别试验、动物接种等方法鉴定。

真菌的形态观察法主要有：

1. 水浸片的制备观察

真菌的形态观察常用美蓝染色液制备真菌水浸片来观察，活细胞能还原美蓝为无色，故还可区别死细胞和活细胞。

（1）酵母菌形态观察　将美蓝染色液一滴滴加在干净的载玻片中央，如不染色则加蒸馏水一滴，以无菌操作用接触环取培养 48h 左右的酵母菌体少许，在液滴中轻轻涂抹均匀（液体培养物可直接取一接种环培养液于玻片上）并加盖干净盖玻片。为避免产生气泡，应先将其一边接触液滴，再慢慢放下盖片。然后置于显微镜下观察酵母菌的形态、大小和芽体，同时根据是否染色来区别死、活细胞。

（2）霉菌形态观察　在干净载玻片上加蒸馏水或美蓝染色液一滴。取培养 2～5 天的根霉或毛霉，培养 3～5 天的曲霉、青霉或木霉、培养 2 天左右的白地霉（含无性孢子的菌体），用解剖针挑取少量菌丝体放在载玻片的液滴中，将玻片置于解剖镜下，用解剖针将菌丝体分散成自然状态，然后加盖玻片，不要产生气泡，盖后不再移动玻片，以免弄乱菌丝。在显微镜下观察菌丝有无隔膜、孢子囊柄与分生孢子柄的形状、分生孢子小梗的着生方式、孢子囊的形态、足细胞与假根的有无、孢子囊孢子和分生孢子的形状和颜色、节孢子的形状等特点，区别根霉与毛霉、青霉、曲霉、木霉之间的异同点以及白地霉的特点。

2. 真菌的载片培养观察

真菌的载片培养法可克服水浸片制片的困难，使对菌丝分支和孢子着生状态的观察获得满意的效果。

取直径 7cm 左右圆形滤纸一张，铺于直径 9cm 的平皿底部（图 5-5），上放一 U 形玻棒，其上再平放一张干净的载玻片与一张盖玻片，盖好平皿盖灭菌。挑取真菌孢子接入盛有灭菌水的试管中，摇振试管制成孢子悬液备用。用灭菌滴管吸取灭菌后融化的真菌固体培养基少许，滴于上述灭菌平皿内的载玻片中央，并以接种环将孢子悬液接种在培养基四周，加上盖玻片，轻轻压贴一下。为防止培养基干燥，可在滤纸上滴加灭菌的20%甘油液3~4mL，然后盖上平皿盖，即成湿室载片培养。放在适宜温度（多数真菌为20~30℃）的培养箱内培养，定期取出在低倍镜下观察孢子萌发、发芽管的长出、菌丝的生长、无隔菌丝中孢子囊柄与孢子囊孢子形成的过程、有隔菌丝上足细胞生长、锁状联合的发生、孢子着生状态等。

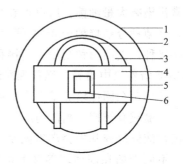

图 5-5　真菌的载片培养

1—培养皿；2—U形玻棒；3—滤纸；
4—载玻片；5—盖玻片；6—固体培养基

霉菌的封闭标本常用乳酸石炭酸液封片，其中含有甘油使标本不易干燥，而石炭酸又有防腐作用。在封片液中，还可加入棉蓝或其他酸性染料，以便于观察菌体。

在洁净载玻片上滴一滴乳酸石炭酸棉蓝染色液，用解剖针从霉菌菌落的边缘处取少许带有孢子的菌丝于染液中，再细心地把菌丝挑成自然状态，然后用盖玻片盖上，不要产生气泡。在温暖干燥室内放数日，使盖玻片与载玻片紧贴。封片时，先用清洁的纱布或脱脂棉将盖玻片四周擦净，并在盖玻片周围涂一圈加拿大树胶或合成树胶，风干后即成封闭标本。

第三节　病毒样品的采集处理

一、病毒的采集

（一）采集部位

不同的病毒性疾病采集病毒的标本不同，活检组织应采集有病变的部位，供分离病毒、检出核酸及抗原的标本应采集感染部位，如呼吸道感染采取鼻咽分泌物、洗漱液或痰液，肠道感染采集粪便，脑内感染采集脑脊液，水疱性疾病采集水疱皮和水疱液，有病毒血症时采集血液，尸检一般是采集有病理变化的器官或组织。

（二）采样时间

用于分离或检测病毒及其核酸的标本应尽可能在发病的初期，最理想的时期是在机体尚未产生抗体之前的急性期采集，越早越能提高病毒的检出率。疾病的后期，由于机体产生免疫力，病毒数量减少或消失，不易检出。同时病毒感染的晚期常并发细菌性感染，增加了判断的困难。检测特异性抗体需要采取急性期与恢复期双份血清，第一份尽可能在发病后立即采取，第二份在发病后2~3周采取。

（三）标本的保存与送检

由于病毒对热不稳定，病毒离开活体组织后在室温下极易死亡，故收集的标本应放在冷的环境，尽快送检。若离实验室较远，应将标本加入保护剂（如 Hank's 液、牛血清白蛋白、50％缓冲甘油等）后放入装有冰块或干冰的容器内送检，以防病毒失活。盛放标本的容器及保护剂应当灭菌，易污染的检材，如鼻咽分泌液、粪便等应加入青霉素、链霉素或庆大霉素等，以免杂菌污染，影响病毒分离。

标本的运送一般在 4℃左右条件下进行。实验室收到标本后应立即处理，反复冻融标本会降低病毒的分离率。如果标本在 24h 以内接种，一般保存在 4℃，如果需要耽搁较长时间，应将初步处理的标本放于－20℃或－70℃冰箱储藏。当标本接种细胞或组织时，应预留部分标本，以备再次接种或进一步检查。

二、标本的处理

标本接种前，必须进行适当的处理，如除去标本中的杂质和杂菌，以及将病毒释放出来，以利于检测或保存。

（一）除菌处理

病毒含量较高的样品浸出液或体液可不经过病毒分离直接用于诊断鉴定，对病毒含量较少的标本，则需通过病毒的分离增殖来提高检出率。无菌的体液（腹水、骨髓液、脱纤血液、水疱液等）可不做处理，直接接种培养的组织细胞、鸡胚或实验动物，用于分离病毒。

粪便、鼻咽拭子及其他暴露在外环境中的标本，因携带细菌、真菌和其他病原体，接种前需进行特殊处理，首先对稀释后样本进行高速离心以除去固体沉淀和部分大分子物质，对离心后的上清液添加适量抗生素和抗真菌药物以减少细菌和真菌的生长，最后采用合适孔径的滤膜过滤，去除细菌等污染物，获得病毒悬液。

标本经过上述处理一般即可用于病毒分离，如有些标本用一般方法难以除去污染时，则考虑采用以下方法进行处理。

1. 过滤除菌

可用陶瓷滤器、石棉滤器或 200nm 孔径的混合纤维素酯微孔滤膜等除菌。

2. 离心除菌

用低温高速离心机以 18000r/min 离心 20min，可沉淀除去细菌，而病毒保持在上清液中，必要时转移离心管重复离心一次。

3. 乙醚除菌

对乙醚有抵抗力的病毒（如肠道病毒、鼻病毒、呼肠孤病毒、腺病毒、痘病毒、小 RNA 病毒等），可用冷乙醚等量加入样品悬液中充分振荡，置于 4℃过夜，取下层水相分离病毒。

4. 普鲁黄（proflavine）除菌

普鲁黄对肠道病毒和鼻病毒影响很小，常用作粪或喉头样品中细菌的光动力灭活剂，将样品用 0.0001mol/L pH 9.0 的普鲁黄于 37℃作用 60min，随后用离子交换树脂除去染料，将样品暴露于白光下，可使被光致敏的细菌或霉菌灭活。

（二）脂类物质和非病毒蛋白的去除

有些标本（如组织标本）脂类和非病毒蛋白含量很高，对有机溶剂有抗性的病毒在浓缩病毒样品之前可用有机溶剂（如正丁醇、三氯乙烯等）抽提，将预冷的有机溶剂等量加入样品中，强烈振荡后于1000r/min离心5min，脂类和非病毒蛋白保留在有机相，病毒则保留在水相。

（三）特殊样品的处理

1. 组织器官标本的处理

首先用无菌剪刀将材料分成小块，置于无菌的研钵内磨碎，随后加入1～2mL Hank's液制成组织悬液，再次加入1～2mL继续研磨，制成10%～20%的悬液；最后加入复合抗生素，以8000r/min离心15min，取上清液用于病毒分离。较软的脑、脊髓等组织可用匀浆器打碎，研磨完全后冻融1～3次，加适量生理盐水、磷酸盐缓冲盐水或病毒培养基并添加适量抗生素制成病毒悬液，离心后取上清，必要时还可用滤液接种敏感细胞，如不能及时接种，应添加防冻液置−80℃冰箱或液氮保存。结缔组织应加入适量铝氧粉，以便将病毒释放出来，制成悬液，经离心后接种。

2. 粪便标本的处理

取4～5g粪便用Hank's液制成20%的悬液，在密闭的容器中强烈振荡30min，于6000r/min低温离心30min，取上清液再次离心，用450nm的微孔滤膜过滤，加2倍浓度的复合抗生素，然后直接用于病毒分离或进行必要的浓缩后再进行病毒分离。

3. 拭子和生物体液的处理

将拭子浸在2～3mL运载培养基中，尽量挤出棉拭子中的液体以获得标本，如果液体被污染，应在3000r/min、4℃离心30min。加抗生素至最终浓度为2000单位/mL，置4℃ 4h除菌。

4. 血清或血浆标本的处理

标本为全血时，须及时分离出血浆。血清或血浆标本应选择合适的抗凝剂，避免溶血，检测抗体的血清标本试验前应在56℃处理30min以除去非特异性物质及补体。

三、病毒的分离与鉴定

（一）病毒的分离

从病料中进行病毒的分离培养是鉴定病毒的基本方法。虽然并不是所有病毒性疾病的诊断都需作病毒分离，但是若新疾病流行、血清学检测产生交叉反应、两种病毒无法区别，需进一步确诊，以及同一症状的疾病可能由多种病毒引起，则需要分离病毒，在寄主细胞中培养，这种培养物具有滤过性，在原始宿主或相关种属内能产生同样的病症，能重新分离出病毒。

病毒是严格的细胞内寄生微生物，培养病毒必须使用细胞。根据病毒的不同选用敏感动物（动物接种）、鸡胚（鸡胚接种）或离体细胞进行分离培养（细胞培养）。

病毒分离的一般程序是：

$$检验标本 \rightarrow 杀菌（青、链霉素）\rightarrow 接种 \begin{cases} 易感的动物 \rightarrow 出现症状 \\ 鸡胚 \rightarrow 病变或死亡 \\ 细胞培养 \rightarrow 细胞病变 \end{cases} \rightarrow \begin{array}{c} 鉴定病毒种型 \\ （血清学方法） \end{array}$$

（二）病毒的培养

以下介绍细胞培养。

细胞培养（cell culture）是指利用机械、酶或化学方法使动物组织或传代细胞分散成单个乃至 2～4 个细胞团悬液进行培养。分离成功的病毒，首选细胞培养的方式进行扩增，培养后的纯病毒可用于鉴定、分型、感染特性和致病特性等研究。

细胞培养中的病毒可取培养液或培养液与细胞培养物混合物通过冻融、超声波等方法使其释放出来。细胞培养所用培养液是含血清（通常为胎牛血清）、葡萄糖、氨基酸、维生素的平衡溶液，pH7.2～7.4。组织细胞培养每个细胞无个体差异，生理特性基本一致，对病毒易感性相等；准确性和重复性好；可严格执行无菌操作；细胞培养本身就能显示病毒的生长特征；应用空斑技术可进行病毒的克隆化，适于绝大多数病毒生长。根据细胞的类型和培养细胞代数的不同，可将其分为原代细胞培养和传代细胞培养。

原代细胞培养将人或动物组织分散成单细胞，加一定培养液，37℃孵育 1～2 天后逐渐在培养瓶底部长成单层细胞，如人胚肾细胞、兔肾细胞。原代细胞均为二倍体细胞，可用于产生病毒疫苗，如用兔肾细胞生产风疹疫苗。原代细胞不能持续传代培养，不便用于诊断工作。原代细胞只能传 2～3 代细胞就退化，在多数细胞退化时，少数细胞（通常是胚胎组织的成纤维细胞如 WI-38 细胞系）能继续传下来，且保持染色体数为二倍体，称为二倍体细胞培养（diploid cell culture）。二倍体细胞生长迅速，并可传 50 代保持二倍体特征。二倍体细胞一经建立，应尽早将细胞悬浮于 10% 二甲基亚砜中，大量分装安瓿贮存于液氮（−196℃）内，作为"种子"供以后传代用。目前多用二倍体细胞系制备病毒疫苗，也用于病毒的实验室诊断工作。

传代细胞培养通常是由癌细胞或二倍体细胞突变而来（如 Hela、Hep-2、Vero 细胞系等），染色体数为非整倍体，细胞生长迅速，可无限传代，在液氮中能长期保存。目前广泛用于病毒的实验室诊断工作中，根据病毒对细胞的亲嗜性，选择敏感的细胞系使用。

正常成熟的淋巴细胞不经特殊处理不能在体外传代培养。然而 EBV 感染的 B 淋巴细胞却能在体外持续传代，这是病毒转化细胞的例证，也是分离出 EBV 的标志。T 淋巴细胞在加入 T 细胞生长因子（IL-2）后可在体外培养，称为淋巴细胞培养（lymphocyte culture），这为研究人类反转录病毒（HIV、HTLV）提供了条件，HIV 在 T 淋巴细胞培养物中增殖形成多核巨细胞。

（三）动物试验

动物试验是最原始的病毒分离鉴定方法。动物活体对病毒的感染率取决于对该病毒是否敏感、病毒接种量、接种部位以及病毒毒力等因素。宿主为人类的病毒接种时最好选择进化最接近人的物种如猩猩、猕猴、狒狒等。由于经济、伦理等因素，实验室常用的动物多为大鼠、小鼠、豚鼠和小猪等。接种途径根据各病毒对组织的亲嗜性而定，可接种鼻内、皮内、脑内、皮下、腹腔或静脉，例如嗜神经病毒（脑炎病毒）接种鼠脑内、柯萨奇病毒接种乳鼠（一周龄）腹腔或脑内。接种后逐日观察实验动物发病情况，如有死亡，则剪碎病变组织，研磨均匀，制成悬液，继续传代，并作鉴定。

（四）鸡胚培养

鸡胚由于分化程度相对较低，来源充足且造价低廉，技术简单、不需特殊设备，比用动物更加经济简便，常用于某些敏感病毒的培养。根据病毒的特性病毒可分别接种在鸡胚绒毛尿囊膜、尿囊腔、羊膜腔、卵黄囊、脑内或静脉内，经过孵育后可获得大量病毒，鸡胚发生异常变化如羊水、尿囊液出现红细胞凝集现象，该法常用于病毒的分离、培养、增毒以及抗原和疫苗制备等。但很多病毒在鸡胚中不生长。

1. 鸡卵的选择

一般选择新鲜、10天以内的受精卵以保证规格质量一致。

2. 孵育

孵育时可将鸡卵放入卵箱内，气室向上，孵育的最适温度为38～39℃，相对湿度为40%～70%，孵育8日后，鸡卵应每天翻动1～2次，以帮助鸡胚发育匀称和防止鸡胚膜粘连。

3. 检卵

鸡卵孵育4～5天后，即可用检卵器检查鸡胚发育情况（两天一次）。

① 未受精鸡卵：在检卵器上仅见到模糊的阴影。

② 活鸡卵：鸡胚发育4天后，在检卵器上就可见到清晰的血管，鸡卵内有一小黑点（鸡胚），有明显的自然转动。

③ 死胎：如果发现鸡卵血管模糊、扩张、胚胎活动呆滞或不能自主地转动，则可判断胚胎已经死亡，应将其挑拣出来。鸡胚孵育完毕后，用铅笔画出气室边缘和胚胎的位置待用。

（五）接种

1. 鸡胚卵黄囊接种

用5～8天的鸡胚，以细长针头由鸡卵气室端刺入卵黄囊，如图5-6所示。孵育后取获卵黄囊膜检查。常用于某些嗜神经病毒的分离。

2. 鸡胚羊膜腔接种

如图5-7所示，用12～14天的鸡胚，将检材注入羊膜腔，孵育后取羊水检查。常用于

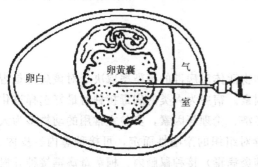

图 5-6 鸡胚卵黄囊接种

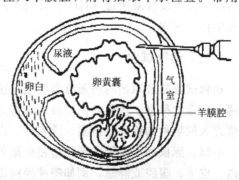

图 5-7 鸡胚羊膜腔接种

流感病毒的初次分离。

3. 尿囊腔接种

将标本接种于9～12天的鸡胚尿囊腔，如图5-8所示，孵育后取尿囊液检查，常用于培养流感病毒和腮腺炎病毒等。

4. 绒毛尿囊膜接种

以无菌操作在孵育10～12天的蛋壳上开一小窗，然后将材料滴在鸡胚绒毛尿囊膜上，如图5-9所示。孵育后观察膜上有无斑点病变。常用于培养单纯疱疹病毒、天花病毒和痘病毒。

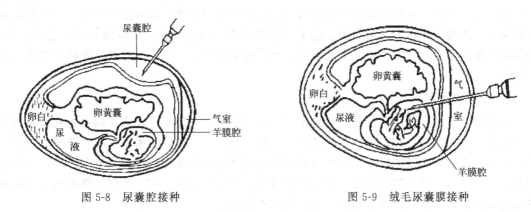

图 5-8　尿囊腔接种　　　　　　　　图 5-9　绒毛尿囊膜接种

（六）剖检及收获

收获前鸡胚置4℃冰箱过夜，使鸡胚内血液凝固。收获时，用碘酒将气室部卵壳消毒，将气室处卵壳剥去（不要将碎片落入壳膜），然后用无菌手术刀柄从胚胎背部轻轻下压（切勿压破卵黄囊），再用吸管吸取尿囊液，置青霉素小瓶内，于低温保存。

（七）病毒的鉴定

根据临床症状、标本来源及细胞病变等特性鉴定病毒不够准确，病毒的核酸、蛋白质作为鉴定依据较准确。接种前对病料病毒进行初步鉴定，常用 ELISA（酶联免疫吸附试验）以及 PCR 测序等方法，获得纯培养的病毒则需要进行再次鉴定以确保病毒鉴定的正确，常用 PCR 测序、免疫荧光法（IF 法）和蛋白质印迹等技术，还可用分子生物学技术分析病毒核酸组成、基因组织结构、序列同源性比较。

1. 形态学鉴定

病毒在细胞内增殖后，可引起细胞的不同变化。常见的形态学改变如细胞圆缩、聚合、溶解或脱落。某些病毒感染细胞产生的特征性的形态变化，在普通光学显微镜下可见胞浆或胞核内出现的呈嗜酸性或嗜碱性染色、大小数量不等的圆形或不规则形的团块状结构，病毒学上称为包涵体。这些细胞致病作用（CPE）出现的时间是鉴定病毒的标志之一。

病毒的很多特征如大小、形态、结构等可借助电子显微镜检查。对于目前尚难培养而形态又非常典型的病毒，可用电子显微镜直接观察感染组织或分泌液、接种病料的鸡胚、细胞培养材料的病毒粒子。例如病毒悬液经高度浓缩和纯化后，借助磷钨酸负染及电子显微镜可直接观察到病毒颗粒，根据大小、形态可初步鉴定病毒。某些病毒产生特征性 CPE，普通光学倒置显微镜可观察，结合临床表现可做出预测性诊断。免疫荧光（IF）法用于鉴定病毒具有快速、特异的优点，细胞内的病毒或抗原可被荧光素标记的特异性抗体着色，在荧光显微镜下可见斑点状黄绿色荧光，根据所用抗体的特异性判断为何种病毒。

（1）电子显微镜正染法（超薄切片法）　电子显微镜正染法（超薄切片法）可观察病毒形态发生过程，标本可长时间保存。但其操作复杂，费时。其步骤如下：

取材→固定(戊二醛/四氧化锇)→清洗与脱水→浸透、包埋与聚合→切片→染色(铀染/铅染)

（2）电子显微镜负染法　负染是指通过重金属盐在样品四周的堆积而加强样品外周的电子密度，使样品显示负的反差，衬托出样品的形态和大小。具体步骤（漂浮法）为：

将需负染的样品滴几滴在干净的载玻片上，再将有支持膜的载网漂浮在样品液滴上以沾取样品，用滤纸吸干样品余液使样品在载网上仅有一薄层液膜，在样品未干时加一滴复染液于铜网上，用滤纸吸干多余的染液。电子显微镜负染法快速简易（10～20min），分辨率高，图像清晰地显示病毒结构；但其敏感性低，要求病毒量在 10^7 以上，以及所有样品应处于悬浮状态。

2. 血清学鉴定

血清学鉴定是用已知的诊断血清来鉴定。补体结合试验可鉴定病毒科属；中和试验可鉴定病毒种、型及亚型。ELISA、琼脂扩散、中和试验、标记抗体技术等免疫血清学方法结合临床症状、检材来源及流行季节等可检查病畜的抗体消长和发病组织中的病毒抗原，从检材中分离出病毒株，注意混杂病毒、隐性感染或潜伏病毒的混淆，用急性期与恢复期双份血清作血清学试验，血清抗体滴度增高 4 倍以上才有意义。

3. 血吸附作用和血凝作用鉴定

（1）血吸附作用　血吸附作用和血凝作用多见于以出芽方式释放的病毒。血吸附指感染细胞具有吸附红细胞的能力。例如流感病毒和某些副黏病毒感染细胞后 24～48h，细胞膜上出现病毒的血凝素，能吸附豚鼠、鸡等动物及人的红细胞，发生红细胞吸附现象。若加入相应的抗血清，可中和病毒血凝素、抑制红细胞吸附现象的发生，称为红细胞吸附抑制试验，可作为这类病毒增殖的指征，以此作为初步鉴定。其步骤如下：

用 PBS 配制 10％的豚鼠红细胞悬液，4℃保存，用前稀释成 0.5％的浓度（10％悬液 1mL 加 19mL PBS 混匀）。

吸去对照和试验管培养细胞的上清液，试验管的上清液留待电镜观察。

每管加入 0.2mL 红细胞悬液，4℃孵育 30min。用 4℃的 PBS 清洗培养细胞 3 次。

显微镜下读取结果并记录，根据吸附红细胞的量可分为 0（阴性）～4（完全吸附）级。

37℃孵育 60min，有神经氨酸酶的病毒将会从红细胞上游离下来。

（2）血凝作用　血凝作用是指感染细胞的培养液中有许多游离病毒存在，具有凝集红细胞的作用。其检验步骤如下：

在血凝板第一排的 1～12 孔加入 50μL 生理盐水。

在第 1 孔中加入 50μL 病毒，混匀后吸 50μL 到第 2 孔，如此稀释直到第 10 孔，混匀后弃 50μL；最后两孔（11、12 孔）为红细胞对照。

将 1％的红细胞轻轻摇动混匀，在 1～12 孔中每孔加入 50μL。

手工振荡，37℃静置 30min（室温 40min）后观察结果。

4. 中和反应鉴定

中和反应是在体外适当条件下孵育病毒与特异性抗体反应，再将反应混合物接种到敏感的宿主体内，然后测定残存的病毒感染力的一种方法。因为病毒的复制需要宿主细胞提供原料、能量和复制场所，因此，中和反应必须在敏感的动物体内才能进行。病毒进入机体后，吸附于敏感细胞的表面，然后穿入、脱壳、侵入细胞，进行病毒复制和装配，并引起机体感染。特异性的抗病毒抗体（中和抗体）与病毒结合之后，使病毒失去吸附、穿入宿主细胞的能力，从而阻止病毒感染机体。进行中和反应时，首先将病毒与抗体在适当的条件下混合、孵育后，接种敏感宿主，然后观察病毒对宿主的感染力。用敏感动物进行中和反应时，主要观察抗体能否保护易感动物免于死亡、瘫痪；用细胞培养法进行中和反应时，主要观察抗体能否抑制病毒的细胞病变效应（CPE）或病毒空斑形成等；用鸡胚接种法进行中和反应时，主要通过观察绒毛尿囊膜上的痘疮结构来检测病毒或用血凝试验检测鸡胚尿囊液流感病毒的滴度。

5. 酶联免疫吸附试验（ELISA）

将已知的抗体或抗原结合在某种固相载体上，并保持其免疫活性。测定时，将待检标本和酶标抗原或抗体与固相载体表面吸附的抗体或抗原发生反应，然后加入酶的作用底物催化显色，进行定性或定量测定。

6. 分子生物学鉴定技术

以核酸检测为代表的分子生物学技术灵敏度高、漏检率低，可对病毒基因组的结构与功能、复制与表达以及与宿主相互作用等进行研究，可为病毒的致病机理、疫苗研发和抗病毒药物研制等方面提供基础，成为病原体鉴定的优选方法之一。病毒的分子生物学鉴定技术主要有以下几类：

（1）原位杂交　运用酶或发光底物作为标记探针，通过原位杂交直接检测样本中的病毒核酸，由于其缺少 PCR 中扩增这一环节，其敏感性低，目前运用较少。

（2）聚合酶链式反应（PCR）　聚合酶链式反应是利用 DNA 在高温时变性解链，当温度降低后又可以复性成为双链的原理，扩增特定的 DNA 片段的分子生物学技术，能将特异微量的 DNA 大幅增加，从而便于鉴定。其特异性依赖于与靶序列两端互补的寡核苷酸引物。PCR 鉴定病毒特异性强、灵敏度高、快速准确。

（3）反转录-聚合酶链式反应（RT-PCR）　RT-PCR 技术通过 RNA 反转录酶将病毒 RNA 反转录成 DNA，接着进行 PCR，与 PCR 相比多了反转录的过程，主要运用于 RNA 病毒检测，也可用于基因表达、转录水平等的检测。

（4）实时定量荧光聚合酶链式反应（real-time quantitative PCR）　以荧光探针或荧光染料发出的荧光信号作为核酸扩增反应中的检测指标，计算循环后产物总量的技术。除可检测病毒载量外，还可用于病毒变异、耐药等的监测，是评估疾病病程、治疗效果及预后的常用方法。其敏感性、特异性和重复性都较好。

（5）分支链 DNA（branched DNA，bDNA）信号放大技术　bDNA 是一种人工合成的分支 DNA，可结合多个酶标记物，将样本用特定裂解液裂解后，经一种放大标记探针杂交与信号放大后即可得到基因定量结果。目标物不被扩增，但检测信号被放大，从而提高了灵敏度。除检测病毒核酸外，也可检测宿主细胞内与病毒发生相互作用基因的表达水平，具有较好的应用前景。

（6）NASBA（核酸依赖性扩增检测技术）　NASBA 是依赖核酸序列的扩增技术，由一对特异的引物介导、三种酶催化、以单链 RNA 为模板的恒温扩增技术，具有操作简单、特异性强、灵敏度高、不易被污染等优点，已广泛应用于病毒、细菌、霉菌、寄生虫和细胞因子等的检测，特别是用于 HIV（人类免疫缺陷病毒）、HCV（丙型肝炎病毒）等 RNA 病毒的检测。

（7）TMA（核酸扩增-转录介导的扩增技术） TMA 是一种利用 RNA 聚合酶和反转录酶在约 42℃等温条件下扩增 RNA 或 DNA 的系统。其技术原理与 NASBA 大致相同，差别是 TMA 利用 MMLV 反转录酶及 T7 RNA 聚合酶两种酶，MMLV 反转录酶既有逆转录酶的活性又具有 RNA 酶 H 活性，该技术是比较敏感的核酸扩增技术，其检测比较简便，适合高通量筛选，可运用于人类白细胞抗原等位基因分型以及细菌和病毒的快速检测。

（8）LCR（连接酶链式反应） LCR 是基于靶分子依赖的寡核苷酸探针相互连接的一种探针扩增技术，其扩增效率与 PCR 相当，由于有很高的信噪比，其敏感性也很高。该技术既可扩增，又可检测 DNA 突变，具有很好的运用前景。

（9）基因芯片 基因芯片是采用光导原位合成或显微印刷等方法将大量特定序列的探针分子密集有序地固定于经过相应处理的硅片、玻片、硝酸纤维素膜等载体上，然后加入标记的待测样品，进行多元杂交，通过杂交信号的强弱及分布，来分析目的分子的有无、数量及序列，从而获得受检样品的遗传信息。该技术在基因表达分析、新基因发现和疾病诊断方面具有越来越广的应用前景。

7. 干扰现象

一种病毒感染细胞后可以干扰另一种病毒在该细胞中的增殖，这种现象叫干扰现象（interference phenomenon）。利用不产生 CPE 的病毒（如风疹病毒）能干扰以后进入的能产生 CPE 的病毒（如 ECHO 病毒）增殖，使后者进入宿主细胞不再生产 CPE 而鉴定不产生 CPE 的病毒。

（八）病毒感染性的定量测定示例

1. 空斑形成单位测定

空斑形成单位（plaque-forming unit，PFU）测定是测定病毒感染性比较准确的方法。将适当浓度的病毒悬液接种到生长单层细胞的玻璃平皿或扁瓶中，当病毒吸附于细胞上后，在其上覆盖一层融化的半固体营养琼脂层，待凝固后，孵育培养。当病毒在细胞内复制增殖后，每一个感染性病毒颗粒在单层细胞中产生一个局限性的感染细胞病灶，病灶逐渐扩大，若用中性红等活性染料着色，在红色的背景中显出没有着色的"空斑"，清楚可见。由于每个空斑由单个病毒颗粒复制形成，所以病毒悬液的滴度可以用每毫升空斑形成单位（PFU）来表示。

2. 50%致死量（LD_{50}）或 50%组织细胞感染量（$TCID_{50}$）的测定

50%致死量（LD_{50}）或 50%组织细胞感染量（$TCID_{50}$）的测定可估计所含病毒的感染量。方法是将病毒悬液作 10 倍连续稀释，接种于上述鸡胚，易感动物或组织培养细胞中，经一定时间后，观察细胞或鸡胚病变，如绒毛尿囊膜上产生痘斑或尿囊液有血凝特性，或易感动物发病而死亡等，经统计学方法计算出 50%感染量或 50%组织细胞感染量，可获得比较准确的病毒感染性滴度。

第四节　其他微生物样品的采集处理

一、螺旋体

螺旋体是一类细长、柔软、螺旋状、运动活泼的原核生物，有细胞壁、原核，以二分裂方式繁殖，对抗生素敏感等。其生物学地位介于细菌与原虫之间。螺旋体有两类：钩端螺旋体——人畜共患病病原；双曲钩端螺旋体——不致病。其中致病性螺旋体主要有钩端螺旋体属、疏螺旋体属、密螺旋体属三个属。

（一）钩端螺旋体

1. 形态及特性

钩端螺旋体（Leptospira）螺旋细密、规则，似细小珍珠排列的细链，一端或两端呈钩状，故名钩端螺旋体。钩端螺旋体运动活泼，菌体常呈 C、S 或 8 字型，不易着色。Fontana 镀银染色法被染成棕褐色。暗视野显微镜下可见运动活泼、折光性强而成白色的钩端螺旋体。

钩端螺旋体需氧或微需氧，营养要求高，常用 Korthof 培养基培养，其中含 10％新鲜灭活兔血清或牛血清（血清促进钩体生长，中和其产生的毒性）、蛋白胨和磷酸盐缓冲液，适宜生长温度为 28～30℃，若在 11～13℃能生长的为非致病的双曲钩端螺旋体。最适 pH 为 7.2～7.6，pH<6.5 死亡，最高能耐 pH8.4。在人工培养基中生长缓慢，在液体培养基中于 28℃培养 1～2 周，呈半透明云雾状生长。在 1％琼脂固体培养基中于 28℃培养 1～3 周，可形成透明、不规则、直径 $d<2mm$ 的扁平小菌落。生化反应不活泼，不分解糖类和蛋白质，有过氧化氢酶，有的菌株可溶血。对热和酸抵抗力弱，60℃ 1min 即死亡；0.2％来苏儿、1∶2000 升汞、1％石炭酸经 10～30min 被杀灭，对青霉素敏感。在夏秋季酸碱度中性的湿土或水中可存活 20 天以上，甚至数月之久。

钩端螺旋体至少可分为 25 个血清群（属特异性抗原即菌体抗原——脂多糖复合物，用于分群）、273 个血清型（型特异性抗原即表面抗原——多糖蛋白复合物，用于分型）。我国已发现的致病性钩端螺旋体至少有 19 个血清群、74 个血清型。钩端螺旋体含有：

（1）内毒素样物质（ELS）或称脂多糖样物质（LLS）。

（2）溶血素：溶解红细胞，引起贫血、出血、肝大、黄疸、血尿。

（3）细胞毒性因子（CTF）：引起小鼠肌肉痉挛、呼吸困难而死亡。

（4）细胞致病作用（CPE）物质：56℃经 30min 被破坏。注射家兔，可形成红斑和水肿，导致钩端螺旋体病（一种人畜共患传染病）。宿主是鼠、猪、蛇、鸡、鸭、鹅等 50 多种动物。传播途径是人与污染水或土壤接触，经黏膜或破损皮肤进入，经胎盘垂直传播。

感染钩端螺旋体起病急，症状为高热、乏力、全身酸痛、眼结膜充血、腓肠肌压痛、表浅淋巴结肿大。钩端螺旋体大多隐性感染，随尿排出。患病轻重程度与感染钩端螺旋体型别、毒力、免疫性有关，轻者似感冒，重者引起内脏器官和神经系统的损害；病程一般为先形成钩体血症，进而损伤全身毛细血管内皮细胞及肝、肾、肺、心及中枢神经。

患钩端螺旋体病后可获得抗同型钩体的持久免疫力，以细胞免疫为主。

2. 检验方法

钩端螺旋体可从血液、尿和脑脊液中分离获得。发病早期（10 天内）血液的阳性率高，2 周后尿和脑脊液等的阳性率高。感染 6～10 天取血可检出抗体，在病程第 3 或 4 周达最高水平，此后抗体水平逐渐下降。

（1）镜检　取急性期病人血，以 1000r/min 离心 5～10min，再取血浆以 4000r/min 离心 45～60min。取 1 滴沉淀物置玻片上，加盖玻片后作暗视野检查。也可用 Fontana 镀银染色法染色后观察。

（2）核酸检测　采用同位素或生物素、地高辛标记的特异 DNA 探针法，检出标本中钩端螺旋体的核酸，较培养法快速、敏感。若先用 PCR 技术先行扩增，再用探针确定，则敏感度更高。

（3）分离培养　取钩端螺旋体血症期的病人血液 2mL 或发病后第 2 周的无菌弱碱性尿沉渣接种 Korthof 培养基中，28℃孵育，因需氧生长，故靠近培养液面呈半透明雾状混浊。取培养物作暗视野检查，观察有无螺旋体生长，一般 7～14 天生长。连续观察 30 天，如无生长判为阴性。

（4）血清学检测　血清学诊断需在病程早期及恢复期分别采集血清，作双份血清试验。

取标准菌株 4～7 天的培养物制备抗原，每视野 50～60 条活钩端螺旋体。取病人血清，56℃30min 灭活后稀释，每个稀释度为 0.1mL 血清中加入等量活菌抗原，30℃ 2h 后，取 1 滴覆盖玻片，暗视野显微镜下观察，若有抗体存在，则钩体凝集成团，当抗体效价高时，凝集的菌体溶解。

（5）酶联免疫吸附试验　用 ELISA 法和 IgM 斑点-ELISA 法等间接检测钩体病人血清中特异性抗体，用于该病的快速诊断。包被抗原用钩端螺旋体培养物经超声波破碎，15000r/min 离心 20min，包被的抗原浓度以 20μg/mL 为宜。被检血清 OD 值为阴性对照的 2 倍即为阳性。

（6）动物试验　动物试验是分离钩端螺旋体的敏感方法，尤其适用于有杂菌污染的标本。方法是将标本接种于幼龄豚鼠或金地鼠腹腔。3～5 天后，可用暗视野显微镜检查腹腔液；亦可在接种后 3～6 天取心血检查并作分离培养。动物死后解剖，可见皮下、肺部等有大小不等的出血斑，肝、脾脏器中有大量钩端螺旋体存在。

（二）梅毒螺旋体

1. 生物学特性

梅毒螺旋体（*Treponema pallidum*，TP）（苍白密螺旋体苍白亚种），性传播疾病中危害最大的一种，具有 8～14 个致密而规则的小螺旋，两端尖直，运动活泼，革兰染色阴性，不易着染 Fontana，镀银染色法染成棕褐色，电镜下观察，有细胞壁和细胞膜，细胞壁外有包膜，细胞膜内为含细胞质和核质的螺旋形圆柱体，绕着 3～4 根周浆鞭毛或内鞭毛。鞭毛与梅毒螺旋体运动有关，可作移行、曲伸、滚动式运动。

梅毒螺旋体不能在无活细胞的人工培养基中生长繁殖，在细胞中能有限生长。Nichols 株有毒，能在家兔睾丸和眼前房内繁殖并保持毒力，繁殖慢，约 30h 才分裂一次。含 3%～

4％氧时生长最宜。Reiter 株毒力弱。

梅毒螺旋体对温度和干燥特别敏感，41.5℃经 1h 死亡，在 50℃时 5min 死亡；在血液中，4℃置 3 天后可死亡。离体后 1～2h 将死亡。对常用化学消毒剂敏感，1％～2％石炭酸中数分钟就死亡。对青霉素、四环素、红霉素或砷剂均敏感。

梅毒螺旋体致病物质包括外膜蛋白和透明质酸酶，外膜蛋白与宿主细胞黏附有关，透明质酸酶利于扩散。宿主细胞纤维粘连蛋白覆于表面，免受宿主免疫细胞攻击。

人是梅毒的唯一传染源，分先天性梅毒和获得性梅毒两种。先天性梅毒——母体→胎盘→胎儿，多发生于妊娠 4 个月之后。苍白亚种螺旋体经胎盘进入胎儿血流，并扩散至肝、脾、肾上腺等大量繁殖，引起胎儿全身性感染，导致流产、早产或死胎；出生梅毒儿，呈现马鞍鼻、锯齿形牙、间质性角膜炎、先天性耳聋等特殊体征。

获得性梅毒通过性接触传播。获得性梅毒分为以下时期：

（1）Ⅰ期（初期）梅毒 感染性极强，破坏性小。感染后 3 周左右局部出现无痛性硬下疳，多见于外生殖器，一般 4～8 周后自愈。渗出液中有大量苍白亚种螺旋体。

（2）Ⅱ期梅毒 感染性强，破坏性小。发生于硬下疳出现后 2～8 周。患苍白亚种螺旋体血症，全身皮肤、黏膜常有梅毒疹（扁平湿疣），全身淋巴结肿大，有时亦累及骨、关节、眼及其他脏器。在梅毒疹和淋巴结中，存在有大量苍白亚种螺旋体。

（3）Ⅲ期（晚期）梅毒 感染性小，破坏性大。发生于感染 2 年以后，亦可长达 10～15 年。病变可波及全身组织和器官。基本损害为慢性肉芽肿，局部因动脉内膜炎引起缺血而使组织坏死。皮肤、肝、脾和骨骼常被累及。若侵害中枢神经系统和心血管，可危及生命。

梅毒特异性抗体（IgG 和 IgM）对机体再感染有保护作用；抗脂质抗体——反应素（IgM 和 IgG 混合物），对机体无保护作用，用于血清学诊断。

2. 梅毒螺旋体检验

梅毒螺旋体标本为：Ⅰ期梅毒，硬下疳渗出液；

Ⅱ期梅毒，梅毒疹渗出液或局部淋巴结抽出液。

（1）直接显微镜检查 将上述标本置于玻片上用暗视野显微镜检查，如有呈现运动活泼，沿其长轴滚动、屈伸、旋转、前后移行等的螺旋体即有诊断意义。也可做镀银染色、荧光抗体染色或 Giemsa 染色。

（2）核酸检测 用 PCR 技术直接检测临床标本中梅毒螺旋体的特异性 DNA 片段，用于检测的引物和探针是编码外膜蛋白 4.7kD 的基因，其扩增产物经斑点印迹，或电泳 Southern 印迹法鉴定。

（3）抗体检测

① 非密螺旋体抗原试验 用牛心肌的心脂质作为抗原，将抗原包被到胆固醇、活性炭、甲苯胺红等载体颗粒上，测定病人血清中的反应素。初期梅毒病灶出现后 1～2 周时，阳性率为 53％～83％，Ⅱ期梅毒的阳性率可达 100％，晚期梅毒的阳性率为 58％～85％，胎传梅毒的阳性率为 80％～100％。

玻片试验：所用抗原（0.03％心拟脂、0.21％卵磷脂、0.9％胆固醇，用无水乙醇配制）0.3mL 加入装有 0.3mL 缓冲盐水的小瓶内（10～15mL 容积），加塞混匀。再加 2.4mL 缓冲盐水即为抗原悬液。

待检血清经 56℃、30min 灭活，滴加于玻片的漆圈内，加等量抗原液，摇转玻片 5min

充分混匀后观察结果。有大片絮状凝聚物为（3+），中等凝聚物为（2+），细小凝聚物为（+），液体混浊为（-）。

快速血浆反应素环状卡片试验（RPR）：用活性炭颗粒吸附 VDRL 抗原，与反应素结合形成黑色凝集块，可肉眼观察结果。

取待检血清加于环状卡圆圈内，加 VDRL 抗原致敏活性炭 1 滴，旋转摇匀 8min，用肉眼很容易判断，不需显微镜。在白色底板出现明显黑色凝集颗粒为阳性。

② 密螺旋体抗原试验 用密螺旋体抗原检测病人血清中特异性抗体，由于梅毒螺旋体、雅司螺旋体等抗原性相似，故血清学试验不能区别这些密螺旋体及其所致疾病。

a. 荧光密螺旋体抗体吸收试验（FTA-ABS）：先用吸收剂去除病人血清非特异性抗原，提高特异性，稀释成不同稀释度，加于预先涂有梅毒螺旋体抗原的玻片上，置湿盒内，37℃孵育 30min，洗片后再用荧光素标记的羊抗人丙球蛋白抗体，在荧光显微镜下观察。阳性者可见梅毒螺旋体发出的荧光。FTA-ABS 试验具高度特异性和敏感性，在第一期梅毒的头几天就可测出特异性抗体。

b. 梅毒螺旋体血凝试验（treponema pallidum hemagglutination assay，TPHA）：用抗原致敏红细胞作间接血凝试验是检测抗体最简易的方法，所用抗原是用梅毒螺旋体（Nichols 株）提取物去致敏经醛化处理的绵羊红细胞。血清若含有抗体则与这些细胞反应形成平铺孔底的凝集；用非致敏红细胞作对照，以除外非特异性凝集。

二、立克次体

（一）生物学特性

立克次体（Rickettsia）是一类专性寄生于真核细胞内的 G⁻ 原核生物，球杆状或杆状，革兰染色阴性，但不易着色，没有核仁及核膜，最外层是由多糖组成的黏液层，黏液层内侧是由多糖和脂多糖组成的微荚膜，再向内是细胞壁和细胞膜。细胞质内有由 30S 和 50S 两个亚单位组成的核糖体，核质内有双链 DNA。主要寄生于节肢动物，有的会通过蚤、虱、蜱、螨传入人体，引起斑疹伤寒、战壕热等疾病。

立克次体在活细胞内存活，以二分裂方式繁殖。立克次体培养常用动物接种、鸡胚接种和细胞培养的方式。常用的培养细胞有鸡胚成纤维细胞、Vero 单层细胞等，最适宜的培养温度为 37℃。

立克次体主要是通过人虱、鼠蚤、蜱等节肢动物叮咬而感染人体。其致病物质主要为内毒素和磷酸酶。磷酸酶能溶解表面黏液层及微荚膜结构，利于吸附宿主细胞表面和抗吞噬作用。

立克次体侵入机体后，先在局部小血管内皮细胞中增殖，导致局部炎症反应。繁殖的细菌再次进入血流后形成第一次菌血症，随后进入机体其余部位血管内皮进行繁殖，再次释放入血形成第二次菌血症，导致出现典型的临床症状。

立克次体细胞内寄生，机体免疫反应主要以细胞免疫为主。感染痊愈后患者可对其产生长久的特异性免疫力。

立克次体有两种抗原，分别为群特异抗原和种特异抗原，前者与细胞壁脂多糖成分有关，耐热；后者与外膜蛋白有关，不耐热，56℃下数分钟即可灭活。0.5% 苯酚和 75% 的乙醇数分钟可将其杀灭。立克次体离开宿主后迅速死亡，但在 -20℃或冷冻下可保存约半年，在其媒介节肢动物粪便中可存活一年以上。对四环素以及氯霉素等敏感，但磺胺类药物有促进其生长的作用。

（二）立克次体鉴定

培养和染色是立克次体检测的重要方法，最为经典的是鸡胚接种，也可采用细胞培养。染色方法有吉姆萨（Giemsa）染色法、直接免疫荧光法（direct immunofluorescence assay，DFA）等，但在非培养条件下很难观察到阳性结果。

1. 血清学方法

外斐实验：利用变形杆菌属 X19、X2 等菌株的菌体抗原代替立克次体抗原，与患者血清进行交叉凝集试验，即可检测患者是否还有相应抗体。但该试验由于特异性较差，现已逐渐被淘汰。

2. 免疫荧光法

利用免疫荧光探针检测患者体内是否存在立克次体抗体。其中间接荧光法（indirect fluorescence assay，IF）是目前检测立克次体的金标准。

3. 酶联免疫吸附试验（ELISA）

利用高度特异性的免疫反应与高度敏感性的酶促反应相结合，进行抗原或抗体的检测。其表面包被的抗原通常为重组抗原，此法灵敏、简便、经济，特异性和重复性均较高，且能区分 IgG 和 IgM 抗体。

4. 基因鉴定

聚合酶链式反应（PCR）：利用荧光定量 PCR 可以对立克次体进行 DNA 水平上的检测，它解决了立克次体早期检测的难题，已经被很多研究机构采用。

（三）立克次体的分离和鉴定示例

立克次体是一类专性细胞内寄生菌，分离纯化比较困难，一直以来人们惯用实验动物感染法或鸡胚卵正常细胞感染 7 天后的细胞。

1. 西伯利亚立克次体分离

从刺猬身上收集中华革蜱 1 只，先用 PBS 洗涤 3 次，放入 75% 乙醇中 30min，再用 PBS 洗涤 3 次后研磨，加入 500 单位青/链霉素，室温作用 30min。取 1mL 悬液加入到长成单层的 DH_{82} 细胞中，35℃吸附 1h，期间轻轻摇晃 3～4 次，用 PBS 洗去悬液，加入含 5% 胎牛血清和 100 单位青/链霉素的 MEM 培养液，置 35℃、5% CO_2 条件下培养，连续培养 3 代。感染第 7 天可见细胞拉长、形态不规则、间隙增大的菌落，在 DH_{82} 细胞上连续感染 3 代后，能够产生稳定病变，说明分离成功。培养 7 天时刮去部分细胞涂片，Gimenez 染色并用油镜观察可见较多清晰的细菌被染成紫红色。

2. 分子生物学检测

用 Tissue DNA Kit 提取感染 7 天立克次体的细胞悬液 DNA，用立克次体 16S 通用引物进行 PCR 鉴定，基因扩增条件为 94℃ 3min、94℃ 30s、55℃ 30s、72℃ 60s，30 个循环，72℃延长 10min。取 $5\mu L$ 上述 PCR 产物进行 1% 琼脂糖凝胶电泳，将 PCR 产物进行回收，连接，测序，获得的核苷酸序列大小为 620bp 左右。

从 GenBank 中收集相关立克次体的序列信息，应用 DNAStar 软件进行核苷酸序列比对，MegAlign 分析核酸同源性，PhyML 3.0 软件绘制立克次体系统发生树，确定立克次体型别和基因差异程度。

三、支原体

（一）支原体的生物学性状

支原体（mycoplasma）是一类没有细胞壁、高度多形性、能通过滤菌器、大小为 0.1～0.3μm 的最小原核细胞型微生物。如图 5-10 所示为支原体模型。支原体革兰染色阴性，不易着色，Giemsa 染色成淡紫色，主要以二分裂方式繁殖，亦可以出芽方式繁殖，分枝形成丝状后断裂呈球杆状颗粒，故称为支原体。大部分支原体繁殖速度比细菌慢，适宜生长温度为 35℃，最适 pH 值为 7.8～8.0。在固体培养基上培养，形成典型的"荷包蛋"状菌落。支原体对热、干燥、75% 乙醇、煤酚皂溶液敏感，对红霉素、四环素、螺旋霉素、链霉素、卡那霉素等药物敏感，但对青霉素类抗生素不敏感。

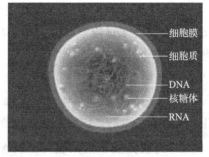

图 5-10　支原体模型

支原体广泛存在于人和动物体内，致病性较弱，大多不致病，一般不侵入血液。对人致病的支原体主要有肺炎支原体、溶脲脲原体、人型支原体、生殖器支原体等。

支原体感染人体后，首先侵入柱状上皮细胞并在细胞内生长繁殖，然后进入单核巨噬细胞内增殖，从细胞膜获得脂质和胆固醇，抑制被感染细胞代谢，溶解破坏细胞并导致溶解酶释放。支原体代谢产生的有毒物质，如溶神经支原体能产生神经毒素，引起变态反应和自身免疫，损伤细胞，导致感染细胞死亡；脲原体含有尿素酶，可以水解尿素产生大量氨，对细胞有毒害作用。

支原体可以黏附于精子表面，阻止精子运动，其产生神经氨酸酶样物质可干扰精子与卵子的结合。这就是支原体感染引起不育不孕的原因之一。

（二）支原体的检测

1. 支原体培养

支原体的培养是鉴定支原体的基本方法。每种培养基都用酚红作标记，人型支原体和脲原体可使培养基变成粉红色。

2. 直接涂片镜检

取咽分泌物、痰、呼吸道黏膜或其他部位标本做涂片，进行 Giemsa 染色，原体染成红色，始体染成深蓝色。

3. 血清学检测

采用补体结合试验，恢复期血清抗体效价比急性期血清效价增高 4 倍以上，即有诊断意义，但无早期诊断意义。1984 年开始使用一种微量的酶标免疫法，能检测支原体的 8 种血清型抗体，对于检测支原体血清型很有帮助。

4. PCR 检测

PCR 技术检测肺炎支原体特异性 DNA，敏感性、特异性均高，具有快速、简便的优点。

5. 基因诊断

利用 DNA 探针对支原体进行诊断敏感性稍差，但特异性高。

（三）支原体的检测示例

1. 溶脲脲原体（Uu）和人型支原体（Mh）检测

溶脲脲原体和人型支原体是常见的致病性泌尿道支原体。溶脲脲原体可产生脲酶，产氨，培养液呈碱性，指示剂由黄色变为粉红色。人型支原体能分解精氨酸产氨，使含有精氨酸肉汤培养液呈碱性而呈粉红色。根据溶脲脲原体和人型支原体不同生化反应特性鉴定。

（1）标本采集 男性用无菌拭子插入尿道口内 2～4cm 处轻轻旋转取分泌物；也可取前列腺液或精液培养。必要时也可取清晨第 1 次尿的中段尿 10～20mL，经 2000r/min 离心 10min，取沉渣接种作支原体培养，但尿液支原体培养阳性率明显低于尿道分泌物。女性用扩阴器扩阴后，用女性拭子在宫颈口内 1～2cm 处轻轻旋转取宫颈分泌物；也可用羊水培养；不推荐用尿液。

标本采集后应立即送检，室温保存不超过 2h，2～8℃保存不超过 5h。

（2）培养

① 培养管复温 取出所需要数量的培养管，复温至室温，做好标记。

② 接种 将拭子插入培养管，旋转并挤压数次，使拭子中支原体渗入液体中，拭子经灭菌处理后妥善处理；尿液沉渣、精液、羊水、前列腺液等液体标本取 0.2mL 接种培养液，充分混匀。

③ 培养 35～37℃恒温培养 24～48h，观察结果。培养管液体由橙色变红色，透明清亮，无明显混浊，表明有 Uu 和（或）Mh 生长，可判为阳性；培养管液体无任何变化，为阴性；培养液明显混浊变红者，为无支原体生长。必要时可做支原体固体培养，低倍镜下观察有荷包蛋样菌落生长者为支原体阳性。

Uu 生长，培养液正常变色时间在 24h 内，但如果标本含量少时，变色时间可能超过 24h。Mh 生长，培养液正常变色时间在 24～48h 之内，最长不超过 72h。如果标本含量较大时，变色时间可能会小于 24h。

不能确定有无杂菌污染时，可取培养液少许接种于血平板或通过 0.45μm 滤膜过滤培养，根据血平板菌落生长或过滤后培养的颜色变化来判断杂菌污染。

2. 鸡毒支原体分离鉴定

鸡毒支原体（mycoplasma gallisepticum，MG）可引起鸡慢性呼吸道疾病、火鸡传染性窦炎。临床主要表现为咳嗽、流鼻涕、呼吸困难，产蛋率下降、弱雏率增加、增重减慢及胴体降级等。

（1）培养与纯化 将所采组织用鸡毒支原体培养液清洗后，剪碎组织，按 1：10 加入支原体液体培养基，37℃振荡培养数天，直到培养基变成黄色。取少量变黄培养液进行杂菌污染检查，确定无杂菌生长时，将变黄的培养物在相同的培养基中连续传代 3～5 代后，取培养液 0.2mL 接种于支原体固体培养基中，放入铺有湿纱布的密封烛缸中，37℃培养 7～15

天，置于倒置显微镜低倍镜（10×10）下观察菌落形态，用灭菌注射器针头挑取典型单菌落于 2mL 液体培养基中，进行传代培养和鉴定。

从分泌物中很难分离鸡毒支原体，可能与分泌物中含菌量少有关。此外，由于鸡毒支原体常与大肠杆菌混合感染，故从气囊组织，尤其气囊中已有干酪样物时，更难分离。从支气管和肺组织中则容易分离出鸡毒支原体，特别是与肺相连的小支气管，因杂菌污染少，分离率较高。

在固体培养基上进行支原体的纯化，所选用的琼脂必须质量好、纯度高，否则菌株很难生长。

（2）鸡毒支原体的鉴定　鸡毒支原体的鉴定主要采用血清方法，但由于存在非特异性交叉反应，这给临床诊断带来一定困难。随着分子生物学技术的发展，采用 PCR 或分子杂交方法检测鸡毒支原体的报道逐渐增多。

将分离纯化的菌株，接种到不含青霉素和醋酸铊的 FM-4 液体培养基中连续传代 5 次，然后将分离纯化后的待检培养液 0.2mL 接种于固体培养基中，置于密封烛缸中 37℃ 培养 7～10 天，置于低倍镜下观察菌落形态。

① 直接镜检　分离纯化的菌株在液体培养基中生长呈清亮黄色，轻轻振荡，有沙粒样菌体悬浮；在固体培养基上培养 7～10 天后，肉眼观察可见有些菌株针尖大小、无色透明、圆润、边缘光滑的菌落。置于低倍镜（10×10）下观察，可见菌落为无色透明，多数呈典型的"油煎蛋状"，即菌落中央密实隆起（称脐心）；有些菌落脐不明显，呈水滴状，内有沙砾样物呈放射状排列。此外，还观察到支原体的出芽和裂殖两种增殖方式。

② 吉姆萨染色镜检　取分离纯化后待检的鸡毒支原体培养液 5mL，以 3000r/min 离心 5min，取沉淀物涂片，用甲醇固片 2～5min，用 PBS（pH6.98）稀释 10 倍的吉姆萨染色液染色 40min，在显微镜（10×10）下镜检，菌体主要呈蓝紫色球状，有少量呈细短杆状或弧形等形态。

③ PCR 及测序鉴定　根据 GenBank 鸡毒支原体种特异性基因 FMG-2 序列，设计一对引物（MG1，MG2），上游引物 MG1：5′-GGTCCCATCTCGACCACGAGAAAA-3′，下游引物 MG2：5′-CTTTCAATCAGTGAGTAACTGATGA-3′。提取 DNA，进行 PCR 反应。预期扩增目的片段大小为 732bp，选取扩增产物测序。

四、衣原体

（一）衣原体生物学性质

衣原体是一种原核生物，细胞核没有形成核膜，含有 DNA 和 RNA 两类核酸，专性真核细胞内寄生，可以在多种真核生物宿主（包括人、动物、原虫等）中繁殖，革兰染色阴性，有核糖体和细胞壁，有独特的发育周期，有感染能力的始体（EB）首先在胞浆囊泡内分化成有繁殖能力的网状体（RB），RB 以二分裂方式繁殖，在发育周期的中后期重新分化为 EB。

衣原体依其抗原性质、形态和所含糖原的不同分为沙眼衣原体、鹦鹉热衣原体、肺炎衣原体、兽类衣原体（对人类无致病性）。

衣原体的致病机理是抑制被感染细胞代谢，溶解破坏细胞并导致溶解酶释放，代谢产物的细胞毒作用引起变态反应和自身免疫。衣原体感染宿主广泛，可以引起人与动物多种疾病，感染人可导致沙眼、肺炎、泌尿系统疾病等，感染动物如家禽、家畜可导致严重经济损失。

（二）衣原体鉴定

早前，衣原体生物学特征如糖原染色特性与磺胺嘧啶敏感性曾用于沙眼与鹦鹉热衣原体种的鉴别。由于衣原体不能进行胞外繁殖、个别表型如糖原染色性质等在不同的实验体系可能存在较大差异。随着衣原体种类的增加，传统的生物学特征已不能适应衣原体鉴定的需要，衣原体的鉴定逐渐从传统方法（形态结构、生化特征、抗原结构、血清学方法等）发展到越来越倚重分子遗传学方法。

衣原体均具有 EB 与 RB 两种结构形式，电镜可直接观察衣原体的形态、原核、细胞壁结构等，它们是定义、分型衣原体的重要依据；16S rRNA、*ompA* 及其他特异性基因序列分析，级联基因序列分析，全基因组测序为分类鉴定衣原体提供了强有力的工具。

1. 细胞培养法

细胞培养法被认为是分类鉴定衣原体的"金标准"方法，它的敏感性、特异性、阳性预期值和阴性预期值等均较可靠，重复性好。但费时费力，技术要求高。

2. 直接涂片镜检

取眼结膜、宫颈拭子或刮片做涂片，或刷取下呼吸道、纤维支气管分泌物或灌洗液检测上皮细胞胞浆内的沙眼衣原体包涵体。

3. 酶联免疫吸附试验（ELISA）

酶联免疫吸附试验检测标本中衣原体抗原敏感、简便快速，但与细菌有交叉反应，可出现假阳性，尤其是鼻咽部标本。

4. 血清学方法

最常用的血清学方法是补体结合试验：抗体效价≥1∶64 即有诊断价值；急性期和恢复期双份血清，抗体效价增高 4 倍以上者具有诊断意义。

血清学方法常用于衣原体种如沙眼衣原体与鹦鹉热衣原体的血清学分型。目前沙眼衣原体有 15 个血清型，分别为 A～K、Ba、L1、L2、L3，其中 A～C 为眼睛生物型、DK 为生殖生物型、L1～L3 为 LGV 生物型。衣原体的血清型特异性抗原决定簇均位于 *ompA* 编码的主要外膜蛋白（MOMP），是衣原体的黏附素之一，也是衣原体中和保护性抗原，可能在衣原体的免疫逃避中发挥作用，这对研制具有广泛保护活性的衣原体疫苗具有指导意义。虽然 *ompA* 基因分型已普遍应用，但在鉴定新的 *ompA* 基因型时仍需要使用血清学方法（中和实验或免疫荧光）进行验证。

5. 核酸检测

聚合酶链式反应（PCR）检测衣原体 DNA，能从标本中直接鉴定衣原体的种和型。

6. 分子遗传学方法

分子遗传学方法是目前衣原体分类鉴定的常用方法和标准方法，主要有 16S rRNA 序列分析、*ompA* 序列分析（也用于基因分型）、特异性基因分析和级联基因序列分析等。

由于 16S rRNA 基因的高度保守性和种属差异性，所以它是目前细菌学分类鉴定的金标准，Everett 等提出的在科属水平上分类衣原体的 16S rRNA 同源性阈值已被认可。第二版

《伯杰氏系统细菌学手册》依据 16S rRNA 基因全长序列的同源性成立了衣原体门，衣原体门内 16S rRNA 相似性＞80％，衣原体目内不同科间的 16S rRNA 相似性为 80％～90％，同一科不同属间的 16S rRNA 相似性＞90％，各属内部的 16S rRNA 序列相似性＞95％，株与株之间 16S rRNA 序列相似性＞99％时认为它们是同一种中的不同株。

ompA 序列分析常用于衣原体种的鉴定与基因分型。*ompA* 被认为是衣原体发生变异或重组的活跃基因，但目前临床上还没有发现新的 *ompA* 基因型，未来大范围的 *ompA* 流行病学调查将有助于了解 *ompA* 的变异性或保守性及其在衣原体进化中的作用。

特异性基因分析是衣原体分类鉴定的一种方法，Griffiths 等在 Everett 的分类系统基础上对衣原体蛋白质组进行的 BLAST 分析，共筛选出了 59 个衣原体门特异蛋白、79 个衣原体科特异蛋白、衣原体属和嗜衣原体属特异蛋白各 20 个。

级联基因序列分析是了解衣原体亲缘性和进化关系的一个补充方法。Richard 等将 110 个衣原体保守基因串联后进行种系发育分析，结果与 16S rRNA 系统发生树有所不同。Vorimore 等对 16S rRNA、*ompA* 及 31 个保守基因级联后进行了序列比较分析，确认了其为衣原体科的一个新物种。

全基因组分析是分类鉴定新发现衣原体的必要方法。随着测序技术的发展，微生物基因组学已进入了大数据时代，基因组序列现已成为报告新发现微生物的必需数据。与传统分类依据相比，利用全基因组序列中基因的排列顺序、核心基因的分析（基因的存在、缺失或序列比对）、核心基因中单核苷酸的多态性、种系发育树构建、同源基因的平均核酸序列一致性（average nucleotide identity，ANI）等分类特性来确定种属相似度，更能准确地体现微生物的自然进化史，为微生物分类鉴定提供了更加丰富的手段。在全基因组测序中，ANI 值＞96％则两株细菌属于同一个种，而在 16S rRNA 序列相似性＞98.7％时两株细菌属于同一个种。

目前使用基因组进行系统分类还有局限性：①微生物主要谱系的全基因测序数据还很缺乏；②即使有全基因组数据，但其并不是典型菌株，其可靠性还有待商榷；③由于测序手段和技术的差异使得已经完成的全基因组数据存在很大差别，需要对最小测序质量提出一个定义，来解决全基因组测序的差异性；④衣原体为专性胞内寄生，培养和纯化的技术要求高，加上全基因组分析需要专业的生物信息学支持，故目前只有少数专业实验室具备衣原体全基因组分析能力；⑤基因组学虽然极大促进了进化与分类学研究，但应当看到我们对微生物进化的理解还很有限，还需要从基因功能的方向继续深入研究。

尽管有以上局限性，但由于衣原体专性在囊泡内繁殖、其接触外源基因的概率低、其基因组被认为高度保守，全基因组分析在衣原体分类上的应用还是有特殊的优势。

（三）肺炎衣原体的鉴定检测方法

目前常用的肺炎衣原体检测方法有如下几种：

1. 分离培养

分离培养是肺炎衣原体（Cpn）实验室诊断方法，可用鼻咽喉拭子、痰和胸腔积液标本分离 Cpn，鼻咽部拭子是进行分离的理想标本。拭子采用涤棉、金属线为好，拭子既应注意防污染，亦要防止细胞和 Cpn 受抑制，取得的标本通常置于加抗生素和小牛血清的蔗糖磷酸缓冲液，保存于 4℃，不超过 24h，如果不能在 24h 内处理，标本应置于 −70℃冰箱保存。接种后 72h，要鉴定菌株，可用 Cpn 特异性或衣原体种特异性［即抗脂多糖（LPS）］荧光结合单克隆抗体进行染色。Cpn 包涵体不包含糖原，因此不被碘染色。

肺炎衣原体的组织培养较其他衣原体困难，在作分离培养时，常采取以下措施以增强肺炎衣原体的感染性及促进其在细胞中的生长：

① 接种物离心（3000r/min）。

② 培养细胞用 30μg/mL 的二乙氨基乙基葡聚糖（DEAE-dextran）预处理。

③ 加入细胞生长抑制剂，如环己酰亚胺 1μg/mL 以抑制宿主细胞生长。

Kuo 等发现，赖氨酸和蛋氨酸的缺失可促进肺炎衣原体的生长，但该促进作用在加入环己酰亚胺后不明显。Theunissen 等观察了 SPG 保存液（用蔗糖、磷酸二氢钾、磷酸氢二钾、谷氨酸钠和无离子水配制而成）的 pH、离子强度、温度对肺炎衣原体感染 HL 细胞的影响，发现 pH 大于 8 或小于 5，衣原体的存活率迅速减低；在含 10% 小牛血清的 SPG 中，外加 NaCl 浓度小于 80mmol/L 时衣原体的活性受到影响，而 0.346~4mmol/L 的 Ca^{2+} 或 0~2.5mmol/L 的 Mg^{2+} 对衣原体感染性的影响不明显；在 0~20℃ 24h 内，SPG 中衣原体 95% 以上存活，温度超过 20℃，衣原体的存活率随存放时间的延长下降迅速。

2. 血清学检测

最常用的血清学方法是补体结合反应。一般用加热处理过的衣原体悬浮液作为抗原（属特异抗原）来测定被检血清（属特异血清）。哺乳动物和禽类一般于感染后 7 天、10 天出现补体结合抗体。通常采取急性和恢复期双份血清，如抗体滴度增高 4 倍以上，认为系阳性。关于血清学普查判定标准，国内暂定 1∶16 以上为阳性，1∶8 为可疑，1∶4 以下为阴性。

3. 酶联免疫吸附试验（ELISA）

ELISA 用于痰标本的 Cpn 抗原检测，该方法特异性强、操作简便、易于自动化，并且可用于大批量标本的检测，试验过程仅需 1h，临界值易判断，由于可检测血清中 IgM 和 IgG，故能区分急性感染和既往感染，适合于临床实验室作为 Cpn 感染的常规检查；但其敏感性差，阳性预期值较低，不适合人群的筛查。

4. 微量免疫荧光抗体检测（MIF）

MIF 技术对肺炎衣原体的诊断特异性和灵敏性高，被誉为 Cpn 感染诊断的"金标准"。MIF 抗体包括 3 种：IgM、IgG 和 IgA。初次感染（原发感染）时，IgM 于发病后 3 周出现，IgG 于发病后 6~8 周出现，而 IgA 反应较弱或不出现；再次感染（重复感染）时，IgG 常在 1~2 周内出现，且效价很高，但往往没有 IgM 出现或其效价很低。目前诊断标准为：

① 急性感染　双份血清抗体效价升高 4 倍以上或 IgM＝1∶16 或 IgG≥1∶512；

② 既往感染　IgM＜1∶16 且 1∶16≤IgG＜1∶512；

③ 未感染过　IgG1∶8。

总之，MIF 试验是经典的国际通用的方法，对 Cpn 的诊断具有高度的特异性。但该方法的抗原制作过程复杂，实验室条件要求高。无论采用何种检测方法，急性期及恢复期的双份血清标本中，肺炎衣原体特异性抗体滴度呈 4 倍以上增高或减低时，均可确诊为肺炎衣原体感染。

5. 分子生物学检测

用分子生物学方法检测血管组织中 Cpn，已有聚合酶链式反应（PCR）、巢式聚合酶链式反应（nPCR）、连接酶链式反应（LCR）、转录介导扩增试验（TMA）、基因探针杂交等方法。PCR法具有快速、简便、灵敏的特点，是Cpn诊断的发展方向。最常用的引物是omp1、16S rRNA、3S rRNA、Cpn特异性克隆 Pst I 片段等，测定扩增产物多应用琼脂糖电泳、Southern blot、酶免疫分析（EIA）、聚丙烯酰胺凝胶电泳等。将各种分子生物学方法或与其他诊断方法联合应用能提高Cpn感染诊断的敏感性。如PCR与ELISA联合应用诊断Cpn感染的敏感性高于免疫荧光法、传统PCR法以及ELISA法。基因探针杂交和PCR单独使用灵敏度不足，宜两者联合应用。nPCR不仅特异性与灵敏度占优势，而且由于无须增添任何设备，能开展PCR检测的单位均可实施。

第五节 线虫样品的采集处理

线虫是线虫动物门（Aschelminthes）动物，绝大多数自营生活，只有极少部分寄生于人体并导致疾病。流行的线虫有蛔虫、鞭虫、蛲虫、钩虫、旋毛虫和粪类圆线虫。海洋线虫的物种丰富，生活周期短，对生态系统具有较高的适应性，是海洋环境的重要指示者。线虫样品的采集处理和鉴定方法如下所述。

一、线虫样品的采集处理

将样品用0.1%虎红染色24h，随后用蒸馏水冲洗，使样品通过孔径分别为 $500\mu m$ 和 $31\mu m$ 的两层网筛，将截留在 $31\mu m$ 网筛上的样品用Ludox（胶态氧化硅）-TM溶液（相对密度为1.15）转移到离心管中并搅拌均匀，于1800r/min离心10min（三次离心）。将所得的上清液再用 $31\mu m$ 的网筛过滤，去掉Ludox，将样品转移至培养皿。

二、鉴定方法

1. 形态学鉴定

目前，海洋线虫的鉴定主要运用显微镜对线虫进行形态特征和超微结构鉴定。这种形态学鉴定是海洋线虫分类鉴定的基础。具体方法如下：

向盛有线虫的培养皿中加入甘油酒精水混合液（体积比为5%：5%：90%），放入干燥箱。大约两周后，线虫身体透明。在灭菌的载玻片上，滴甘油一滴，挑选大小相当的线虫至甘油中，然后加盖盖玻片，并用树胶封闭，贴标签后置于干燥箱中，待树胶干涸后在微分干涉显微镜下进行观察和测量，依据线虫形态结构特征进行鉴定。

2. DNA条形码技术

线虫个体微小，因发育阶段的不同外部形态发生很大的变化，给形态鉴定带来很大困难。近些年来，现代生物学技术的迅速发展为线虫的鉴定提供了新的思路。如DNA条形码通过一个标准化、较短的基因片段序列变异来鉴定物种，是实现快速鉴定很好的选择，是近年来生命科学技术领域进展最迅速的前沿科学之一。对于线虫，利用DNA条形码技术鉴定的结果与形态学鉴定结果一致性较好。

第六节　动物病料样品的采集处理

一、动物病料的采集

（一）采集的基本原则

1. 采集检疫样品应具典型性

检疫样品典型性就是指采集典型动物样品和典型材料样品。典型动物指的是那些具有典型病状并未通过药物治疗的动物，典型材料指含有病原体量较高的材料。在动物检疫样品采集之前，要对动物感染病原体进行深入分析，初步判断检疫动物的病症，应根据各种传染病的特点，采集相应部位。专嗜性传染病或以某种器官为主的传染病，应采集相应的感染病原体最严重的部分组织器官。如有败血症病理变化时，应采取心血和淋巴结、脾、肝等；有明显神经症状者，应采集脑、脊髓；有黄疸、贫血症状者，可采肝、脾等。

对于难以估计何种传染病时，可采集全身各器官组织或病变组织，不同的病料应分别装入不同的容器内。对流产的胎儿或仔猪可整个包装送检；对疑似炭疽的病猪严禁解剖，但可采取耳尖血涂片送检；采集血清应注意防止溶血，每头猪采全血 10～20mL，静置后分离血清。对于群体病类的动物，至少选择 5 个病体，保证检测样品的充足。

2. 采集检疫样品要具备及时性原则

动物一旦受到感染后，体内很多组织出现病变。动物病死之后，短短几天内尸体便会腐烂，并散发出浓烈的臭味，此时提取样品就很难保证样品的准确性。当从动物活体上采集病毒病料时，必须在发病初期、急性期或发热期；否则，病毒可很快在血液中消失，组织内病毒的含量也因抗体的产生而迅速下降。为了保证可以采集到新鲜的检疫样品，尽量采集活体样品，最好在动物生前使用药物之前或死后 2h 内进行，夏季最多不超过 6h。并尽早送检。

3. 采集检疫样品要遵循无菌性原则

在采集检疫样品时，特别是在采集组织细胞材料时，全程都要进行无菌操作，所用器械、容器都必须消毒，避免杂菌污染。采集病料后，及时给设备彻底消毒。一件器械只能采集一种病料，否则必须使用酒精、火焰或煮沸消毒。在采集结束后，要及时对尸体进行无害化处理，被污染的场地要进行彻底消毒。同时，工作人员必须穿戴工作服和手套，注意个人卫生防护。

（二）器械消毒方法

采一种病料，使用一套器械与容器，一般使用一次性针头和注射器，采过病料的用具应先消毒后清洗。采样过程应无菌操作，刀、剪、镊子、器皿、注射器、针头等用具应事先煮沸消毒 30min。器皿（玻璃制等）经高压灭菌或干烤灭菌，或放于 0.5%～1% 的碳酸氢钠水中煮沸 10～15min；软木塞和橡皮塞置于 0.5% 石炭酸水溶液中煮沸 10min。载玻片在 1%～2% 的碳酸氢钠水中煮沸 10～15min，水洗后用清洁纱布擦干，保存于酒精、乙醚等溶液中备用。

（三）采集方法

1. 血液

牛、羊常在颈静脉采血，猪在耳静脉（较大的猪）或前腔静脉采血，禽在翅静脉采血，兔在耳静脉或颈静脉采血。

动物采血时，先将采血部位毛清洗干净，用75％的酒精消毒，待干燥后采血。牛、羊、猪、兔采血一般用一次性采血器或注射器，吸出后放入试管内或直接用针头（一般用三棱针）穿刺静脉后，将血液滴到直径为3～4mm的塑料管内（长度一般为5cm），封好竖立存放。如为全血样品，在采血前直接加入抗凝剂，并充分摇匀；如用血清样品，则不加抗凝剂，在室温下（不能曝晒）静置，待血清析出后，经离心分离出血清（与血凝块分开放置），若要长时间保存，则将血清置于冰箱冷冻层保存，但不可反复冻融。

怀疑为炭疽的尸体，局部消毒，用灭菌刀切断耳静脉或趾动脉，用2mL或5mL一次性注射器吸取。采血后用5％碘酊棉球胶布局部包扎，对破腹开膛尸体，通常采取心血。先用酒精火焰消毒右心房表面，然后用一次性注射器从右心房抽取心血2毫升。供血清学诊断的血液要5～10mL，沿试管壁徐徐注入，以免产生气泡。

血液采集过程中常见的问题及解决方法如下：

（1）采血后血清不析出　将采集的血液静置一段时间（视当时的气温，一般2h），再进行离心即可。当气温太低血清不析出，血液整体凝成块状，这时需要适当加温。

（2）送检的血清有溶血现象　消毒采血部位时，酒精未干，即进行采血，可能混进酒精引起溶血；血清未分离前，携带血液经剧烈振荡，使血细胞破裂引起溶血；血液存放的容器（如试管）不干净引起溶血。

（3）禽类采血中血液难以流入塑料管　将塑料管两端敞开，待血液进入后再进行封口。以免由于塑料管内的空气压力，血液不能进入。

（4）送检的血清变质　分离出的血清，若不能马上送检，应将血清保存在冰箱的冷冻层，以免变质。

2. 内脏组织

采集实质器官（肝、脾、肺、肾、淋巴结）应在开膛后立即进行。如果剖开暴露时间较久，应先消毒。病料的大小一般应不小于1.5cm见方（即拇指大）为宜。

如采集已死亡的动物的内脏组织，应尽快采集，夏天应不超过2h，冬天不超过6h。用于微生物学检验的内脏组织块不必太大（如有少量污染或不能保证无污染，组织块（应取大些，切割后使用），存放在消毒过的容器内备用。如用于病理组织学检查，则要采集病灶及临近正常组织，并存放于10％福尔马林溶液中（如作冷冻切片用，应将组织块放在冷藏容器中），且应尽快送实验室检验。

3. 尿液

（1）中段尿采集　清洁外阴及尿道口周围，自然排尿，让尿流不间断，截留中段尿，尿量不少于1mL，置于无菌尿杯中立即送检。

（2）直接插导管采尿　插入导管后先流弃15mL尿液，再留取尿液标本。此法极易使尿道细菌进入膀胱增加医源性感染危险。

（3）滞留导管采集尿　用75％酒精消毒导管口，用针筒抽取5～10mL尿置于无菌容器中立即送检，滞留导管会使膀胱带有细菌，尽可能不采用。

尿液采集后 2h 内必须送检。

4. 呼吸道

溃疡或创伤先用灭菌的第一个拭子揩去浅表分泌物，再用第二个拭子采集溃疡边缘或底部。采集鼻腔、咽喉内的分泌物用棉拭子蘸后立即放入特定的保存液中（如灭菌肉汤、磷酸盐缓冲液、Hank's 液等），每支拭子需保存液 5mL。2h 内送至检验处。

5. 皮肤

直接采集病变部位的水泡液、水泡皮等。

6. 肠内容物

用吸管扎穿病变明显肠道，从中吸取内容物，放入 30％甘油盐水缓冲液保存送检，或将一段有内容物的肠管两端扎紧，剪下送检。

7. 脑脊液

脑脊液采集后，置于无菌试管中，15min 内送检，绝不可冷藏。每种检验最小需要量：细菌培养≥1mL，真菌≥2mL，抗酸杆菌≥2mL。

8. 痰液

先用冷开水清洗咽喉，用力咳出痰液置于无菌容器中立即送检，2h 内接种。符合要求的痰液应在低倍镜视野中鳞状上皮≤10 个，白细胞≥25 个。

9. 粪便

直接留置粪便于清洁、干燥广口容器中送检。

10. 眼、耳、鼻、喉标本

眼结膜标本：预先沾湿拭子，在结膜上滚动采集，在 15min 内送检。

眼角膜标本：在麻醉下用刮勺在溃疡或创伤边缘刮取碎屑，直接接种在培养基平板上培养和涂片。

耳部标本：需要用深部耳拭子，以防遗漏链球菌引起的蜂窝织炎。

鼻标本：用无菌棉拭子伸进一侧鼻孔约 2.5cm，与鼻黏膜接触，轻轻转动拭子缓慢抽出置于无菌管或培养基直接送检。

11. 脓液

组织或器官的化脓性感染，其病原菌的来源可分为两类：

（1）开放脓肿　用无菌盐水或 70％乙醇擦去表面渗出物，用拭子深入溃疡基底部或边缘部，采集两个拭子分别做培养和革兰染色。

（2）闭锁脓肿　用注射器抽取，刺入无菌橡皮塞瓶中送检。

12. 生殖系统标本

阴道、子宫颈陷窝、子宫内膜、生殖道创伤、前庭大腺、羊水膜、前列腺等的分泌物应收集于无菌试管中送检。淋病奈瑟球菌检查时不论男女尿道及子宫颈均需用拭子插入尿道或子宫颈 3cm 深取样送检，要避免受阴道分泌物污染拭子。

13. 无菌体液标本

无菌体液是指除血液、骨髓、脑脊液外的羊膜液、后穹隆穿刺液、透析液、心包积液、腹膜穿刺液、滑膜液。这些体液正常穿刺液是无菌的，感染后只要检出细菌则都视为病原菌。当留取无菌体液标本时，在无菌容器中预先加入灭菌肝素 0.5mL（可抗凝 5mL 标本），防止凝固，再注入各种穿刺液轻轻混合立即送检。

二、动物病料的保存

进行微生物学检验的病料，必须保持新鲜，避免污染、变质。若病料不能立即送检时，应加以保存。无论细菌性或病毒性检验材料，最佳的保存方法均为冷藏。装送病理材料的玻璃瓶须用橡皮塞塞紧，用蜡封固，置于装有冰块的冰瓶中迅速送检。没有冰块时，可在冰瓶中加冷水，并加入等量硫酸铵，可使水温冷至 0℃ 以下，将装病料的小瓶浸入此液中送检。亦可将病料浸入保存液中，细菌性病料可用饱和盐水或 30％甘油缓冲液保存，病毒性材料可浸于 50％甘油缓冲液中保存。

（一）细菌检验材料的保存

脏器标本，可放在低温下保存。有污染可能时，应将标本放在灭菌的 30％甘油缓冲盐水或饱和盐水中，容器加塞封固保存。

30％甘油缓冲盐水的配制：中性纯甘油 30mL，氯化钠 0.5g，磷酸氢二钠 1g，加中性蒸馏水至 100mL 混合后高压灭菌备用。

（二）病毒检验材料的保存

组织脏器样本通常放在 50％甘油缓冲盐水或鸡蛋生理盐水中，容器加塞封固保存。

50％甘油缓冲盐水的配制：氯化钠 2.5g，磷酸氢二钠 10.74g，磷酸二氢钠 0.46g，加中性蒸馏水 100mL，溶解后再加入中性纯甘油 150mL、蒸馏水 50mL，混合，121Pa 灭菌 30min 后备用。

鸡蛋生理盐水：先将新鲜鸡蛋的表面用碘酊消毒，打开后将内容物倾入灭菌三角烧瓶内，按 10％的量加入灭菌生理盐水摇匀后用灭菌纱布过滤，滤液在 56～58℃ 加热 30min，冷却后备用。

伴发水疱、脓疱或有分泌物的病毒性疾病，可采集病初的疱液、脓汁或分泌物，也可采集病灶的组织，最好在水疱、脓疱等未破溃前用无菌毛细吸管穿透疱皮直接吸取疱液、脓汁或分泌物，然后迅速用火焰封口。也可用无菌注射器吸取疱液、脓汁或分泌物后，立即混入等量的无菌缓冲液（如磷酸缓冲肉汤、10％灭活兔血清、10％的生理盐水卵黄液、2％的生理盐水灭活马血清或灭菌脱脂乳）中保存或送检。所采集的可疑组织材料也可置上述保护液中保存或送检。

（三）病理组织学检验材料的保存

脏器块立即浸入 10％福尔马林液（4％甲醛）中固定，也可用 95％酒精固定。保存液的量以能浸没脏器为宜。如用 10％福尔马林固定，应在 24h 时更换新鲜溶液 1 次。严冬季节为防组织块冻结，在送检时可将上述固定好的组织块取出，保存于甘油和 10％福尔马林等量混合液中。

（四）血清学检验病料的保存

每毫升血清中可加入 5％碳酸溶液 1～2 滴，或 1/10000 的叠氮化钠防腐，放在灭菌玻璃瓶或青霉素小瓶中，于4℃条件下保存，不要反复冻融。

血清学检验包括鉴定抗原或抗体。作为病毒样抗原的样品，取材要准确、纯净，不使抗原性遭受破坏。用作荧光抗体检验的涂片或触片，应立即置丙酮中在低温下固定，然后再送检。用作鉴定抗体的血清，采血时不加抗凝剂，直接在无菌条件下分离血清，将析出的血清移入另一试管或小瓶（一般采用青霉素瓶）中，为了防止在运送过程中血清变质，可在血清中加入抗生素（青霉素和链霉素）、0.5％石炭酸、0.01％的硫柳汞或0.8％的叠氮化钠防腐。对某些病毒性传染病进行血清学检验时，应分别采取病初和病后15～20天的血清两份，以便进行比较。

（五）涂片或触片保存

病灶组织、脓汁、血液等可以制成涂片或触片，待自然干燥后保存。血液涂片可制两种，一种为薄血片，供显微镜检查用；另一种为厚血片，供细菌分离或接种实验动物用。所有涂片或触片的一端贴上标签，注明来源。供病毒或包涵体检查的玻片，要求十分清洁，须事先经清洁液浸泡，水洗后置于50％酒精中备用。检查包涵体时，还可采集早期的病灶组织，并浸泡在固定液中保存，以供制备病理切片。固定液的配方是：40％甲醛50mL，冰醋酸120mL，96％酒精1100mL，苦味酸8mL，蒸馏水100mL。

（六）血液的保存

血液可于病的早期采集，最好同时采集两份血液，其中一份加肝素（每毫升血液加入1mg即100单位）或玻璃脱纤维蛋白抗血液凝固，最好不用枸橼酸钠作抗凝血剂，因为枸橼酸钠不仅有微弱的灭活病毒的作用，而且在接种动物时易引起非特异性反应，从而影响病毒的分离效果；另一份血液在自然凝固后分离保存其血清，供血清学检验之用。

（七）供电子显微镜超薄切片用的病料

病料必须新鲜，并在0～4℃条件下固定在特定的固定剂（锇酸或戊二醛固定剂）中，然后按电子显微镜检验的程序进行处理。

三、动物病料的记录、包装和运送

（一）送检样品的记录

所有样品都要贴上详细标签，标记样品名称、送检号码、标本来源、具体部位、时间及相关临床信息。同时，附上送检单。送检样品记录至少要有一份备案，一份随样品送化验室。内容包括：动物饲养场的场名、地址、场主姓名及联络方式，送检人的姓名及联络方式；送检样品的名称及数量；要求做何种试验；送检日期；免疫情况；目前饲养的数量及首发病例和继发病例的日期，出现的临床症状、发病数、死亡数、治疗史等。

（二）送检样品包装和运送

原始样品应置于防漏、密封的无菌容器中运送。带针头的注射器运送标本时用无菌试管或防护装置套住注射针，再置于防漏塑料袋中运送。样品最好能在24h内由专人送达检验处（夏天需4℃左右冷藏）。如不能在24h内送检，可将样品冷冻后送检。送检过程中要防止倾倒、破碎，避免样品泄漏，注意缓冲放置。

常规细菌学检验的标本，其大小以5cm³为宜。采集的病料盛入无菌容器中，不超过1h送检，4℃保存也不能超过24h，怀疑厌氧菌感染的标本应在半小时内送检（不能及时运送组织标本必须在厌氧环境中25℃不超过24h）。

送检时，除注意冷藏外，还需将病料妥为包装，避免破损。用冰瓶送检时，装病料的瓶子不宜过大，并在其外包一层棉花。途中要避免振动、冲撞。外包装袋要放入冰块，防腐败。病料容器的外面，要用消毒药水充分擦拭，瓶口要塞紧，并用胶布密封，贴上标签。液态病料，如痰、黏液、脓汁、腹水、脑脊液、关节液及胆汁等，可用无菌注射器吸取后装入无菌试管中或用无菌棉球、无菌棉花拭子蘸取后，放入无菌试管中送检。凡装有病料的容器均要直立，瓶口或试管口棉塞要用融化的石蜡密封。脑脊髓液、生殖道、眼睛、内耳标本应立即送检，绝不可冷藏。

急性脑膜炎、骨髓炎、关节炎、细菌性肺炎、肾盂肾炎发热患者，应在抗生素治疗或更换前，从不同部位采集血液标本，做2次血液培养，分别接种于各种培养瓶中立即送检。

若邮寄送检，应将病料于固定液中固定24～48h后取出，用浸有同种固定液的脱脂棉包好，装在塑料袋中，放在木盒内邮寄。同时附上送检动物组织种类、数量、检验日期、病料所用固定液种类、送检时间、送检单位和送检人及通信地址等有关尸体剖检记录材料一份。

（三）病料采集保存送检示例

1. 家兔病料的采集

（1）心脏采血　家兔的心脏采血一般用手术台将家兔进行固定，一名助手先用手抚摸，消除兔的恐惧感，用左肘及胳膊按压家兔后躯，左手的小指和无名指夹住兔的左前肢，食指和中指绕过颈部，大拇指和食指抓住其右前肢，右手抓住其两后肢，将其腹部朝上。另外一名助手在家兔左侧胸部心脏部位去毛、消毒，用左手触摸左侧第3～4肋间，选择心跳最明显处穿刺。穿刺部位一般在第三肋间胸骨左外缘3mm处、第3～4肋间隙。当针头正确刺入心脏时，由于心搏的力量，血液会自然进入注射器。采血中回血不好或动物躁动时应拔出针头，重新确认后再次穿刺采血。用注射器先取2mL肝素，再从家兔心脏采血10mL一同置无菌试管供分离病毒用。

（2）采集心、肝、脾、肺、肾及淋巴结　仔细观察家兔的体表，看体表有无寄生虫、毛的颜色，及兔的精神状态等。右手倒提家兔的后肢，左手绷直用力砍向家兔的头和身躯结合部位的颈椎致死。把家兔腹部朝上平放，剪掉腹毛，用手术刀切开腹部的皮肤，采集心、肝、脾、肺、肾及肠系膜淋巴结等，盛入无菌平皿供细菌学检查。将上述所采脏器的一部分置50％磷酸甘油缓冲液中保存，供病毒学检验。将上述一平皿内所析出的血清移入另一试管加入适量抗生素，供血清学检验。

将容器表面消毒，注明病料来源、种类、保存方法及采集时间，用蜡封口。将所有病料放入盛有冰块的保温箱中，附送检单专人送检。

2. 人类免疫缺陷病毒（HIV）样品采集

人类免疫缺陷病毒（HIV）检测的全血、血清、血浆、细胞、唾液、尿液以及滤纸干血斑（DBS）样品的采集和处理方法，适用于HIV抗体检测、抗原检测、核酸检测、耐药检测、$CD4^+$和$CD8^+$T淋巴细胞测定以及HIV分离培养。

（1）采样前准备 采样人员应严格遵守生物安全操作的相关规定，熟悉动物防疫的有关法律，具有一定的专业技术知识，熟练掌握采样工作程序和采样操作技术。采样人员加强个人防护，一次采样不得少于两人。

根据检测项目的具体要求，确定采集样品的种类、处理、保存及运输的时限和方法，检查所需物品是否已备齐、是否足量、是否在有效期内、有无破损，特别应检查受检者信息与样品容器表面的标记是否一致，并注明样品采集时间。选择合适的室内（外）采血空间，受检者坐（卧）于合适的位置，准备采血用具、皮肤消毒用品、采血管及试管架、硬质废弃物容器等。采血前，先对装有样品的离心管或滤纸进行标记，核对后编码。将标签贴在试管的侧面，最好使用预先印制好的、专门用于冷冻储存的耐低温标签。

直接接触 HIV 感染者或艾滋病病人血液和体液的操作应戴双层手套。建议采用真空采血管及蝶形针具，以免直接接触血液。

（2）样品采集和处理

抗凝全血：消毒局部皮肤，用加有抗凝剂（EDTA 钠盐或钾盐、枸橼酸钠、肝素钠）的真空采血管或用一次性注射器抽取静脉血，转移至加有抗凝剂的试管中，轻轻颠倒混匀 6～8 次，分离血浆和血细胞备用。

末梢全血：消毒局部皮肤（成人和 1 岁以上儿童可选择耳垂、中指、无名指或食指，1 岁以下儿童采用足跟部）。用采血针刺破皮肤，用无菌纱布擦掉第一滴血。收集滴出的血液，备用。

血浆：将采集的抗凝全血于 1500～3000r/min 离心 15min，上层即为血浆，吸出置于合适的容器中，备用。

血清：根据需要，用一次性注射器（或真空采血管）抽取 5～10mL 静脉血，室温下自然放置 1～2h，待血液凝固、血块收缩后再于 1500～3000r/min 离心 15min，吸出血清，置于合适的容器中，备用。

淋巴细胞富集液：将采集的抗凝全血于 1500～3000r/min 离心 15min，吸取血浆层下的淋巴细胞富集液，置于合适的容器中，备用。

外周血单个核细胞（peripheral blood mononuclear cell，PBMC）：使用淋巴细胞分离液，进行密度梯度离心，吸出 PBMC 层，备用。

样品采集后处理、保存、运输的时限和条件，因不同的检测项目而异。采血完成后的穿刺针头必须丢弃于尖锐危险品容器里，妥善处理，防止发生职业暴露。

滤纸干血斑制备：将采集的各种血液样品制备成滤纸干血斑保存、运输及检测，常用抗凝全血、末梢全血和血浆。用移液器从样品管中吸取 $100\mu L$ 抗凝全血（或血浆）样品或穿刺后皮肤伤口流出的末梢全血，滴在滤纸印圈的中心，于室温下自然干燥至少 4h（潮湿气候下至少干燥 24h），不要加热或堆叠血斑，勿与其他界面接触。血斑充分干燥后，将其放入密封袋中，避免血斑之间的相互污染，同时放入干燥剂及湿度指示卡，密封包装，保存备用。

尿液：使用清洁的容器收集尿液。女性应避开月经期。

唾液：使用试剂盒提供的容器收集唾液样品。

（3）样品的保存 用于抗体和抗原检测的血清或血浆样品，短期（1 周）内进行检测的可存放于 2～8℃，一周以上应存放于－20℃以下；用于抗原和核酸检测的血浆和血细胞样品应冻存于－20℃以下；进行病毒 RNA 检测的样品如长期（3 个月以上）保存应置于

-80℃。

艾滋病检测筛查实验室检测的筛查阳性样品应及时送确证实验室，可根据具体需要至少保存1~2个月。艾滋病检测确证实验室收到的筛查阳性样品，无论确证结果如何，均应将剩余的样品保存至少10年。

（4）样品的运送　将盛病料的容器用消毒剂擦拭好，以免散播病原。样品应置于带盖的试管内，试管上应有明显的标记，标明样品的唯一性编码或受检者姓名、种类和采集时间。置于第一层密封箔膜袋或金属容器内，为防止病料外漏，须用融化的石蜡严封口。在试管的周围应垫有缓冲吸水材料，以免碰碎。第二层容器材料要求不易破碎、带盖、防渗漏，要易于消毒处理，可以装若干个第一层容器，以保护第一层容器。第二层和第三层容器之间附有与样品唯一性编码相对应的送检单。送检单应标明受检者姓名、样品种类等信息。第三层容器容纳并保护第二层容器。外层包装箱外面要贴上醒目的标签，注明数量、收样和发件人及联系方式，同时要注明"小心轻放、防止日晒、小心水浸、防止重压"等字样，还应易于消毒。

用于抗体检测的血清和血浆样品应在冻存条件下运送。用于 $CD4^+$ 和 $CD8^+$ T 淋巴细胞测定的样品应在室温下（18~25℃）或4℃（特殊要求时）运送。用于病毒载量检测的样品应在-20℃以下运送。DBS 样品应在室温下（18~25℃）运送。每一件包装的体积以不超过 50mL 为宜。特殊情况下以及对个别样品进行复测，可经有关部门批准用特快专递邮寄样品，但必须按三层包装，将样品管包扎好，严禁使用玻璃容器，以免破碎和溢漏。

要指派专人将病料送到检验机构。送检人员应了解病料来源及疫病流行等情况，同时要携带一份病料送检单，其主要内容、格式可参考表5-1。

表 5-1　病料送检单

第　　号

年　月　日

项　　目
1. 送检单位、电话、邮编；
2. 病畜（禽）种类、年龄、性别特征；
3. 饲养管理、卫生、放牧、使役、牲畜数量等情况；
4. 流行病学情况；
5. 主要临床症状；
6. 病理解剖变化；
7. 病料种类、数量、保存方法、采集日期；
8. 送检目的及要求；
9. 病料送出时间

送检单位

（盖章）

畜牧兽医负责人

（签名）

送检人员

（签名）

（5）样品的接收　接收样品时应填写样品接收单。样品包裹必须在具有处理感染性材料能力的实验室内，由经过培训的、穿戴防护衣、戴口罩及防护眼镜的工作人员在生物安全柜中打开，用后的包裹应及时消毒，核对样品与送检单，检查样品管有无破损和溢漏。如发现溢漏应立即将尚存样品移出，对样品管和盛器消毒，同时报告实验室负责人和上一级实验室技术人员。检查样品的状况，记录有无严重溶血、微生物污染、血脂过多以及黄疸等情况。如果污染过重或者认为样品不能被接受，应将样品废弃，并将样品情况立即通知送样人。

四、病料的鉴定处理

（一）性状观察

采集的病料，在接种培养前，应对其性状进行观察，如是否脓性带血或腐败，有何异味，并作记录。

（二）涂片

各种病料在分离培养前均应制备涂片，作革兰染色、镜检，以了解细菌的形态、染色特性，并大致估计其含菌量。涂片基本程序如下：

制片——固定——媒染——染色——脱色——复染——水洗——干燥——镜检

整个过程无菌操作，在干净的载玻片上滴上一滴蒸馏水，用接种环挑取培养物少许，置载玻片的水滴中，与水混合做成悬液并涂成直径约1cm的薄层，为避免因菌数过多聚成集团，不利观察个体形态，可在载玻片一侧再加一滴水，从已涂布的菌液中再取一环于此水滴中进行稀释，涂布成薄层，若材料为液体培养物或固体培养物中洗下制备的菌液，则直接涂布于载玻片上即可。通过肉眼和显微镜观察病料中的病原菌形态结构作初步鉴定。

（三）病料杂菌的抑菌培养

如果病料被杂菌污染严重，则需采用一些对病原菌无害，但对杂菌有杀灭或抑制作用的方法培养病料，以抑制杂菌生长。

（四）集菌处理

有些病料含菌太少，则应先通过离心法和过滤法浓缩集菌处理，然后接种，以提高检出率。

1. 漂浮集菌法

痰标本经121℃高压灭菌15min，冷后取5～10mL盛于体积为100mL的玻璃容器中（口径约2cm），加灭菌蒸馏水20～30mL，总体积勿超过容器的1/3，加二甲苯0.3mL，置振荡器振荡10min，加蒸馏水至满瓶口，将已编号的载玻片盖于瓶口上，静置20min，取下载玻片，自然干燥，火焰固定，染色镜检。

2. 离心集菌法

痰标本经121℃高压灭菌15min，冷后取5～10mL盛于体积为50mL的离心管中，加灭菌蒸馏水至50mL，经3000g离心20min后，取沉淀涂片染色镜检。

第六章

动植物检验检疫的检测技术

第一节　镜检鉴定技术

一、放大镜

放大镜是焦距比眼的明视距离小得多的会聚透镜，用于对病菌、虫的细节观察等。

物体在人眼视网膜上所成像的大小正比于物对眼所张的角（视角）。视角愈大，像也愈大，愈能分辨物的细节。放大镜的作用是放大视角，为看清微小的物体的细节，需要把物体移近眼睛，以增大视角。但当物体离眼的距离太近时，反而无法看清楚。因此，应使物体对眼有足够大的张角，还应取合适的距离。

（一）构造

放大镜分为两部分：透镜、镜柄（图 6-1）。透镜为一整块的透明或半透明物体。传统的放大镜镜片是玻璃制，十分经济，但笨重。较贵重的是稀有矿石制，例如红宝石、黑宝石、蓝宝石、玛瑙、粉水晶等。镜柄是固体材料制，例如玻璃、塑胶、金属。

图 6-1　放大镜

（二）使用方法

（1）让放大镜靠近观察的物体，观察对象不动，人眼和观察对象之间的距离不变，然后移动手持放大镜在物体和人眼之间来回移动，直至图像大而清楚。

（2）放大镜尽量靠近眼睛。放大镜不动，移动物体，直至图像大而清楚。

（三）放大镜的应用

四川农业大学周哲学在关于《动物产品快速检疫检验技术研究及应用》中利用二十倍放大镜观察肌肉纤维是否注水。

二、显微镜

（一）显微镜结构

光学显微镜通常由光学部分、照明部分和机械部分组成。光学部分主要由目镜和物镜组成。目镜和物镜都是凸透镜，物镜的焦距小于目镜的焦距，物体通过物镜成倒立、放大的实像，该实像又通过目镜成正立、放大的虚像（如图6-2所示）。其他部分由粗准焦螺旋、细准焦螺旋、压片夹、通光孔、遮光器、转换器、反光镜、载物台、镜臂、镜筒、镜座、聚光器、光阑等组成（图6-3）。反光镜用来反射、照亮被观察的物体。反光镜一般有两个反射面：一个是平面镜，在光线较强时使用；一个是凹面镜，在光线较弱时使用，可汇聚光线。

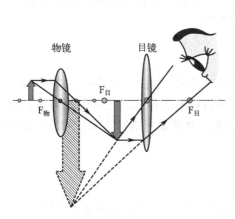

图 6-2　光学显微镜的原理

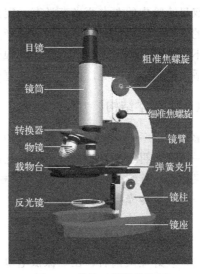

图 6-3　简易显微镜结构图

（二）显微镜分辨率

显微镜分辨率计算公式：$D = 0.61\lambda/N \times \sin(\alpha/2)$，式中，$D$表示分辨率；$\lambda$表示光源波长；$\alpha$表示物镜镜口角（标本在光轴的一点对物镜镜口的张角）；N表示折射率。要提高分辨率（最小分辨距离），可以通过：降低λ，例如使用紫外线作为光源；也可以增大N，例如放在香柏油中；或者增大α，即尽可能地使物镜与标本的距离降低。

（三）显微镜分类

光学显微镜的种类很多，主要有明视野显微镜（普通光学显微镜）、暗视野显微镜、荧光显微镜、相差显微镜、激光扫描共聚焦显微镜、偏光显微镜、微分干涉差显微镜、倒置显微镜等。

（四）显微镜的应用

蔡佳等在《6种检疫性菊科杂草籽的形态学和DNA条形码鉴定》中通过利用体视显微镜观察5种检疫性菊科种子的瘦果表面特征，比较瘦果纵切面、冠毛、喙、衣领状环、种脐等的形态特征区别，并用智能3D数码显微镜（日本基恩士VHX-6000）采集特征图片，形成形态学特征图谱。

陈家俊在《猪丹毒病（疹块型）的宰后检疫》中用显微镜检查疹块区域为小动脉分布、呈鲜红色是真皮内小动脉和毛细血管的炎性充血，其后有静脉血管的强度淤血，由于小动脉炎症可见管壁与周围细胞浸润和管内的细胞血栓病变。

张涛等在《原子力显微镜在检验检疫工作中的应用》中通过对大肠杆菌和金葡球菌的观察能够得到细胞表面的微亚结构信息，更有利于动植物检疫过程中对病毒等的观察。

三、解剖镜

解剖镜又称立体显微镜或实体显微镜，在目镜下方的棱镜把像倒转过来，在观察物体时，双目镜筒中的左右两光束具有一定的夹角——体视角（一般为12°～15°），因此能产生正立的三维空间影像，立体感强，清晰宽阔，又具有长工作距离，便于操作和解剖，虽然放大率不如常规显微镜，但其工作距离很长，焦深大，便于观察被检物体的全貌。其视场直径大，适用范围非常广泛，操作方便、直观，检定效率高。

（一）光学结构

解剖镜由一个共用的初级物镜对物体成像后的两光束被两组中间物镜——变焦镜分开，并成一体视角再经各自的目镜成像，它的倍率变化是由改变中间镜组之间的距离而获得的，因此又称为"连续变倍体视显微镜"。根据应用的需要，体视镜可选配丰富的附件，如荧光、照相、摄像、冷光源等。

（二）使用方法

（1）装好显微镜后，在确保供电电压与显微镜的额定电压一致后方可插上电源插头，打开电源开关，并选择照明方式。

（2）根据所观察的标本，选好台板，观察透明标本时，选用毛玻璃台板；观察不透明标本，选用黑白台板，装入底座台板孔内，并锁紧。

（3）松开调焦滑座上的紧固螺钉，调节镜体的高度，目测距离在80mm左右，使其与所选用的物镜放大倍数大体一致，锁紧托架，将安全环紧靠调焦托架并锁紧。

（4）将目镜筒上的螺钉松开，将目镜放进目镜筒，不要用手触摸镜头透镜表面；装好目镜后再将此螺钉拧紧调好瞳距，当两个目镜观察不是一个圆形视场时，扳动两棱镜箱，改变目镜筒的出瞳距离，使之能观察到一个完全重合的圆形视场。

（5）将左目镜筒上的视度圈调至0刻线，从右目镜筒（即固定目镜筒）中观察，将变倍筒（有变倍装置机型时）转至最高倍位置，转动调焦手轮对标本调焦，直至标本像清晰后，再把变倍筒转至最低倍位置，此时，用左目镜筒观察，如不清晰则沿轴向调节目镜筒上的视度圈，直到标本像清晰，然后再双目观察其调焦效果。

（6）结束观察时，关掉电源，移走标本，用防尘罩将显微镜严密罩盖。

（三）解剖镜的应用

浙江大学王丽红在《宁波口岸进境木质包装线虫检疫研究》中用表面皿接取线虫分离液约5～10mL，静置20min左右后置投射光解剖镜下检查，在解剖镜下挑取线虫转移至载玻片。

利用解剖镜观察昆虫头壳的构造及其附肢：解剖镜可以在观察物体时产生正立的三维空间影像，其立体感强，成像清晰和宽阔，又具有长工作距离，所以它是适用范围非常广泛的常规显微镜，由于其操作方便、直观、检定效率高，所以可更好地在动植物检验检疫中使用。

四、扫描电子显微镜

扫描电子显微镜（scanning electron microscope，SEM）是一种高分辨率微区形貌分析的大型精密仪器，利用聚焦的很窄的高能电子束扫描样品，通过光束与物质间的相互作用，来激发各种信息，收集、放大、再成像这些信息以观察物质微观表征。

（一）类型

根据电子枪种类，扫描电子显微镜可分为三种：场发射电子枪、钨丝枪和六硼化镧电子枪。其中，场发射扫描电子显微镜根据光源性能可分为冷场发射扫描电子显微镜和热场发射扫描电子显微镜。冷场发射扫描电子显微镜对真空条件要求高，束流不稳定，发射体使用寿命短，需要定时对针尖进行清洗，仅局限于单一的图像观察，应用范围有限；而热场发射扫描电子显微镜不仅连续工作时间长，还能与多种附件搭配实现综合分析。

（二）基本原理

扫描电子显微镜基本结构如图6-4所示。

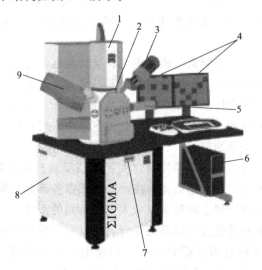

图6-4　扫描电子显微镜结构

1—镜筒；2—样品室；3—EDS探测器；4—监控器；5—EBSD探测器；

6—计算机主机；7—开机/待机/关机按钮；8—底座；9—WDS探测器

扫描是指由控制电子束偏转的电子系统在样品上从左到右、从上到下依次对其像元扫描的过程。电子束从左到右方向的扫描叫做行扫描或称作水平扫描，电子束从上到下方向的扫描叫做帧扫描或称作垂直扫描。行扫描的速度比帧扫描的速度快。

扫描电镜的成像不需要成像透镜，其图像是按一定时间、空间顺序逐点形成并在镜体外显像管上显示。

二次电子成像是扫描电镜所获得的各种图像中应用最广泛、分辨本领最高的一种图像。扫描电镜二次电子成像原理如下：

电子枪发射的电子束最高可达 30keV，经会聚透镜、物镜缩小和聚焦，在样品表面形成一个具有一定能量、强度、斑点直径的电子束。在扫描线圈的磁场作用下，入射电子束在样品表面按照一定的空间和时间顺序做光栅式逐点扫描。由于入射电子与样品之间的相互作用，从样品中激发出二次电子，二次电子收集极将各个方向发射的二级电子汇集起来，再通过加速极加速射到闪烁体上，转变成光信号，经过光导管到达光电倍增管，使光信号再转变成电信号。这个电信号又经视频放大器放大并输送至显像管的栅极，调制显像管的亮度，在荧光屏上呈现一幅亮暗程度不同、反映样品表面形貌的二次电子像。

在扫描电镜中，入射电子束在样品上的扫描和显像管中电子束在荧光屏上的扫描是用一个共同的扫描发生器控制的。这样就保证了入射电子束的扫描和显像管中电子束的扫描完全同步，保证了样品上的"物点"与荧光屏上的"像点"在时间和空间上一一对应，称其为"同步扫描"。一般扫描图像是由近 100 万个与物点一一对应的图像单元构成的，正因为如此，才使得扫描电镜除能显示一般的形貌外，还能将样品局部的化学元素、光、电、磁等性质以二维图像形式显示。

（三）特点

（1）分辨率较高，通过二次电子像能够观察试样表面 6nm 左右的细节，采用 LaB6 电子枪，可以进一步提高到 3nm。

（2）放大倍数大，可以达到 30 万倍及以上，且能连续可调。因此可以根据需要选择大小不同的视场观察，同时在高放大倍数下也可获得一般透射电镜较难达到的高亮度的清晰图像。

（3）观察样品的景深大，视野宽，成像直观、立体感强，可直接观察样品形貌、结构如起伏较大的粗糙表面和试样凹凸不平的金属断口等，使人具有亲临微观世界现场之感。

（4）样品制备简单，待测样品可在三维空间内进行旋转和倾斜，可测样品丰富，只要将块状或粉末状的样品稍加处理，就可直接放到扫描电镜中进行观察，因而更接近于物质的自然状态，几乎不损伤和污染原始样品。

（5）可以通过电子学方法改善图像质量，如亮度及反差自动保持，试样倾斜角度校正，图像旋转，或通过调制改善图像反差的宽容度，以及图像各部分亮暗适中。采用双放大倍数装置或图像选择器，可在荧光屏上同时观察放大倍数不同的图像。

（6）扫描电子显微镜和其他分析仪器相结合，可以观察微观形貌，进行物质微区成分分析，获得成分和结晶学等信息以及综合分析。扫描电子显微镜装上波长色散 X 射线谱仪（WDX）或能量色散 X 射线谱仪（EDX），具有电子探针的功能，能检测样品发出的反射电子、X 射线、阴极荧光、透射电子、俄歇电子等。装上半导体试样座附件，通过电动势像放大器可以直接观察晶体管或集成电路中的 PN 结和微观缺陷。由于不少扫描电镜电子探针实现了电子计算机自动和半自动控制，因而大大提高了定量分析的速度。

（7）扫描电子显微镜观察生物试样时，所用的电子探针电流小（一般约为 $10^{-12} \sim 10^{-10}$A），电子探针的束斑尺寸小（通常是 5nm 到几十纳米），电子探针的能量也比较小（加速电压可以小到 2kV），以光栅状扫描方式照射试样，不是固定一点照射试样，因此，电子照射引起试样的损伤和污染程度很小。

（四）扫描电镜的应用

扫描电镜通过观察植物叶表皮、种皮、孢子囊及孢子、花器官的各个组成部分及花粉、木材的解剖结构，可提供微形态学特征来对植物进行检疫。在《筛选处理马铃薯金线虫孢囊的洗涤剂和浮载剂以提高电镜扫描原貌效果的试验》中用扫描电镜观察其孢囊的肛阴板部分，可以如实显示外表微细器官凹凸不平的原貌。在《舞毒蛾末龄幼虫部分口器的扫描电镜观察》中显示，具有味觉功能的感受器一般分布在幼虫的口器上，利用扫描电子显微镜对亚洲型舞毒蛾末龄幼虫口器的下颚和下唇的形态结构特征进行了观察。

章桂明等在《小麦印度腥黑粉菌与近似种的形态学比较》中利用扫描电镜对小麦印度腥黑粉菌及其近似种的形态学特征进行了系统研究。应用冬孢子的形态学特征，扫描电镜可以较容易地将小麦印腥与除黑麦草腥黑粉菌之外的其他腥黑粉菌区别开，但在区分小麦印腥与黑麦草腥黑粉菌时则有一定的局限性。

五、透射电子显微镜

（一）基本原理

透射电子显微镜（transmission electron microscope，TEM）由照明系统、成像系统、真空系统、记录系统、电源系统五部分构成，主体部分是电子透镜和显像记录系统，由置于真空中的电子枪、聚光镜、物样室、物镜、衍射镜、中间镜、投影镜、荧光屏和照相机组成。

光学显微镜所能达到的最大分辨率 d 受照射在样品上的光子波长 λ 以及光学系统的数值孔径的限制。透射电子显微镜与光学显微镜的成像原理基本一致，不同的是前者用电子束作光源，用电磁场作透镜。电子具有波粒二象性，电子束的波长与发射电子束的电压平方根成反比，比可见光和紫外光短得多，目前 TEM 的分辨力可达 0.2nm，放大倍数最高可达近百万倍。由于电子束的穿透力很弱，因此电镜的标本须制成厚度约 50nm 的超薄切片，需要用超薄切片机（ultramicrotome）制作。

透射电子显微镜中的电子通常通过电子热发射从钨灯丝上射出，或者采用场电子发射方式，电子通过电势差加速。由电子枪发射出来的电子束，在真空通道中沿着镜体光轴穿越聚光镜，聚光镜将其会聚成一束尖细、明亮而又均匀的光斑，照射在样品室内的样品上；电子与样品中的原子碰撞而改变方向，从而产生立体角散射，散射角的大小与样品的密度、厚度相关。透过样品后的电子束携带样品内部的结构信息，样品内致密处透过的电子量少、稀疏处透过的电子量多，经过物镜的会聚调焦和初级放大后，电子束进入下级的中间透镜和投影镜形成明暗不同的综合放大影像，最终被放大了的电子影像投射在观察室内的荧光屏上转化为可见光影像。

透射电子显微镜的成像原理可分为三种：

（1）吸收像 当电子射到质量、密度大的样品时，主要的成像作用是散射作用。样品上质量、厚度大的地方对电子的散射角大，通过的电子较少，像的亮度较暗。早期的透射电子显微镜都是基于这种原理。

（2）衍射像 电子束被样品衍射后，样品不同位置的衍射波振幅分布对应于样品中晶体各部分不同的衍射能力，当出现晶体缺陷时，缺陷部分的衍射能力与完整区域不同，从而使衍射波的振幅分布不均匀，反映出晶体缺陷的分布。

（3）相位像 当样品薄至 100Å（1Å＝0.1nm）以下时，电子可以穿过样品，波的振幅变化可以忽略，成像来自于相位的变化。

（二） TEM 系统组件及功能

1. 照明系统

照明系统主要包括电子枪和聚光镜，它的功用主要在于向样品及成像系统提供亮度足够的光源——电子束流，要求输出的电子束波长单一稳定，亮度均匀一致，调整方便，像散小。

（1）电子枪 电子枪（electronic gun）结构如图 6-5 所示。

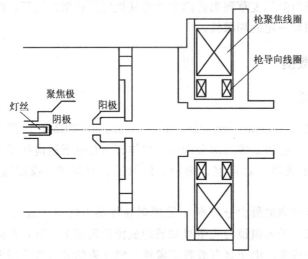

图 6-5　电子枪结构示意

电子枪由阴极（cathode）、阳极（anode）和栅极（grid）组成。阴极是产生自由电子的源头，一般有旁热式和直热式两种，旁热式阴极是将加热体和阴极分离，各自保持独立。直热式阴极通常由加热灯丝（filament）兼作阴极，材料多为金属钨丝，成本低，但亮度低，寿命较短。灯丝的直径约为 0.10～0.12mm，当几安培的加热电流流过时，即可发射出自由电子，灯丝周围必须保持高度真空，否则就像漏气灯泡一样，加热的灯丝会在顷刻间被氧化烧毁。灯丝的形状最常采用的是发叉式，也有采用箭斧式或点状式的，后两种灯丝发光亮度高，光束尖细集中，适用于高分辨率电镜照片的拍摄，但使用寿命更短。

阴极灯丝被安装在高绝缘的陶瓷灯座上，既能绝缘、耐受几千摄氏度的高温，又方便更换。灯丝的加热电流值是连续可调的。

在一定的范围内，灯丝发射出来的自由电子量与加热电流强度成正比，但超越这个范围后，电流继续加大，只能降低灯丝的使用寿命，却不能增大自由电子的发射量，我们把这个临界点称作灯丝饱和点。常把灯丝的加热电流设定在接近饱和位置上，称作"欠饱和点"。这样在保证能获得较大的自由电子发射量的情况下，可以最大限度地延长灯丝的使用寿命。钨制灯丝的正常使用寿命为40h左右，现代电镜有时使用新型材料六硼化镧（LaB_6）制作灯丝，发光效率高、亮度大（能提高一个数量级），使用寿命远较钨制灯丝长，可以达到1000h，但其价格较贵。

阳极为一中心有孔的金属圆筒，处在阴极下方，当阳极上加有数十千伏或上百千伏的正高压时，将对阴极受热发射出来的自由电子产生强烈的引力作用，并使之从杂乱无章的状态变为有序的定向运动，同时把自由电子加速到一定的速度（与加速电压有关），形成一股束流射向阳极靶面。凡在轴心运动的电子束流，将穿过阳极中心的圆孔射出电子枪外，成为照射样品的光源。

栅极位于阴、阳极之间，靠近灯丝顶端，为帽状的金属物，中心亦有一小孔供电子束通过。栅极上加有0~1000V的负电压（对阴极而言），这个负电压称为栅极偏压（VG），可根据需要调整。栅极偏压能使电子束产生向中心轴会聚的作用，同时对灯丝上自由电子的发射量也有一定的调控作用。

在灯丝电源（VF）作用下，电流（IF）流过灯丝阴极，使之发热达2500℃以上时，便可产生自由电子并逸出灯丝表面。加速电压（VA）使阳极表面聚集了密集的正电荷，形成了一个强大的正电场，在这个正电场的作用下自由电子便飞出了电子枪外。调整VF可使灯丝工作在欠饱和点。电镜使用过程中可根据亮度的需要调节栅极偏压VG来控制电子束流量的大小。

电镜中加速电压VA也是可调的，VA增大时，电子束的波长λ缩短，有利于电镜分辨力的提高。同时穿透能力增强，对样品的热损伤小，但此时会由于电子束与样品碰撞，导致弹性散射电子的散射角增大，成像反差会因此而有所下降，所以，在不追求高分辨率时，选择较低的加速电压反而可以获得较大的成像反差，尤其对于自身反差对比较小的生物样品，选用较低的加速电压有时是有利的。

还有一种新型的场发射式电子枪，由1个阴极和2个阳极构成，第1阳极上施加一稍低（相对第2阳极）的吸附电压，用以将阴极上面的自由电子吸引出来，而第2阳极上面的极高电压，将自由电子加速到很高的速度发射出电子束流。这需要超高电压和超高真空条件，要求真空度达到10^{-7}Pa，热损耗极小，使用寿命可达2000h；电子束斑的光点更为尖细，直径可达到10nm以下，较钨丝阴极缩小了3个数量级；由于发光效率高，它发出光斑的亮度能达到10^9A/(cm·s)，较钨丝阴极[10^6A/(cm·s)]也提高了3个数量级。场发射式电子枪因技术先进、造价昂贵，应用于高分辨电镜中。

（2）聚光镜　聚光镜（condenser lens）将电子枪发射出来的电子束流会聚成亮度均匀且照射范围可调的光斑，投射在下面的样品上。聚光镜在电子枪的下方，一般由2~3级组成，从上至下依次称为第1聚光镜、第2聚光镜（以C1和C2表示）。C1和C2的结构相似，但工作电流不同，形成的磁场强度也不同，C1为强磁场透镜，C2为弱磁场透镜。在电镜操纵面板上一般都设有对应的调节旋钮可以调节聚光透镜线圈中的电流，改变透镜所形成的磁场强度，使电子束的会聚点上下移动，在样品表面电子束斑会聚得越小，能量越集中，亮度就越大；反之束斑发散，照射区域变大则亮度就减小。调整聚光镜电流来改变照明亮度受到电子束流量的限制，如想更大程度改变照明亮度，只有通过调整电子枪中的栅极偏压，才能从根本上改变电子束流的大小。在C2上通常装配有活动光阑，以改变光束照明的孔径角，限制投射在样品表面的照明区域，使样品上无需观察的部分免受电子束的轰击损伤，减少散射电子等不利信号。

2. 成像系统

（1）样品室 样品室（specimen chamber）处在聚光镜之下，内有样品台，配备了两个操纵杆或者旋转手轮，调节样品台在水平面上 X、Y 方向的移动，以选择视野。用透射电镜观察生物样品时，基本上都是将原始样品以环氧树脂包埋，然后用非常精密的超薄切片机切成薄片，刀具为特制的玻璃刀或者是钻石刀。切下的样品的厚度通常只有几十个纳米（nm），肉眼不能看到，必须让切片漂浮在水面上，借助特殊的照明光线，以特殊的角度才能观察到。切好的薄片被捞放在样品网上，染色和干燥后才能用于观察。

一般选择磁导率低的金属材料（如铜、镍）制作样品网。但由于铜网加工容易、成本低，不会与电子束及电磁场发生作用，所以选择铜制样品网。盛放样品的铜网直径一般均为3mm，有多少个栅格，我们就把它称作多少目。

透射电镜常见的样品台有两种：

① 顶入式样品台 顶入式样品台样品室空间大，一次可放入多个（常见为 6 个）样品网，盛载杯呈环状排列。使用时可以依靠机械装置依次交换。观察完多个样品后，才在更换样品时破坏一次样品室的真空；但所需空间太大，致使样品距下面物镜的距离较远，不适于缩短物镜焦距，难以保证高分辨的观察。

② 侧插式样品台 侧插式样品台制成杆状，样品网放在前端。样品台的体积小，所占空间也小，可以设置在物镜内部的上半端，有利于电镜分辨率的提高。缺点是一次只能盛放1～2 个铜网，每次更换样品必须破坏一次样品室的真空。高档电镜多采用侧插式样品台，以提高电镜的分辨率。高档电镜配备多种式样的侧插式样品台，某些样品台通过金属连接能对样品网加热或者制冷，以适应不同的用途。样品先载在铜网上，然后固定在样品台上，样品台与样品握持杆为一体。样品杆的中部有一个"O"形橡胶密封圈，胶圈表面涂有真空脂，以隔离样品室与镜体外部的真空。样品室的上下电子束通道各设了一个真空阀，以在更换样品时切断电子束通道，只破坏样品室内的真空，而不影响整个镜筒内的真空。当样品室的真空度与镜筒内达到平衡时，再重新开启与镜筒相通的真空阀。

（2）物镜 物镜（objective lens）是一块强磁透镜，焦距很短，对材料的质地纯度、加工精度、污染状况等要求极高，处于样品室下面，紧贴样品台，在物镜上产生极微小的误差，都会经过多级高倍放大而明显地暴露出来。提高一台电镜的分辨率要尽可能地使之焦距短、像差小。

物镜初步放大成像，调节电镜操作面板上粗、细调焦旋钮，即可改变物镜工作电流，起到调节焦距的作用。

为满足物镜的要求，不仅要将样品台设计在物镜内部，以缩短物镜焦距；还要配置良好的冷却水管，以降低物镜电流的热飘移；还装有提高成像反差的可调活动光阑和要达到高分辨率的消像散器。高性能的电子显微镜，都通过物镜装有以液氮为媒质的防污染冷阱，给样品降温。

（3）中间镜和投影镜 在物镜下方，依次设有中间镜（intermediate lens）和第 1、第 2投影镜（projection lens），共同完成对物镜成像的进一步放大。它们都是类似的电磁透镜，但各自的位置和作用、工作参数、励磁电流和焦距的长短不同。

电镜总放大率为物镜、中间镜和投影镜的各自放大率之积。当电镜放大率要变换时，必须使它们的焦距做出相应改变，通常是通过电镜操纵面板上放大率变换钮改变靠中间镜和第1投影镜线圈的励磁电流。要得到高分辨率的最高放大率，为得到合适视野所需的最低放大率，以及较小的像差、畸变和轴上像散，在尽可能缩短镜筒高度的条件下，可以进行像分析，做选区衍射和小角度衍射等特殊观察。

3. 观察记录

（1）观察室　观察室处于投影镜下，空间较大，开有1～3个铅玻璃窗，可供操作者从外部观察。铅玻璃既有良好的透光特性，又能阻断 X 射线散射和其他有害射线的逸出，还能耐受极高的压力差以隔离真空。

由于电子束的成像波长太短，不能被人的眼睛直接观察，电镜中采用了涂有硫化锌-镉类荧光粉、能发黄绿色荧光的荧光屏板把接收到的电子影像转换成可见光的影像。荧光屏的发光效率高，光谱和余辉适当，分辨力好，直径约在 15～20cm。观察者在荧光屏上对电子显微影像进行选区和聚焦等调整与观察。荧光屏的中心部分为一直径约 10cm 的圆形活动荧光屏板，平放时与外周荧屏吻合，可以进行大面积观察。使用外部操纵手柄可将活动荧屏拉起，斜放在 45°角位置，此时可用电镜配置的双目放大镜，在观察室外部通过玻璃窗来精确聚焦或细致分析影像结构；而活动荧光屏完全直立竖起时能让电子影像通过，照射在下面的感光胶片上进行曝光。

（2）照相室　在观察中电子束长时间轰击生物样品，使样品污染或损伤。此外，荧光屏呈递粉质颗粒的解像力无法满足要求，若想长久观察分析和反复使用电镜成像结果，需将影像照相存储在胶片上。

照相室处在镜筒的最下部，内有送片盒（用于储存未曝光底片）和接收盒（用于收存已曝光底片）及一套胶片传输机构。每张底片都由特制的一个不锈钢底片夹夹持，叠放在片盒内。工作时由输片机构相继有序地推放底片夹到荧光屏下方电子束成像的位置上。曝光控制有手控和自控两种方法，快门启动装置通常并联在活动荧光屏板的扳手柄上。电子束流的大小可由探测器检测，给操作者以曝光指示；或者应用全自动曝光模式由计算机控制，按程序选择曝光亮度和最佳曝光时间完成影像的拍摄记录。

现代电镜都可以在底片上打印出每张照片拍摄时的工作参数，如加速电压值、放大率、微米标尺、简要文字说明、成像日期、底片序列号及操作者注解等备查的记录参数。观察室与照相室之间有真空隔离阀，以便在更换底片时，只打开照相室而不影响整个镜筒的真空。

（3）阴极射线管（CRT）显示器　电镜的操作面板上的 CRT 显示器主要用于电镜总体工作状态的显示、操作键盘的输入内容显示、计算机与操作者对话交流提示以及电镜维修调整过程中的程序提示、故障警示等。

4. 真空系统

镜筒中的残留气体分子如果与高速电子碰撞，就会产生电离放电和散射电子，从而引起电子束不稳定，增加像差，污染样品，并且残留气体将加速高热灯丝的氧化，缩短灯丝寿命。因此，电镜镜筒内的电子束通道真空度必须保持在 10^{-3}～10Pa 以上，由机械泵和油扩散泵联合抽取。

（1）机械泵（旋转泵）　机械泵泵体内的旋转叶轮刮片将空气吸入、压缩、排放到外界。机械泵的抽气速度每分钟仅为 160L 左右，工作能力也只能达到 0.1～0.01Pa，远不能满足电镜镜筒对真空度的要求，所以机械泵只作为真空系统的前级泵来使用。

（2）油扩散泵　油扩散泵是用电炉将扩散泵油加热至蒸气状态，高温油蒸气膨胀向上升起，吸附电镜镜体内的气体，从喷嘴朝着扩散泵内壁射出，环绕扩散泵外壁的冷却水将其降温，冷却成液体后靠重力回落到加热电炉上的油槽里循环使用。剩余气体由机械泵抽走，油扩散泵的抽气速度很快，约为每秒570L，工作压力也较强，可达10Pa。由于氧气较多时高温油蒸气易燃烧，所以油扩散泵通常与机械泵串联，在机械泵将镜筒真空度抽到氧气较稀薄时才启动扩散泵。

为实现超高压、超高分辨率，必须满足超高真空度的要求，电镜商在电镜的真空系统中又推出了离子泵和涡轮分子泵，把它们与前述的机械泵和油扩散泵联用可以达到10Pa的超高真空度水平。

5. 调校系统

（1）消像散器　电镜最理想的工作状态应该是使电子枪、各级透镜与荧光屏中心的轴线重合。但这很难实现，它们的空间几何位置多少会存在着一些偏差，由于发光物点不在光学系统的光轴上，它所发出的光束与光轴有一倾斜角。该光束经透镜折射后，其子午细光束与弧矢细光束的会聚点不在一个点上。即光束不能聚焦于一点，成像不清晰，故产生像散（指轴上像散）。在使用过程中，各部件的疲劳损耗、真空油脂的扩散沉积，以及生物样品中的有机物在电子束照射下的热蒸发污染等因素积累，使像散不断变化。

消像散器由8个围绕光轴均匀分布的对称环状小电磁线圈构成，其中每4个互相垂直的线圈为1组，在任一直径方向上的2个线圈产生的磁场方向相反，用两组控制电路分别调节这两组线圈中的直流电流的大小和方向，即能产生1个强度和方向可变的合成磁场，以补偿透镜中原有的磁场不均匀缺陷，达到消除或降低轴上像散的效果。

一般电镜在第2聚光镜中和物镜中各装有两组消像器，称为聚光镜消像散器和物镜消像散器。聚光镜产生的像散可从电子束斑的椭圆度上看出，它会造成成像面上亮度不均匀并限制分辨率的提高。调整聚光镜消像散器（镜体操作面板上装有对应可调旋钮），使椭圆形光斑恢复到最接近圆状即可基本上消除聚光镜中存在的像散。

通常使用放大镜观察样品支持膜上小孔在欠焦时产生的费涅尔圆环的均匀度，或者使用专门的消像散特制标本来调整消除物镜像散。在一些高档电镜中，出现了自动消像散和自动聚焦等功能，为电镜的使用提供了方便。

（2）束取向调整器及合轴　电子枪、各级透镜与荧光屏的空间几何位置多少会存在着一些偏差，轻者电子束的运行发生偏离和倾斜，影响分辨力；严重的会使电镜无法成像甚至不能出光（电子束严重偏离中轴，不能射及荧光屏面）。为此采取机械合轴加电气合轴弥补。

机械合轴是通过逐级调节电子枪及各透镜的定位螺丝，形成共同的中心轴线。这种调节方法较为粗略，然后再辅之以电气合轴补偿。

电气合轴是使用束取向调整器，使照明系统产生的电子束做平行移动和倾斜移动，以对准成像系统的中心轴线。束取向调整器分枪（电子枪）平移、倾斜和束（电子束）平移、倾斜线圈两部分。前者用以调整电子枪发射出电子束的水平位置和倾斜角度；后者用以调整聚光镜通道中的电子束。均为在照明光路中加装的小型电磁线圈，改变线圈产生的磁场强度和方向，可以推动电子束细微移位。

合轴的操作较为复杂，不过在合轴操作完成后，一般不需经常调整。只是束平移调节作为一个经常调节的旋钮，放在电镜的操作面板上，供操作者在改变某些工作状态（如放大率变换）后，将偏移了的电子束亮斑中心拉回荧光屏的中心，此调节器旋钮也称为"亮度对中"钮。

（3）光阑 为限制电子束的散射，更有效地利用近轴光线，消除球差、提高成像质量和反差，电镜光学通道上多处加有光阑，以遮挡旁轴光线及散射光。光阑有固定光阑和活动光阑两种，固定光阑为管状无磁金属物，嵌入透镜中心，操作者无法调整（如聚光镜固定光阑）。活动光阑用长条状无磁性金属钼薄片制成，上面纵向等距离排列有几个大小不同的光阑孔，直径从数十到数百个微米不等，以供选择。活动光阑钼片被安装在调节手柄的前端，处于光路的中心，手柄端在镜体的外部。活动光阑手柄整体的中部嵌有"O"形橡胶圈来隔离镜体内外部的真空。可供调节用的手柄上标有 1、2、3、4 号定位标记，号数越大，所选的孔径越小。光阑孔要求圆而光滑，并能在 X、Y 方向上的平面里做几何位移，使光阑孔精确处于光路轴心。活动光阑的调节手柄能让操作者在镜体外方便地选择光阑孔径，调整活动光阑在光路上的空间几何位置。

电镜上常设三个活动光阑：

① 聚光镜 C2 光阑 孔径约在 $20\sim200\mu m$，用于改变照射孔径角，避免大面积照射对样品产生热损伤。光阑孔的变换会影响光束斑点的大小和照明亮度。

② 物镜光阑 孔径约在 $10\sim100\mu m$，能显著改变成像反差。光阑孔越小，反差就越大，亮度和视场越小（低倍观察时才能看到视场的变化）。若选择的物镜光阑孔径太小时，虽能提高影像反差，但会因电子线衍射增大而影响分辨率，且易受到照射污染。如果真空油脂等非导电杂质沉积在上面，就可能在电子束的轰击下充放电，形成的小电场会干扰电子束成像，引起像散。

③ 中间镜光阑 也称选区衍射光阑，孔径约在 $50\sim400\mu m$，应用于衍射成像等特殊的观察中。

（三）操作方法

1. 打开电源开关 IN/OUT，开循环水。新电镜循环水不关，这步可省。但要注意水温是否正常。

2. 打开荧屏电源，检查荧屏第一页，确认：电压是 120kV，样品位置"specimen position"为原点：$<x, y, z> = 0, 0, 0$，如果不是原点，使用观察窗左侧"SPEC CONTROLLER"控制面板上的 N 键复原（注意在没有插入样品杆时，严禁使用"N"键，所以每次推出样品杆之前应该复位）。

3. α-selector 为多功能键盘，键入 P3，使荧屏显示第三页，检查 P1 至 P5 的电流值，正常情况下：p1:25，p2:25，p3:29，p4:28，p5:100。

4. 观察阀 V1、V2 和 V4、V5、V8、V13、V17 和 V21 共 8 个阀处于打开状态。

5. 查看右下方的真空面板，确定真空进入 10^{-5}Pa 量程，理想的状态是指针居中，在灌入液氮的情况下应该更低；灯丝处于关闭状态。

6. 检查聚光镜光阑、物镜光阑是否全打开。

7. 检查右侧面板，观察电镜是否处于 MAG1（此灯亮），打开左侧门，将"lens"开关打到 ON 的位置。

8. 再次观察荧屏，电压是否在 120kV。

9. 将面板左侧开关 HT 按下，升高压，注意观察左侧面板上显示的 Beam Current 值，一般电压在 120kV 时，电流值应该在 60～62（按下 HT。确定 Beam Current 稳定，只需看一下表中数值是否稳定即可。电流是电压的一半加一或一半加二）。等 Beam Current 值稳定在 60~62 至少 5min 时间，用键盘开始升压程序。

10. 用键盘键入 P1，使银屏显示第一页，然后键入 RUN，银屏将问 "start HT"，键入 120，然后按 "enter"，银屏会显示 "end HT"，键入 160，按 "enter" 键，键入 10，电镜随之会自动开始升压，此时按下右侧 HT wobbler。

11. 等升压完成后，再按 HT wobbler 停止 wobbler 工作，注意左侧 Beam Current 值是否稳定在 80~82，如不稳定，等 10~20min。如稳定，重复以上操作，只不过将 start HT 改为 160、end HT 改为 180，等升压到 180kV 时，此时 Beam Current 应在 92 附近。如稳定，继续升压，将 start HT 改为 180、end HT 改为 200，升压结束时，Beam Current 应该在 102（该步骤为升高压，120~200kV，用左边的钮设定。在屏幕上加电压，打开键盘输入 RUN 回车；出现 HT start，输 120 回车；出现 HT stop，输 160 回车。如此三次加高压到 200kV。Total time，输 10min；HT step，输 10）。

12. 再次观察银屏第三页，检查 V1~V3 是否已经打开，P1~P5 值是否在正常范围；右下的 SIP 显示的真空是否在 10^{-5} 级，一切正常，按下左侧面板 filament 的 ON 键，打开灯丝，等灯丝电流稳定（约 2~4min）。最后的灯丝电流应该在 105 左右。观察是否有正常光斑。

（四）样品制备

透射电子显微镜在材料科学以及生物学上应用广泛。由于电子易散射或被物体吸收，故穿透力低，样品的密度、厚度等都会影响到最后的成像质量，必须制备 50~100nm 的超薄切片。常用的方法有：超薄切片法、冷冻超薄切片法、冷冻蚀刻法、冷冻断裂法等。对于液体样品，通常是挂预处理过的铜网上进行观察。

1. 粉末样品制备

单颗粉末尺寸最好小于 1μm；无磁性；以无机成分为主，否则会造成电镜污染，高压跳掉，甚至击坏高压枪。

用镊子小心取出微栅网（高质量的微栅网直径 3mm），将膜面朝上（在灯光下观察显示有光泽的面，即膜面），轻轻平放在白色滤纸上。

取适量的样品粉末和乙醇分别加入小烧杯混合，超声振荡 10~30min，3~5min 后，用玻璃毛细管吸取粉末和乙醇混合液 2~3 滴到微栅网上（如粉末是黑色，则当微栅网周围的白色滤纸表面变得微黑时即可。滴得太多，粉末分散不开，不利于观察，同时粉末掉入电镜的概率大增，严重影响电镜的使用寿命；滴得太少，难以找到实验所要求粉末颗粒）15min 以上，以使乙醇尽量挥发，否则将样品装上样品台插入电镜，影响电镜的真空。

2. 块状样品制备

需要电解减薄或离子减薄，获得几十纳米的薄区才能观察；如晶粒尺寸小于 1μm，也可用破碎等机械方法制成粉末观察；无磁性。

（1）电解减薄方法　电解减薄方法用于金属和合金试样的制备，其步骤如下：

① 块状样切成约 0.3mm 厚的均匀薄片；

② 用金刚砂纸研磨到约 120~150μm 厚；

③ 抛光研磨到约 100μm 厚；

④ 冲成 ϕ3mm 的圆片；

⑤ 选择合适的电解液和双喷电解仪的工作条件，将 ϕ3mm 的圆片中心减薄出小孔；

⑥ 迅速取出减薄试样放入无水乙醇中漂洗干净。

（2）离子减薄方法　离子减薄方法用于陶瓷、半导体以及多层膜截面等试样的制备，其步骤如下：

① 块状样切成约 0.3mm 厚的均匀薄片；

② 用石蜡粘贴于超声波切割机样品座上的载玻片上；

③ 用超声波切割机冲成 ϕ3mm 的圆片；

④ 用金刚砂纸研磨到约 $100\mu m$ 厚；

⑤ 用磨坑仪在圆片中央部位磨成一个凹坑，凹坑深度约 $50\sim70\mu m$，以减少后序离子减薄时间，提高最终减薄效率；

⑥ 将洁净的、已凹坑的 $\varPhi$3mm 圆片小心放入离子减薄仪中，根据试样材料的特性，选择合适的离子减薄参数进行减薄。

（五）透射电镜的应用

超薄切片技术的出现使得人类利用电镜可以对细胞进行更深入的研究，能够观察到细胞的超微结构。同时透射电镜对发现和识别病毒起到了重要的作用，从而有利于检疫工作的进行。

应用透射电镜首次检测到发生在我国云南的重要检疫对象玉米褪绿斑驳病毒（MCMV）。原国家质量监督检验检疫总局发布了利用透射电子显微镜检测黄瓜绿斑驳花叶病毒的方法，利用透射显微镜可以观察其形态结构以及在细胞内的分布特征。

黄福林在《狂犬病病毒的透射电镜观察及该病的传播》中利用透射电镜对该病毒形态进行观察，发现狂犬病病毒在电镜下为子弹状的颗粒，宽约 $75\sim80$nm，长约 180nm，表面有脂蛋白膜包绕，膜上有刺突，膜内为条纹状螺旋对称的核衣壳。

蒋雯雯等在《日本血吸虫病肉芽肿的电镜观察》中用透射电镜发现血吸虫虫卵轮廓清晰，卵内结构明显，可见毛蚴细胞和腺体；虫卵周围有嗜酸性粒细胞、多形核白细胞、嗜中性粒细胞浸润；肝细胞崩解、内质网和线粒体高度肿胀、毛细血管扩张，可见完整的肝脏血吸虫虫卵肉芽肿结节。本研究首次报道虫卵肉芽肿的超微结构。本实验报道的日本血吸虫病肝脏虫卵肉芽肿的透射电镜观察，对肉芽肿的形成提供了实验根据，虫卵肉芽肿的形成与否是免疫病理性的变态反应。

陈青等在《进境辣椒种子中检出辣椒轻斑驳病毒》中利用透射电镜对表现轻花叶症状的叶片（1号样品）和未表现症状的叶片及健康植株的叶片进行观察。发现1号样品有病毒粒体，为长 312nm、宽 18nm 的杆状病毒，与国外报道的辣椒轻斑驳病毒的粒体长度和形状一致，其余样品未观察到病毒粒体。

陈青等在《从进境的蝴蝶兰上检出齿兰环斑病毒》中用透射电镜观察到1号样品有长 300nm 的杆状病毒粒体，与已报道的齿兰环斑病毒粒体长度和形状一致，2号样品和健康植株均未发现病毒粒体。

王秀芬等在《引进加拿大马铃薯种薯中病毒的检测》中运用透射电镜对 DAS-ELISA 血清结果中怀疑带有马铃薯黄矮病毒的样品，通过组织超薄切片电镜观察方法进行检测，未发现马铃薯黄矮病毒的弹状粒体。

孔宝华等在《从德国虞美人花卉中检测到李痘病毒》中利用透射电镜观察发现负染后电镜下检测到（728～750）nm×20nm 的长线形病毒粒子。病株症状表现生物侵染实验及病毒粒子形态，均与李痘病毒基本吻合。

第二节 光谱学鉴定技术

近红外光谱（NIR）是介于可见光（VIS）和中红外光（MIR）之间的电磁波谱，美国试验和材料检测协会（ASTM）定义的近红外光谱区的波长范围为 780～2526nm，习惯上又将近红外光划分为近红外短波（780～1100nm）和长波（1100～2526nm）两个区域。近红外光谱法是利用含氢化学键（X—H）（X 为 C、O、N、S 等）振动倍频和合频在近红外区的吸收光谱，通过适当的化学计量学多元校正方法，建立校正样品吸收光谱与其成分浓度或性质之间的关系-校正模型。在进行未知样品预测时，应用已建好的校正模型和未知样品的吸收光谱，就可定量预测其成分浓度或性质。另外，通过选择合适的化学计量学模式识别方法，也可分离提取样本的近红外吸收光谱特征信息，并建立相应的类模型。在进行未知样品的分类时，应用已建立的类模型和未知样品的吸收光谱，便可定性判别未知样品的归属。

（一）光与物质作用的物理特性

自然界中的光每时每刻都在与物质发生相互作用并将特定频率的光子能量传递给物质，当光辐射入射到物质表面上时通常会存在三种能量转移形式：反射、吸收、透射。其中反射又可以分为漫反射和镜面反射，漫反射分为体漫反射（body reflectance）和表面漫反射。镜面反射和表面漫反射是光经过物质表面时直接被反射，光并没有与物质发生任何作用，遵循反射定律，没有携带任何与物质成分相关的信息，在近红外光谱分析中当作杂散光，对仪器的信噪比和精确度有较大的影响，在仪器设计及样品制备过程中都要求最大程度地消除。

体漫反射是光透过物质表层与其微观结构发生相互作用后出射，进入其他微粒发生相互作用的现象。微观结构依据其化学键的不同运动模式与不同频率的光振动有选择性地发生耦合吸收，没有发生耦合吸收的光则通过原子核多次反射后折出该物质表层。体漫反射出来的光信号与入射原始光信号之间的比值即反映了物质对不同频率光的选择吸收特性，即形成了测量物质的吸收光谱，反映了物质的微观结构信息。吸收光谱数据是在光谱测量频率范围内得到的与每个频率对应的相对值，根据这些相对值的强度和位置可以通过光谱理论推导分子的结构。

吸光度数据是物质对近红外光辐射能量入射前后的比值（无量纲单位），它是通过近红外光谱分析仪器的能量采集系统（主要是探测器）来得到的，它的大小与待测物质成分的浓度成线性关系，可以以近红外光经过物质后在近红外测量波段的能量变化来测量物质成分的浓度。

在近红外技术中很难完全满足朗伯-比尔定律的条件，会有很多干扰因素使近红外光谱吸光度与化学成分浓度之间的线性相关性降低。影响线性关系的主要因素是待测物质物理特性（如颗粒度、装填密度、均匀性等）所导致的基线平移和非线性偏移现象。

近红外光辐射与物质相互作用后的吸收特性一般通过透射、漫反射两种形式体现。当近红外光经过样品后被探测器探测到时，能量的衰减量与物质中成分的浓度是满足线性关系的，这其中就充分考虑了光辐射在物质颗粒间散射影响所导致的平均光程增大效应。

近红外光照射时，频率相同的光线和基团发生共振现象，光的能量通过分子偶极矩的变化传递给分子。近红外光的频率和样品的振动频率不相同，该频率的光就不会被吸收。因此，选用连续改变频率的近红外光照射某样品时，由于试样对不同频率近红外光的选择性吸收，通过试样后的近红外光线在某些波长范围内减弱，而在另外一些波长范围内较强，透射的红外光线就携带有机物组分和结构的信息。通过检测器分析透射或反射光线的光密度，从而决定该组分的含量。通过测定透射光线携带的信息而进行的检测，称为近红外透射技术；通过测定反射光线携带的信息进行的测定，称为近红外反射技术。

（二）近红外光谱仪类型

根据分光系统近红外光谱仪可分为固定波长滤光片、光栅色散、快速傅里叶变换、声光可调滤光器近红外光谱仪四种类型。

滤光片型近红外光谱仪主要作专用分析仪器，如粮食水分测定仪。由于滤光片数量有限，很难分析复杂体系的样品。

光栅扫描式近红外光谱仪具有较高的信噪比和分辨率，但由于仪器中的可动部件（如光栅轴）在连续高强度的运行中可能存在磨损问题，从而影响光谱采集的可靠性，不太适合在线分析。

傅里叶变换近红外光谱仪具有较高的分辨率和扫描速度，其弱点同样是干涉仪中存在移动性部件，且需要较严格的工作环境。

声光可调滤光器近红外光谱仪是采用双折射晶体，通过改变射频频率来调节扫描的波长，整个仪器无移动部件，扫描速度快；但其分辨率相对较低，价格也较高。

随着阵列检测器件生产技术的日趋成熟，采用固定光路、光栅分光、阵列检测器构成的NIR仪器，以其性能稳定、扫描速度快、分辨率高、信噪比高以及性价比高等特点正越来越引起人们的重视。在与固定光路相匹配的阵列检测器中，常用的有电荷耦合器件（CCD）和二极管阵列（PDA）两种类型，其中CCD多用于近红外短波区域的光谱仪，PDA检测器则用于长波近红外区域的光谱仪。

（三）近红外光谱的分析

近红外光谱是通过校正模型的建立实现对未知样本的定性或定量分析。其分析方法如图6-6所示。

选择有代表性的校正集样本采用标准或认可的方法测定样本的组成和性质及其近红外光谱；

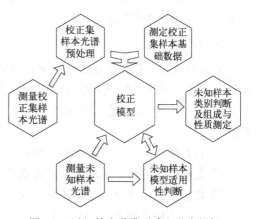

图6-6　近红外光谱模型建立及应用框

为减轻各种因素对光谱的干扰，采用合适的方法对光谱进行预处理；根据测量的光谱和基础数据通过合理的化学计量学方法建立校正模型，在对未知样本测定时，根据测定的光谱和校正模型适用性判据，确定建立的校正模型是否适合未知样本测定。

1. 定性分析

在近红外光谱图谱上，不同种类物质所含化学成分不同，含氢基团倍频与合频振动频率不同，则近红外图谱的峰位、峰数及峰强是不同的。样品的化学成分差异越大，图谱的特征性差异越大。采用峰位鉴别主要是分析组分相差较大的不同种类物质，直观、简便，可对不同品种的材料进行鉴别，但对于性质相近的样品鉴别却无能为力，因此必须采用其他的方法，如化学计量学方法进行鉴别。

在实际工作中，经常遇到只需要知道样品的类别或等级，并不需要知道样品中含有的组分数及其含量，这时需要应用模式识别法。模式识别基于"物以类聚"，认为性质相近的样本在模式空间中所处的位置相近，它们在空间形成"簇"。模式识别方法不需要数学模型，需要的先验知识很少，适合处理复杂事物和多元数据等，主要用于光谱的定性分析、产品的分类与鉴定。在近红外光谱定性分析中常用的模式识别方法有聚类分析、判别分析、主成分分析和人工神经网络方法。

系统聚类分析是依据一种事先选定的参数如距离来度量类在分类空间中的距离，再根据谱系图决定分类结果。逐步聚类分析动态聚类法是依据距离进行分类的一种迭代方法。与系统聚类法相比，它的计算速度快，并节省储存单元，但需事先指定分类数和适当初定值，每一步迭代都对各类的中心凝聚点进行调整并按分类对象与中心的距离之远近进行归类，直到不变为止。

主成分分析是一种简化数据结构、突出主要矛盾的多变量统计分类方法，可以降低数据的维数，根据主因子得分对样品进行分类。

逐步判别分析能在筛选变量的基础上建立线性判别模型。筛选是通过检验逐步进行的。每一步选取满足指定水平最显著的变量，并剔除因新变量的引入而变得不显著的原引入变量，直到不能引入也不能剔除变量为止。

人工神经网络作为一种智能型算法，具有很强的非线性映照能力，在非线性多元校正中已显露出一定的优势。关于误差反向传播神经网络的研究和应用较多，由于具有良好的自组织、自学习和处理复杂非线性问题的能力，因而对于复杂的、非线性的体系，可取得更好的效果，已被用于许多领域。

2. 定量分析

近红外光谱分析技术在近几十年内得到了快速发展，可以在很短的时间内无需复杂的样品制备过程即可完成物质多组分的同步快速定量分析，并且精度很高，不产生任何化学污染且分析成本很低，易于在实验室尤其是工业现场或在线分析领域应用。NIR 定量分析的过程如下：

① 具有广泛代表性的定标和预测样品集的收集和成分理化定量分析；

② 定标和预测样品集的近红外光谱采集和光谱解析；

③ 物质各待测成分在近红外分析仪器上的定标建模和模型优化；

④ 已有定标模型的实际预测分析。

以上前期工作需要较多的实验验证，而且需要考虑多种干扰因素（如温度、湿度等）对近红外光谱定量分析技术每一个环节的影响。一旦定标模型通过预测检验分析，近红外光谱分析仪器将在较长的时间内保持很高的稳定性和分析精度，操作人员很容易在较短的时间内掌握该仪器的操作程序。但是近红外分析仪器定标模型精确度会由于环境因素、自身器件的老化以及参考标准样品的变化而发生微小的变化，为了确保分析结果的准确性需要对模型进行周期性的检验和修正，所以近红外光谱定量分析技术需要以其他成分定量分析技术为依托，通过少量理化分析的新样品来验证近红外定标模型的精确度。

（四）性能指标

对一台近红外光谱仪器进行评价时，必须要了解仪器的主要性能指标，以下进行简单介绍。

1. 仪器的波长范围

任何一台近红外光谱仪器，都有其有效的光谱范围，光谱范围主要取决于仪器的光路设计、检测器的类型以及光源。近红外光谱仪器的波长范围通常分两段，即 700～1100nm 的短波近红外光谱区域和 1100～2500nm 的长波近红外光谱区域。

2. 光谱的分辨率

光谱的分辨率主要取决于光谱仪器的分光系统，对用多通道检测器的仪器，还与仪器的像素有关。分光系统的光谱带宽越窄，其分辨率越高，对光栅分光仪器而言，分辨率的大小还与狭缝的设计有关。仪器的分辨率能否满足要求，要看分析对象，即分辨率的大小能否满足样品的要求。有些化合物的结构特征比较接近，要得到准确的分析结果，就要对仪器的分辨率提出较高的要求，例如二甲苯异构体的分析，一般要求仪器的分辨率好于 1nm。

3. 波长准确性

光谱仪器波长准确性是指仪器测定标准物质某一谱峰的波长与该谱峰的标定波长之差。波长的准确性对保证近红外光谱仪器间的模型传递非常重要。为了保证仪器间校正模型的有效传递，波长的准确性在短波近红外范围要求好于 0.5nm、长波近红外范围好于 1.5nm。

4. 波长重现性

波长的重现性指对样品进行多次扫描，谱峰位置间的差异通常用多次测量某一谱峰位置所得波长或波数的标准偏差表示（傅里叶变换的近红外光谱仪习惯用波数 cm^{-1} 表示）。波长重现性对校正模型的建立和模型的传递均有较大的影响，同样也会影响最终分析结果的准确性。一般仪器波长的重现性应好于 0.1nm。

5. 吸光度准确性

吸光度准确性是指仪器对某标准物质进行透射或漫反射测量，测量的吸光度值与该物质标定值之差。对那些直接用吸光度值进行定量的近红外方法，吸光度的准确性直接影响测定结果的准确性。

6. 吸光度重现性

吸光度重现性指在同一背景下对同一样品进行多次扫描，各扫描点下不同次测量吸光度之间的差异，通常用多次测量某一谱峰位置所得吸光度的标准偏差表示。吸光度重现性直接影响模型建立的效果和测量的准确性。

7. 吸光度噪声

吸光度噪声是指在确定的波长范围内对样品进行多次扫描，得到光谱的均方差。
吸光度噪声是体现仪器稳定性的重要指标。将样品信号强度与吸光度噪声相比可计算出信噪比。

8. 吸光度范围

吸光度范围是指仪器测定可用的最高吸光度与最低能检测到的吸光度之比。吸光度范围越大，可用于检测样品的线性范围也越大。

9. 基线稳定性

基线稳定性是指仪器扫描基线与参比扫描基线的漂移的大小。基线的稳定性对获得稳定的光谱有直接的影响。

10. 杂散光

杂散光为除分析光外其他到达样品和检测器的光量总和，是导致仪器测量出现非线性的主要原因。杂散光对仪器的噪声、基线及光谱的稳定性均有影响。一般要求杂散光小于透过率的 0.1%。

11. 扫描速度

扫描速度是指在一定的波长范围内完成 1 次扫描所需要的时间。不同的仪器完成 1 次扫描所需的时间有很大的差别。例如，电荷耦合器件多通道近红外光谱仪器扫描速度很快，完成 1 次只需 20ms；一般傅里叶变换仪器的扫描速度在 1 次/s 左右；传统的光栅扫描型仪器的扫描速度不超过 2 次/s 左右。

12. 数据采样间隔

数据采样间隔是指连续记录的两个光谱信号间的波长差。间隔越小，样品信息越丰富，但光谱存储空间也越大；间隔过大则可能丢失样品信息。比较合适的数据采样间隔应当小于仪器的分辨率。

13. 测样方式

测样方式指仪器可提供的样品光谱采集形式。有些仪器能提供透射、漫反射、光纤测量等多种光谱采集形式。

14. 软件功能

软件是近红外光谱仪器的重要组成部分，一般由光谱采集软件和光谱化学计量学处理软件两部分构成。前者不同厂家的仪器没有很大的区别，而后者在软件功能设计和内容上则差别很大。光谱化学计量学处理软件一般由谱图的预处理、定性或定量校正模型的建立和未知样品的预测三大部分组成，软件功能的评价要看软件的内容能否满足实际工作的需要。

（五）近红外光谱分析的应用

随着光导纤维及传感技术的发展，以及近红外光谱检测技术和计算机网络技术相结合的进一步深入，近红外光谱技术的非侵入式定性和定量分析成为可能。同时，由于生物体中不同的透明组织对近红外光具有不同的吸收和散射特性，因此近红外光对不同的软组织和变化的组织具有较强的区分能力，可以利用近红外光谱数据与某些生理参数的关系得到组织的某些生理参数，检测出组织中的异物或生成二维的图像。

近红外光谱的最大优势在于其对组织的透过性好，能够进行非破坏、非介入分析，响应速度快，可以用于微生物的分类鉴别，全血或血清中血红蛋白载氧量、pH 以及葡萄糖、尿素等含量的测定，脑血流量和脑血管中 CO_2 的活性测定，人体肌肉组织在运动中的氧化代谢等。也可监测皮肤组织受外界环境影响的变化，如皮肤中水分的测定等。

近红外光谱技术应用于药物的鉴别和定性、定量的分析，不仅具有快速、方便、准确、非侵入式分析、易于实现生产过程的在线控制等优点，而且可以鉴定某些药物如光学异构体、具有光学活性物质的纯度，因此在药物的定性鉴定、定量分析、质量控制及在线检测等方面显示了巨大的作用。利用近红外光谱和多变量统计分类技术系统聚类分析、逐步聚类分析、主成分分析和逐步判别等可很好地对药材和成药进行定性判别和分类。

岑正洲在《近红外光谱检测技术在植物害虫检疫中的应用》中使用近红外光谱技术，能够对绝大部分物质中的少量无机物的化学组成和基因特征进行分辨，其原理是利用不同物质中特有的固定振动频率特征。根据不同害虫对近红外光的吸收情况和反射情况差异进行合理分辨。

饶敏等在《基于近红外技术柑橘黄龙病田间快速检测方法研究》中介绍利用近红外技术快速检测柑橘黄龙病的方法。采用 PLS-LDA 建立的模型对未参与建模的样品进行了检测，结果表明，该模型检测的准确率与普通 PCR 检测的结果符合率达到 100%，假阳性率小于 1%。该技术具有检测周期短、无污染等优点，可用于田间黄龙病的快速检测。

吕都等在《近红外光谱技术快速鉴别稻谷霉菌污染的研究》中采用近红外光谱技术结合化学计量学方法，以 150 份未污染霉菌的稻谷样品和 150 份污染霉菌的稻谷样品为研究对象，通过剔除异常光谱和光谱预处理，采用偏最小二乘回归法建立鉴别模型。结果表明：运用基于马氏距离的主成分分析方法剔除异常光谱 36 个，最佳光谱预处理方式为分位数标准化处理，采用基于联合 x-y 距离的样本集划分法，将剩余 264 份样品划分成训练集和验证集。建立的鉴别模型，最佳主成分数为 4，其 R^2_{cv} 值为 0.9220、R^2_{val} 值为 0.9184 和正确率为 98.48%。将外部验证集样品的光谱，代入建立并优化好的鉴别模型中，判定正确率为 100%。因此，该研究所建立的鉴别模型识别能力强，可以用于稻谷中霉菌污染的快速检测。

近红外光谱技术在农业、食品、饮料、纺织、聚合物、石油化工、生化和环保等领域也得到了广泛的应用。近几年人们又利用该技术检测物质的纯度，解释物质的结构，预测、评价生物的某些生理现象及变化，监测一些天体的变化等。

（六）注意事项

近红外分析技术的一个重要特点就是技术本身的成套性，即必须同时具备三个条件：
① 各项性能长期稳定的近红外光谱仪是保证数据具有良好再现性的基本要求；
② 功能齐全的化学计量学软件，是建立模型和分析的必要工具；
③ 准确并适用范围足够宽的模型。
近红外分析技术分析速度快，是因为光谱测量速度很快，计算机计算速度也很快的原因。但近红外分析的效率是取决于仪器所配备的模型的数目，比如测量一张光谱图，如果仅有一个模型，只能得到一个数据，如果建立了 10 种数据模型，那么，仅凭测量的一张光谱，可以同时得到 10 种分析数据。

在定标过程中，标准样本数量的多少直接影响分析结果的准确性，数量太少不足以反映被测样本群体常态分布规律，数据太多，工作量太大。另外在选择化学分析的样本时，不仅要考虑样品成分含量和梯度，同时要考虑样本的物理、化学、生长地域、品种、生长条件及植物学特性，以提高定标效果，使定标曲线具有广泛的应用范围，对变异范围比较大的样本可以根据特定的筛选原则，进行多个定标，以提高定标效果及检验的准确性。一般来讲，单类纯样本由于样本性质稳定，含化学信息量相对少，因此定标相对容易，如玉米、小麦、大豆等纯样；混合样本样品信息复杂，在本谱区会引起多种基团谱峰的重叠，信息解析困难，定标困难，如畜牧生产中的各种全价饲料、配合饲料、浓缩饲料等。

近红外光谱分析仪器的定量分析精度除了与自身的信噪比及稳定性有关外，参考理化分析方法的精度也直接影响了定标模型所给出的测量结果精度，所以进一步提高理化参考分析的精度以提高近红外光谱吸光度数据与理化分析值的相关性非常重要。

尽管化学计量学成功地解释了定标模型波长通道信息与物质化学信息之间的相关性，同时对定标数据的前处理提高了模型的稳定性和精度，但是与直接采用光谱数据 $\lg(1/R)$ 所计算得到的结果相比精度提高较小，而且极大地增加了数据处理的复杂性，所以只有通过对物质与光作用机制的进一步研究，才能从根本上解决物质成分光谱之间以及外界因素对定标模型的干扰问题。

第三节　色谱学鉴定技术

一、气相色谱技术

气相色谱法是利用气体作流动相的色层分离分析方法。气化的试样被载气（流动相）带入色谱柱中，柱中的固定相与试样中各组分分子作用力不同，各组分从色谱柱中流出时间不同，组分彼此分离。采用适当的鉴别和记录系统，制作标出各组分流出色谱柱的时间和浓度的色谱图，根据图中表明的出峰时间和顺序，可对样品进行定性分析；根据峰的高低和面积大小，可对样品进行定量分析，具有效能高、灵敏度高、选择性强、分析速度快、应用广泛、操作简便等特点，适用于易挥发有机化合物的定性、定量分析。对非挥发性的液体和固体物质，可通过高温裂解，气化后进行分析。

按所用的固定相，气相色谱法可以分为两种，用固体吸附剂作固定相的叫气固色谱，气固色谱属于吸附色谱；用涂有固定液的单体作固定相的叫气液色谱，气液色谱属于分配色谱。

气相色谱属于柱色谱，根据所使用的色谱柱粗细不同，可分为填充柱和毛细管柱两类。填充柱是将固定相装在一根玻璃或金属的管中，管内径为 2~6mm。毛细管柱则又可分为空心毛细管柱和填充毛细管柱两种，空心毛细管柱是将固定液直接涂在内径只有 0.1~0.5mm 的玻璃或金属毛细管的内壁上；填充毛细管柱是将某些多孔性固体颗粒装入内径为 0.25~0.5mm 厚壁玻管中，然后加热拉制成毛细管。

（一）检测器

气相色谱仪检测器有很多种，最常用的有火焰电离检测器（FID）与热导检测器（TCD）。这两种检测器都对很多成分响应灵敏，同时可以测定的浓度范围很大。TCD 是通用的，可以检测除了载气之外的任何物质（只要它们的热导性能在检测器检测的温度下与载气不同），而 FID 对烃类的检测比 TCD 更灵敏，但不能用来检测水。由于 TCD 的检测是非破坏性的，它可以与破坏性的 FID 串联使用（连接在 FID 之前），从而对同一分析物给出两个相互补充的分析信息。

有一些气相色谱仪与质谱仪相连接而以质谱仪作为它的检测器，这种组合的仪器称为气相色谱-质谱联用（GC-MS，简称气质联用），有一些气质联用仪还与核磁共振波谱仪相连接，后者作为辅助的检测器，这种仪器称为气相色谱-质谱-核磁共振联用（GC-MS-NMR）。有一些 GC-MS-NMR 仪器还与红外光谱仪相连接，后者作为辅助的检测器，这种组合叫做气相色谱-质谱-核磁共振-红外联用（GC-MS-NMR-IR）。但是必须指出，这种情况是很少见的，大部分的分析物用单纯的气质联用仪就可以解决问题。

（二）原理

气相色谱系统由盛在管柱内的吸附剂或惰性固体上涂着液体的固定相和不断通过管柱的气体的流动相组成。将欲分离、分析的样品从管柱一端加入后，由于固定相对样品中各组分吸附或溶解能力不同，各组分在固定相和流动相之间的分配系数有差别，当组分在两相中反复多次分配并随移动相向前移动时，各组分沿管柱运动的速度就不同，分配系数小的组分被固定相滞留的时间短，能较快地从色谱柱末端流出。以各组分从柱末端流出的浓度 c 对进样后的时间 t 作图，得到的图称为色谱图。当色谱过程为冲洗方式时，色谱图如图 6-7 所示。

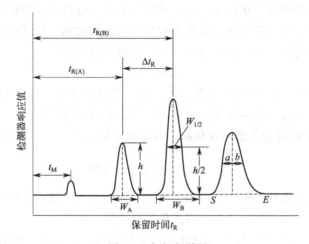

图 6-7　气相色谱图

从色谱图可知，组分在进样后至其最大浓度流出色谱柱时所需的保留时间 t_R 与组分通过色谱柱空间的时间 t_M 及组分在柱中被滞留的调整保留时间 t'_R 之间的关系是：t'_R 与 t_M 的比值表示组分在固定相比在移动相中滞留时间长多少倍，称为容量因子 k。

从色谱图还可以看到从柱后流出的色谱峰不是矩形，而是一条近似高斯分布的曲线，这是由于组分在色谱柱中移动时，存在着涡流扩散、纵向扩散和传质阻力等因素，因而造成区域扩张。

（三）色谱分析

从色谱图可以看出，色谱法就是依据色谱峰的移动速度和大小取得组分的定性和定量分析结果，色谱峰是组分在色谱柱运行的结果，是判断组分成分及其含量的依据。

1. 定性分析

在一定条件下，组分在色谱柱内移动速度的调整保留时间是判断组分成分的指标。为了尽量免除载气流速、柱长、固定液用量等条件的改变对 t_R 值作定性分析指标时的不便，可进一步用组分相对保留值 α 或组分的保留指数进行定性分析。计算组分 i 在给定的柱温和固定相时的保留指数 I_i 的公式如下：

$$I_i = 100n + 100\frac{\lg t'_{R(i)} - \lg t'_{R(n)}}{\lg t'_{R(n+1)} - \lg t'_{R(n)}}$$

式中，n 与 $n+1$ 是紧靠在组分 i 前后流出的正构烷烃的调整保留时间。

将样品进行色谱分析后，按同样的实验条件用纯物质作实验，或者查阅文献，把两者所得的定性指标（α 值、t_R 值或 I 值）相比较，如果样品和纯物质都有定性指标数值一致的色谱峰，则此样品中有此物质。

由于只能说相同物质具有相同保留值的色谱峰，而不能说相同保留值的色谱峰都是一种物质，所以为了更好地对色谱峰进行定性分析，还常采用其他手段来直接定性，例如采用气相色谱和质谱或光谱联用、使用选择性的色谱检测器、用化学试剂检测和利用化学反应等。

2. 定量分析

色谱峰的大小由峰的高度或峰的面积确定。以峰高 h 与峰高一半处的峰宽 ω 的乘积表示峰面积：$A = h\omega$。新型的色谱仪都有积分仪或微处理机给出更精确的色谱峰高或面积。应该注意，组分进入检测器产生的相应的色谱信号大小（峰高或峰面积）随所用检测器类别和载气的不同而异，有时甚至受到物质浓度和仪器结构的影响。所以须将所得的色谱信号予以校正，才能与组分的量一致，即需要用下式校正组分的质量：

$$W = f'A$$

式中，f' 为该组分的定量校正因子。依上式从色谱峰面积（或峰高）可得到相应组分的质量，进一步用下述方法之一计算出组分 i 在样品中的含量 W_i。

① 归一化法　将组分的色谱峰面积乘以各自的定量校正因子，然后按下式计算。

$$W_i(\%) = \frac{A_i f'_i}{\sum A_i f'_i} \times 100$$

此法的优点是方法简便，进样量与载气流速的影响不大；缺点是样品中的组分必须在色谱图中都能给出各自的峰面积，还必须知道各组分的校正因子。

② 内标法　向样品中加入被称为内标物的某物质后，进行色谱分析，然后用它对组分进行定量分析。例如称取样品 W_mg，将内标物 W_ϕg 加入其中，进行色谱分析后，得到欲测定的组分与内标物的色谱峰面积分别为 A_i 和 A_ϕ，则可导出：

$$W_i(\%) = \frac{W_\phi}{W_m} \times \frac{A_i f'_i}{A_\phi f'_\phi} \times 100$$

此方法没有归一化法的缺点，不足之处是要求准确称取样品和内标物的重量，以及选择合适的内标物。

③ 外标法　在进样量、色谱仪器和操作等分析条件严格固定不变的情况下，先用组分含量不同的纯样等量进样，进行色谱分析，求得含量与色谱峰面积的关系。此法适用于工厂控制分析，特别是气体分析；缺点是难以做到进样量固定和操作条件稳定。

（四）分析方法

分析方法是为满足特定的分析要求，在气相色谱分析中设置一系列使用条件，如进样口温度、检测器温度、色谱柱温度及其控温程序、载气种类及载气流速、固定相、柱径、柱长、进样口类型及进样口流速、样品量、进样方式等。检测器可能还有其他可调节的参数。有一些气相色谱仪还要控制样品与载气流向的阀门的开启与关闭的时间，控制载气进入定量管。当定量管充满样品气后，切换阀门，载气就会通过定量管。载气的压强会将样品带入色谱柱中分离。

1. 气相色谱法载气选择与载气流速

典型的载气包括氦气、氮气、氩气、氢气和空气。选用何种载气取决于检测器的类型以及安全性与可获得性。例如，放电离子化检测器（DID）需要氦气作为载气。不过，当对气体样品进行分析的时候，载气有时是根据样品的母体选择，例如，当对氩气中的混合物进行分析时，最好用氩气作载气，因为这样可以避免色谱图中出现氩的峰。检测器还决定了载气的纯度。气相色谱中所用的载气纯度应该在 99.995％以上。用于标识纯度的典型商品名包括"零点气级""高纯度（UHP）级""4.5 级"和"5.0 级"。

载气流速的选择与柱温的选择一样，都需要在分析速度与分离度之间取得平衡。载气流速越高，分析速度越快，但是分离度越差。因此，20 世纪 90 年代之前生产的气相色谱仪的载气流速往往通过载气入口的压力（柱前压）进行控制，实际的载气流速则在柱的出口端通过电子流量计或皂膜流量计测定，过程很复杂，很耗时间。在整个过程中，柱前压不能再改变，气流必须稳定。气体流速与柱前压的关系可以通过可压缩流体的 Poiseuille 方程计算。

很多现代的气相色谱仪已经能用电路自动测定气体流速，并通过自动控制柱前压来控制流速。因此，载气压强与流速可以在运行过程中调整。柱前压/气流控制程序（与温度控制程序类似）随之出现。

2. 气相色谱法进样口类型与流速

进样口类型和进样技术通常与样品形态（液态、气态、被吸附、固态）以及是否存在需要气化的溶剂有关。如果样品分散良好，并且性质已知，那么就可以通过冷柱头进样口直接进样；如果需要蒸发除去部分溶剂，就使用分流/不分流进样口（通常用注射器进样）；气体样品（如来自气缸）通常用气体阀进样器进样。被吸附的样品（如在吸附管上）可以通过外部的解吸装置（如捕集-吹扫系统）或者在分流/不分流进样器中解吸（使用固相微萃取技术）。

3. 气相色谱法样品量与进样技术

气相色谱分析从样品进入色谱柱开始。柱上进样技术多用于填充柱。在毛细管气相色谱仪中的进样量不得超过柱的容量；与展开过程引起的样品展宽相比，进样后的塞式流宽度应该很小。一个普遍的规则是，注入的体积 V_{inj} 和检测器的体积 V_{det} 应该只有样品中被分析物出柱时的体积的十分之一。进样一般要求能使色谱柱达到它的最佳分离效率；对于小量的有代表性的样品，进样应具有准确性和可重现性；不能改变样品组成（对于具有不同的沸点、极性、浓度与热力学稳定性的物质，进样过程中不应有差异）；应该既适用于痕量分析，也适用于浓度相对较大的样品。

4. 气相色谱法色谱柱的选择

毛细管柱的气相色谱仪中的色谱柱放置于温度由电子电路控制的恒温箱内（"柱温"指恒温箱的温度）。样品通过色谱柱的速率与温度正相关，柱温越高，样品通过色谱柱越快。但是，样品通过色谱柱越快，它与固定相之间的相互作用就越少，因此分离效果越差。通常柱温的选择是综合考虑分离时间与分离度的结果。整个分析过程中柱温不变的方法称为恒温方法。不过，在大部分的分析中，柱温随着分析过程逐渐上升。初温、升温速率（温度"斜率"）与末温统称为控温程序。控温程序使得较早被洗脱的被分析物能充分地分离，同时又缩短了较晚被洗脱的被分析物通过色谱柱的时间。

（五）气相色谱的应用

气相色谱仪分析样品用量少，灵敏度高，分析速度快，分离效率高。气体样品用量为 1mL，液体样品用量为 $0.1\mu L$，固体样品用量为几微克。用适当的检测器能检测出含量在百万分之十几至十亿分之几的杂质，可将汽油样品在 2h 内分离出 200 多个色谱峰，一般的样品分析可在 20min 内完成。

气相色谱仪选择性好，可分离、分析恒沸混合物，沸点相近的物质，某些同位素，顺式与反式异构体，邻、间、对位异构体，旋光异构体等。在对组分直接进行定性分析时，必须用已知物或已知数据与相应的色谱峰进行对比，或与其他方法（如质谱、光谱）联用，才能获得直接结果。在定量分析时，常需要用已知物纯样品对检测后输出的信号进行校正。

丁平等在《砂仁及其近缘植物化学成分的气相色谱指纹图谱研究》中介绍，在商品应用中，由于砂仁的紧缺，不能满足市场的需求，市场上出现了许多混伪品。化学成分挥发油的 GC 指纹图谱则可以有效、客观地鉴别真伪。由于各品种的指纹图谱各具特点，与共有模式相对比，相似系数除长序砂仁外（相似系数 0.5～0.8），其余均小于 0.25，各品种之间均具有不同的特点，各自的 GC 色谱面貌构成各品种"指纹特征"的唯一性。所以利用此特点，可以将不同的混伪品输入计算机中建立标准模式，建立计算机自动识别的数据库，为方便快速地鉴别真伪品奠定基础，并依靠指纹图谱的特征鉴别不同的"物种"。

气相色谱仪应用范围广，主要用于分析各种气体和易挥发的有机物质，一定的条件下，也可以分析高沸点物质和固体样品。只要在气相色谱仪允许的条件下可以气化而不分解的物质，都可以用气相色谱法测定。对部分热不稳定物质，或难以气化的物质，通过化学衍生化的方法，仍可用气相色谱法分析。应用的主要领域有石油工业、环境保护、临床化学、药物学、食品工业等，如空气、水中污染物多环芳烃、苯、甲苯、苯并 [a] 芘等；农作物中残留有机氯、有机磷农药等；食品添加剂苯甲酸等；生物材料如氨基酸、脂肪酸、维生素、中成药挥发性成分、生物碱类药品的测定等可用气相色谱法分析。

二、液相色谱技术

液相色谱是一类以液体作为流动相，固定相可以有多种形式的分离、分析技术。经典液相色谱的流动相是依靠重力缓慢地流过色谱柱，因此固定相的粒度不可能太小（100～$150\mu m$ 左右）；分离后的样品是被分级收集后再进行分析的，不仅分离效率低、分析速度慢，而且操作也比较复杂。直到 20 世纪 60 年代发展出粒度小于 $10\mu m$ 的高效固定相，并使用了高压输液泵和自动记录检测器，克服了经典液相色谱的缺点，发展成高效液相色谱（HPLC），也称为高压液相色谱。

（一）液相色谱类型

根据固定相的形式，液相色谱分为纸色谱、薄层色谱和柱液相色谱。按其分离机理，液相色谱可分为以下四种类型：

1. 吸附色谱

吸附色谱的固定相为吸附剂，色谱的分离过程是在吸附剂表面进行的，不进入固定相的内部，流动相（即溶剂）分子也与吸附剂表面发生吸附作用，在吸附剂表面，样品分子与流动相分子进行吸附竞争，因此流动相的选择对分离效果有很大的影响，一般可采用梯度淋洗法来提高色谱分离效率。

吸附色谱一般用来分离添加剂，如偶氮染料、抗氧化剂、表面活性剂等，也可用于石油烃类的组成分析。

2. 分配色谱

分配色谱法色谱的流动相和固定相都是液体，样品分子在两个液相之间很快达到平衡分配，利用各组分在两相中分配系数的差异进行分离。一般将固定液涂渍在多孔的载体表面，但在使用中固定液易流失。常用的固定液有 β, β'-氧二丙腈（ODPN）、聚乙二醇（PEG400～4000）、三亚甲基乙二醇（TMG）和角鲨烷（SQ）。目前较多应用键合固定相，固定液不是涂在载体表面，而是通过化学反应在纯硅胶颗粒表面键合上某种有机基团。例如，利用氯代十八烷基硅烷与硅胶表面的羟基（—OH）反应形成一烷基化表面。这种固定液不易被流动相剥蚀。在分配色谱中，流动相可为纯溶剂，也可以采用混合溶剂进行梯度淋洗，其极性应与固定液差别较大，以避免两者之间相溶。

3. 离子交换色谱

离子交换色谱是新发展起来的一项现代分析技术，通常用离子交换树脂作为固定相，一般样品离子与固定相离子进行可逆交换，由于各组分离子的交换能力不同，从而达到色谱的分离。离子交换色谱法已广泛用于氨基酸、蛋白质的分析，也适合于某些无机离子（NO_3^-、SO_4^{2-}、Cl^- 等无机阴离子和 Na^+、Ca^{2+}、Mg^{2+}、K^+ 等无机阳离子）的分离和分析。

4. 凝胶色谱

凝胶色谱是根据多孔凝胶对不同大小分子的排阻效应进行分离。样品在多孔凝胶柱中随着流动相的移动，待分离的大分子组分沿凝胶颗粒间的孔隙移动，移动路径较短，先流出色谱柱，小分子由于扩散进入凝胶颗粒内部，迁移路径长，后流出色谱柱，从而实现分离。凝胶色谱法设备简单、操作方便，不需要有机溶剂，对高分子物质有很高的分离效果，主要用于高聚物的分子量分级分析以及分子量分布测试。

根据分离的对象是水溶性的化合物还是有机溶剂可溶物，凝胶色谱法可分为凝胶过滤色谱（GFC）和凝胶渗透色谱（GPC）。GFC 一般用于分离水溶性的大分子，如多糖类化合物。凝胶的代表是葡聚糖系列，洗脱溶剂主要是水。GPC 主要用于有机溶剂中可溶的高聚物（聚苯乙烯、聚氯乙烯、聚乙烯、聚甲基丙烯酸甲酯等）分子量分布分析及分离，常用的凝胶为交联聚苯乙烯凝胶，洗脱溶剂为四氢呋喃等有机溶剂。

根据所用凝胶填料不同，凝胶色谱可分离油溶性和水溶性物质，分离分子量的范围从几百万到 100 以下。近年来，凝胶色谱也广泛用于分离化学结构不同但分子量相近的小分子化合物，目前已经被生物化学、分子生物学、生物工程学、分子免疫学以及医学等有关领域广泛采用。

（二）液相色谱与气相色谱的比较

液相色谱所用基本概念如保留值、塔板数、塔板高度、分离度、选择性等与气相色谱一致。液相色谱所用基本理论：塔板理论与速率方程也与气相色谱基本一致，但由于在液相色谱中以液体代替气相色谱中气体作为流动相，与气相色谱有一定的差别。

（1）操作条件及应用范围不同。气相色谱是加温操作，仅能分析在操作温度下能气化而不分解的物质，对高沸点化合物、非挥发性物质、热不稳定化合物、离子型化合物及高聚物的分离、分析较为困难，致使其应用受到一定程度的限制，只有大约20％的有机物能用气相色谱分析。而液相色谱是常温操作，不受样品挥发度和热稳定性的限制，非常适合分子量较大、难气化、不易挥发或对热敏感的物质、离子型化合物和高聚物的分离分析，大约占有机物的70％～80％。

（2）液相色谱能完成难度较高的分离工作。气相色谱的流动相载气是色谱惰性的，基本不参与分配平衡过程，与样品分子无亲和作用，样品分子主要与固定相相互作用。而在液相色谱中流动相液体也与固定相争夺样品分子，为提高选择性增加了一个因素。也可选择不同比例的两种或两种以上的液体作流动相，增加分离的选择性。

液相色谱固定相类型多，如离子交换色谱和排阻色谱等，分析时，选择余地大。

液相色谱通常在室温下操作，较低的温度有利于色谱分离条件的选择。

（3）由于液体的扩散性比气体的小 10^5 倍，因此，溶质在液相中的传质速率慢，柱外效应就显得特别重要；而在气相色谱中，由色谱柱外区域引起的扩张可以忽略不计。

（4）液相色谱制样简单，回收样品也比较容易，而且回收是定量的，适合于大量制备，但液相色谱尚缺乏通用的检测器，检测器比较复杂，价格昂贵。在实际应用中，这两种技术是相互补充的。

综上所述，液相色谱具有柱效高、选择性高、灵敏性高、分析速度快、重复性好、应用范围广等优点，该法已成为现代分析技术的主要手段。其目前在化学、化工、医药、生化、环保、农业等科学领域获得了广泛的应用。

（三）高效液相色谱

1. 基本原理

高效液相色谱（high performance liquid chromatography，HPLC）是在经典液相色谱的基础上，于20世纪60年代后期引入了气相色谱理论而迅速发展起来的。与经典液相色谱的区别是填料颗粒小而均匀，因为较小的填充颗粒具有高柱效，但会引起高阻力。高效液相色谱采用高压输液泵输送流动相（故又称高压液相色谱）、高灵敏度检测器和高效微粒固定相，适于分析高沸点、不易挥发、分子量大、不同极性的有机化合物。

使用高效液相色谱时，液体待检测物被注入色谱柱，通过压力在固定相中移动，由于被测物种不同，物质与固定相的相互作用不同，不同的物质顺序离开色谱柱，通过检测器得到不同的峰信号，最后通过分析比对这些信号来判断待测样品所含物质。

2. 高效液相色谱仪的构造

高效液相色谱系统主要由流动相储液瓶、输液泵、进样器、色谱柱、检测器和记录仪组成，其示意如图6-8所示。高效液相色谱要求输液泵输液量恒定平稳，进样系统进样便利、

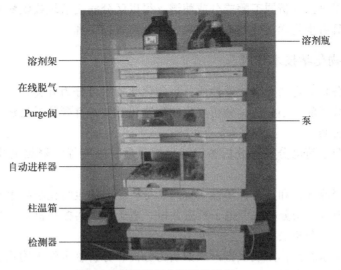

图 6-8　高效液相色谱结构示意

溶剂架
在线脱气
Purge阀
自动进样器
柱温箱
检测器
溶剂瓶
泵

切换严密。同时，由于液体流动相黏度远远高于气体，为了减低柱压，高效液相色谱的色谱柱一般比较粗，长度也远小于气相色谱柱。

3. 高效液相色谱的应用

由于高效液相色谱法具有高分辨率、高灵敏度、速度快、色谱柱可反复利用、流出组分易收集等优点，因而被广泛应用到生物化学、食品分析、医药研究、环境分析、无机分析等各个领域，并已成为解决生化分析问题最有前途的方法之一。

高效液相色谱法只要求样品能制成溶液，不受样品挥发性的限制，流动相可选择的范围宽，固定相的种类繁多，通过与试样预处理技术相配合，高效液相色谱法可分离并同时测定性质十分相近的物质，分离复杂混合物中的微量成分，所达到的分辨率和灵敏度高，可以分离热不稳定和非挥发性的、离解的和非离解的各种分子量的物质。随着固定相的发展，还可在充分保持物质生化活性的条件下进行分离。

高效液相色谱仪与其他仪器的联用是一个重要的发展方向。高效液相色谱-质谱联用可分析氨基甲酸酯农药和多核芳烃等；高效液相色谱-红外光谱联用可分析测定水中的污染物烃类等。

第四节　生物化学鉴定技术

一、生化反应鉴定（传统生化反应鉴定、自动化鉴定系统）

生物化学技术是用于生物大分子分析、制备的实验技术，是深入阐明疾病分子机理的重要手段。电泳是一类重要的生物化学技术，不仅能分离制备较大规模的生物大分子，还能从单一样品中，分辨出成百上千的不同蛋白质组分或核酸片段。毛细管电泳的问世，更使分析微量化到 1nL 水平。在临床医学中，电泳可帮助分析各种脂蛋白成分，使各种高脂蛋白血症得以区别；以电泳分析同工酶成分或酶谱，得以区分病变组织或疾病的不同发展阶段。超速离心技术使具有生物学活性的亚细胞组分的分离得以实现。

（一）生物化学技术分类

按分离、分析鉴定的物理化学性质，生物化学技术可分为五类：

（1）根据分子的大小分离、分析鉴定的生物化学技术有凝胶过滤法、超速离心法、超滤法、SDS 电泳分析等。

（2）根据分子荷电分离、分析鉴定的生物化学技术有等电聚焦电泳法、离子交换色谱法等。

（3）根据吸收光谱和放射性等性质分离、分析鉴定的生物化学技术有紫外/红外/荧光分光光度法、X 射线结构分析法、电子顺磁共振、电子自旋共振和核磁共振法，以及放射性核素示踪和放射免疫分析法等。

（4）根据疏水相互作用或氢键形成的引力分离、分析鉴定的生物化学技术有反相高效液相色谱、分子杂交技术等。

（5）根据特异相互作用分离、分析鉴定的生物化学技术有亲和色谱、免疫化学分析法等。

（二）常见的微生物化学鉴定方法

各种微生物的酶系统不同，对营养基质的分解能力也不一样，因而代谢产物存在差别。因此，可以通过检测微生物对各种基质的代谢作用及其代谢产物，从而鉴别微生物的种类。

1. 糖（醇）类发酵试验

不同的细菌含有代谢不同的糖（醇）的酶，因而代谢糖（醇）的能力各不相同，产生的代谢产物也不同：有的产酸产气，有的产酸不产气。培养基加指示剂溴甲酚紫（pH5.2 黄色，pH6.8 紫色），当发酵产酸时，培养基将由紫变黄。产气可通过杜氏小管中有无气泡证明。

2. 甲基红试验（M.R 试验）

有些细菌分解糖类产生丙酮酸，丙酮酸进一步反应形成甲酸、乙酸、乳酸等，使培养基的 pH 降低到 4.2 以下。有些细菌在培养的早期产生有机酸，但在后期将有机酸转化为非酸性末端产物，如乙醇、丙酮酸等，使 pH 升至大约 6。甲基红试验（pH4.4 红色，pH6.2 黄色），可检测由葡萄糖产生的有机酸，如甲酸、乙酸、乳酸等。

3. Voges-Proskauer 试验（伏-普试验，V.P. 试验）

伏-普试验能鉴定某些细菌利用葡萄糖产生非酸性或中性末端产物。某些细菌分解葡萄糖成丙酮酸，再将丙酮酸缩合脱羧成乙酰甲基甲醇。乙酰甲基甲醇在碱性条件下，被氧化为二乙酰，二乙酰与培养基中所含的胍基作用，生成红色化合物为 V.P. 反应阳性。

4. 靛基质（吲哚）试验

某些细菌，如大肠杆菌，能产生色氨酸酶，分解蛋白质中的色氨酸，产生靛基质（吲哚），靛基质与对二甲基氨基苯甲醛结合，形成玫瑰色靛基质（红色化合物）。

5. 硫化氢试验

某些细菌能分解含硫的氨基酸，产生硫化氢，硫化氢与培养基中的铁盐反应，形成黑色的硫化铁沉淀，为硫化氢试验阳性。

6. 明胶液化实验

明胶在 25℃以下可维持凝胶状态，以固体状态存在，而在 25℃以上时明胶就会液化。有些微生物可产生一种胞外酶——明胶酶，水解明胶，而使明胶液化，甚至在 4℃仍能保持液化状态。

7. 柠檬酸盐利用试验

柠檬酸盐培养基是一综合性培养基，其中柠檬酸钠为唯一碳源，而磷酸二氢铵是唯一的氮源。有的细菌如产气杆菌，能利用柠檬酸钠为碳源，因此能在柠檬酸盐培养基上生长，并分解柠檬酸盐后产生碳酸盐，使培养基变为碱性。此时培养基中的溴麝香草酚蓝指示剂由绿色变为深蓝色。不能利用柠檬酸盐为碳源的细菌，在该培养基上不生长，培养基不变色。

8. 淀粉水解实验

细菌水解淀粉的过程可以通过碘测定底物不再产生蓝色。有些细菌可以分泌胞外淀粉酶，使淀粉水解为麦芽糖和葡萄糖，淀粉水解后遇碘不再变蓝色。

9. 脂肪酶分解脂肪实验

有些细菌产生的脂肪酶能分解培养基中的脂肪生成甘油及脂肪酸。脂肪酸可以使培养基 pH 下降，可通过在油脂培养基中加入中性红作指示剂进行测试。中性红指示剂变色范围为 pH6.8（红）～pH8.0（黄）。当细菌分解脂肪产生脂肪酸时，则菌落周围培养基中出现红色斑点。

10. 石蕊牛乳实验

牛乳中主要含有乳糖、酪蛋白等成分。细菌对牛乳的利用分三种情况：

（1）酸凝固作用　细菌发酵乳糖后，产生许多酸，使石蕊牛乳变红，当酸度很高时，可使牛乳凝固，此称为酸凝固。

（2）凝乳酶凝固作用　某些细菌能分泌凝乳酶，使牛乳中的酪蛋白在中性环境中凝固。通常这种细菌还具有水解蛋白质的能力，因而产生氨等碱性物质，使石蕊变蓝。

（3）胨化作用　酪蛋白被细菌水解，使牛乳变成清亮透明的液体。胨化作用可以在酸性条件下或碱性条件下进行，使石蕊色素还原褪色。

在牛乳中加入石蕊作为酸碱指示剂和氧化还原指示剂，利用石蕊中性时呈淡紫色、酸性时呈红色、碱性时呈蓝色、还原时部分或全部脱色进行鉴定。

11. 氨基酸脱羧酶试验

具有氨基酸脱羧酶的细菌，如肠杆菌科细菌，能分解氨基酸使其脱羧生成胺和二氧化碳，使培养基变碱，溴麝香草酚蓝指示剂显示试验管呈蓝绿色，对照管呈黄色，若试验管呈黄色为阴性。若对照管呈现蓝-绿色则试验无意义，不能作出判断。

12. 硝酸盐（nitrate）还原试验

有些细菌具有还原硝酸盐的能力，可将硝酸盐还原为亚硝酸盐、氨或氮气等。可用硝酸试剂检验亚硝酸盐的存在。

13. 尿素酶（urease）试验

尿素酶不是诱导酶，最适 pH 为 7.0，不论底物尿素是否存在，有些细菌能产生尿素酶，将尿素分解、产生 2 个分子的氨，使培养基变为碱性，使酚红呈粉红色。

14. 细胞色素氧化酶试验

细胞色素氧化酶为细胞呼吸系统的终末呼吸酶，能使细胞色素 c 氧化，氧化型细胞色素 c 再使对苯二胺氧化，产生颜色反应。

（三）微生物自动化鉴定系统

微生物自动化鉴定技术近年得到了快速发展，如数码分类技术集数学、计算机、信息及自动化分析为一体，采用商品化和标准化的配套鉴定和抗菌药物敏感试验卡或条板，可快速准确地对临床数百种常见分离菌进行自动分析鉴定和药敏试验。目前微生物自动化鉴定和药敏分析系统已在世界范围内临床实验室中广泛应用。

1. 微生物数码鉴定法

20 世纪 70 年代，一些公司就研究出借助生物信息编码鉴定细菌的方法，大大提高了细菌鉴定的准确性。目前，微生物编码鉴定技术已经得到普遍应用，并早已商品化，形成了独特的细菌鉴定系统。

（1）数码鉴定法基本原理　数码鉴定是给每种细菌的反应模式赋予一组数码，建立数据库或编成检索本，通过数学的编码技术将细菌的生化反应模式转换成数学模式，对未知菌进行有关生化试验并将生化反应结果转换成数字（编码），查阅检索本或数据库，计算并比较数据库内每个细菌条目对系统中每个生化反应出现的频率总和，得到细菌名称。

（2）出现频率（概率）的计算　将记录的阳性或阴性结果转换成出现频率：对阳性特征，除以 100；对阴性特征，除以 100 的商被 1 减去即可。说明：对"0"和"100"，因这两个数过小或过大，而用相似值 0.01 或 0.99 值代替。

在每一个分类单位中，将所有测定项目的出现频率相乘，即为总出现频率。在每个分类菌群中的所有菌的总出现频率相加，除以一个分类单位的总出现频率，乘 100，即得鉴定％（％id）。

在每个菌群中，按％id 值大小顺序重新排列。将未知菌单次总发生频率除以最典型反应模式单次总发生频率，得到模式频率 T 值，代表个体与总体的近似值。T 值越接近 1，个体与总体越接近，鉴定价值越大。相邻两项的％id 之比为 R，代表着首选条目与次选条目的差距，差距越大，价值越大。如果％id≥80，参考 T 及 R 值可作出鉴定。

（3）结果形式　在编码检索本中检索数据谱得出的结果有以下几种形式（以 API 鉴定系统为例）：

① 有一个或几个菌名条目及相应的鉴定值（％id 和 T 值）。

② 对鉴定结果好坏的评价。

③ 用小括号列出关键的生化结果及阳性百分率。

④ 有时，鉴定结果不佳或有多条菌名条目，需进一步补充试验项目才能得出良好的鉴定结果。

⑤ 指出某些注意点，如需用"推测性鉴定"，并将此菌送至参考实验室；需用"血清学鉴定"，作进一步的证实等。

无此数码谱可能有以下原因：①此生化谱太不典型。②鉴定值低（％id<80.0），不能

接受。③可疑。需进一步确认是否纯培养，重新鉴定。

（4）结果解释

① 如果排序第一的细菌%id≥80.0，则可将未知菌鉴定在此条目中，并按%id值的大小对鉴定的可信度作出评价。%id≥99.9和T≥0.75为最佳的鉴定；%id在98.9～99.0之间，T≥0.5为很好的鉴定；%id在90.0～98.9之间，T≥0.25为好的鉴定；%id在80.0～89.9之间为可接受的鉴定。

② 如果第一条目的%id＜80.0，则将前2个条目的%id加在一起，若仍不足80.0，则将前3个%id相加。若≥80.0，则有2种可能：a. 为同种细菌，可能是不同生物型；b. 为同一菌属的不同种。

如果相加的几个条目既不属于同一细菌种，又不属于同一细菌属，在评价中会指出"补充生化反应"的项目及阳性反应率，可通过这些生化反应将几种菌区分开来。若前3个条目的和＜80.0，则为不可接受的结果。

2. 自动化的微生物鉴定和药敏试验分析系统

不同的细菌对底物的反应不同是生化反应鉴定的基础，而试验结果的准确度取决于鉴定系统配套培养基的制备方法、培养物浓度、孵育条件等。大多鉴定系统采用细菌分解底物后反应液中pH的变化、色原性或荧光原性底物的酶解、测定挥发或不挥发酸，或识别是否生长等方法来分析鉴定细菌。

药敏试验分析系统的基本原理是将微量抗生素稀释在条孔或条板中，加入菌悬液孵育后放入仪器或孵育，通过测定细菌生长的浊度，或测定培养基中荧光指示剂的强度或荧光原性物质的水解，观察细菌的生长情况。在含有抗生素的培养基中，浊度的增加提示细菌生长，根据判断标准解释敏感或耐药。

半自动化细菌鉴定和/或药敏分析系统介绍如下。

① VITEK-ATB半自动细菌鉴定和药敏分析系统 VITEK-ATB是生物梅里埃公司产品，由计算机和读数器两部分组成，计算机程序包括ATB和API的鉴定数据库、ATB的药敏数据库、数据储存和分析系统及药敏专家系统。鉴定和药敏反应板在机外孵育后，一次性上机读取结果，由计算机进行分析和处理，并报告细菌鉴定和药敏结果。

② AutoScan-4半自动细菌鉴定和药敏分析系统 AutoScan-4是由Dade MicroScan公司生产，由计算机和读数器两部分组成。鉴定和药敏反应板在机外孵育后，一次性上机，自动判读鉴定和药敏试验结果；亦可人工进行判读，将编码输入计算机，由计算机软件评定结果。有鉴定及鉴定药敏复合板两种测试卡。

③ BBLTM Crystal™半自动细菌鉴定系统 BBLTM Crystal™半自动细菌鉴定系统是BD公司产品，将传统的酶、底物生化呈色反应与先进的荧光增强显色技术结合，以设计鉴定反应最佳组合。反应板在机外孵育后，上机自动判读鉴定结果。配套提供独立分装的鉴定用肉汤试管，确保无菌状态，使用方便。配套比浊仪可快速调配所需浊度的菌液。

④ AutoReader半自动细菌鉴定和药敏分析系统 AutoReader半自动细菌鉴定和药敏分析系统由计算机和读数仪等组成。采用荧光测定法，反应板在机外作定时孵育后，上机读数，由SAMS软件评定测定结果，也可通过SAMS系统人工确认法输入计算，或完全由人工输入作评定。

（四）生化反应鉴定的应用

薛营等在《肉鸡鼻气管炎鸟杆菌的分离与鉴定》中从江苏省某白羽肉鸡场出现呼吸道症状的鸡群中分离获得 1 株病原菌，并对该病原菌进行 PCR 鉴定。将分离菌株纯化后用电镜观察，生化试验检测其生化特性。结果显示，该分离菌株为鼻气管炎鸟杆菌，未发现有菌毛、鞭毛、芽孢等细菌的特殊结构。生化试验结果显示，硝酸盐反应和吲哚试验均为阴性，氧化酶、β-半乳糖苷酶、尿素酶反应均为阳性。

曹恒源在《养殖鲈鲤致病性类志贺邻单胞菌的分离与鉴定》中介绍了进行分离和初步鉴定的结果，即对批次患病鲈鲤的细菌性疾病病原菌进行研究：自濒死鲈鲤个体肝脏及肾脏等部位分离得到菌株后经纯培养得到一株致病菌（编号为 LLS1）；以攻毒感染实验结果判定为致病菌；经革兰染色、葡萄糖发酵及氧化酶等生理生化反应，初步认定菌株为革兰阴性杆菌，葡萄糖发酵反应产酸不产气，氧化酶实验反应为阳性。

刘耀川等在《阜新地区鹌鹑源主要病原菌分离、鉴定》中对阜新某鹌鹑养殖场及部分野生鹌鹑进行病原菌分离、生化反应鉴定。结果表明，大肠杆菌和沙门菌是最主要的病原菌。

二、生化指纹图谱（同工酶、蛋白质电泳）

生化指纹图谱（同工酶、蛋白质电泳）是指能够鉴别生物个体之间差异的图谱，此图谱多态性丰富，具有高度的个体特异性和环境稳定性，像人的指纹一样，因而被称为指纹图谱，具有可靠方便、准确快速、不受环境影响等特点，适合于生物种属的鉴定。目前在种属鉴定中应用较多的指纹图谱主要有两类：一类是较早的同工酶电泳指纹图谱和蛋白质电泳指纹图谱，另一类是 20 世纪 90 年代之后发展起来的 DNA 指纹图谱，目前用于作物品种鉴定的主要有四种：限制性片段长度多态性（RFLP）、随机扩增多态性 DNA 标记（RAPD）、简单重复序列标记（SSR 标记）、扩增片段长度多态性（AFLP）。

（一）同工酶电泳指纹图谱

同工酶差异主要是酶蛋白本身的等位基因和非等位基因的差异造成，同工酶谱是基因表达后分子水平的表型，通过其谱带的分析能快速简便地识别出编码这些谱带的基因位点和等位基因。由于几乎 25% 的基因位点具有多态性，一般不同同工酶酶谱的差异表现为同一基因位点上的等位基因的差异，在分离群体中能区分所有可能的基因型，因而可用作指纹图谱。

1959 年，Market 和 Moller 首次提出同工酶的概念，20 世纪 70 年代初期，同工酶电泳技术就应用于种子纯度鉴定。1973 年，Singh 利用酯酶同工酶、亮氨酸氨肽酶及磷酸酶同工酶的淀粉凝胶电泳，对 10 个燕麦品种进行鉴定，结果表明，每个品种都具有其特有的谱带，证明了利用同工酶电泳鉴定种子纯度的可靠性。20 世纪 80 年代以后，逐渐采用聚丙烯酰胺凝胶电泳，分析技术越来越精确。Nielsen（1986）分析了 1979～1986 年间不同同工酶和不同电泳方法鉴定大麦品种纯度后，认为聚丙烯酰胺凝胶电泳法是最具有潜力的品种纯度鉴定方法。利用这一技术，Freeman（1991）对早熟禾种子纯度进行了鉴定，并制作了一系列早熟禾品种的酯酶同工酶酶谱。同工酶电泳谱带显现灵敏，一次可进行多种酶的分析，从而大大提高了种子纯度检测的功效，具有速度快、费用低、准确度高等优点。20 世纪 90 年代以后，同工酶电泳技术广泛应用于作物品种纯度鉴定。然而，同工酶的表达在时间和空间上的特异性又影响着同工酶在不同组织或器官中的分布与活性，酶的提取和电泳对条件要求严格，可利用的同工酶非常有限，并有酶谱不纯的现象。

（二）蛋白质电泳指纹图谱

蛋白质作为基因的直接稳定产物，能反映生物 DNA 组成上的差异，适合鉴定基因产物存在较高的多态性的品种。蛋白质提取容易，无需低温，需时较短，成分数量稳定。蛋白质电泳技术是目前广泛应用的物种检验方法，主要有根据等电点不同分离的等电聚焦电泳法（IEF）和根据分子量不同分离的十二烷基磺酸钠-聚丙烯酰胺凝胶电泳（SDS-PAGE）。此外，毛细管电泳技术（CE）、超薄等电聚焦电泳技术（UTLIEF）、酸性聚丙烯酰胺凝胶电泳技术（ACID-PAGE）、双向电泳技术（2-D）、高效液相色谱技术在蛋白质分离方面也有广泛应用，并显示了强大的优势。Ellis（1977）利用淀粉凝胶电泳分析了英国 29 个小麦品种的醇溶蛋白，除极个别外，这些品种都能被区分开。Shewry（1978）利用 SDS-PAGE 技术对大麦种子醇溶蛋白进行了分析，成功地将 88 个大麦品种分为 29 个种类。Cross 对玉米的胚蛋白进行 SDS-PAGE 电泳分析，成功区分了自交系和杂交种。Anisimova（1989）对 53 个向日葵品种的球蛋白电泳图谱进行比较，表明球蛋白多态性丰富，可用于品种、自交系同质性和遗传纯度的鉴定。Varier（1992）利用球蛋白的 SDS-PAGE 技术从向日葵的 4 个杂交种及其亲本自交系中总共检测到了 27 条带，除 3 条共有带外，其他带的有无决定了品种间基因型的不同。

但值得注意的是，由于基因表达有时会受到器官、发育阶段甚至环境条件的影响，影响了蛋白质电泳技术鉴定结果的准确性。对于某些遗传组成非常接近的品种，如保持系和不育系，采用蛋白质电泳难以发现特征带。随着近几年杂交组合的不断推陈出新，品种之间的差异甚微，亲缘关系较近，蛋白质电泳鉴定更加困难。

（三）生化指纹图谱的应用

杨国海等在《4 种寡毛实蝇属（Dacus）幼虫酯酶同工酶的研究》中应用聚丙烯酰胺凝胶电泳法，分析了芒果实蝇 Dacus（Bactrocera）occipitalis Bezzi、番石榴实蝇 Dacus（Bactrocera）correctus Bezzi、南瓜实蝇 Dacus（Zeugodacus）tau Walker 和瓜实蝇 Dacus（Zeugodacus）cucurbitae Coquillett 4 种寡毛实蝇属（Dacus）幼虫的酯酶同工酶，从而建立了利用酯酶同工酶电泳方法鉴定和鉴别实蝇幼虫。结果证明，每种实蝇均有其特定的酶谱，据此，可利用这一技术将上述 4 种实蝇幼虫加以鉴别。

高雪萌等在《桔小实蝇蛋白质双向电泳体系的建立及在口岸检疫中的运用前景分析》中通过蛋白质样品、上样量、聚焦时间、重复性等多个方面的优化，建立了桔小实蝇蛋白质双向电泳技术体系，并分析了双向电泳技术在口岸检疫中的运用前景。结果显示，使用 bio-rad 公司的 Readyprep 2-D 净化试剂盒可以使图谱质量提高；上样量采用 $300\mu g$，等电聚焦时间 60000VH 最佳。

郭虎等在《马铃薯过氧化物酶同工酶分析》中通过对马铃薯 30 个品种的过氧化物同工酶的电泳分析，认为马铃薯叶片的过氧化物同工酶丰富而稳定，品种间差异显著，可用于品种真实性和纯度鉴定。

陆士伟等在《应用酯酶同工酶测定杂交水稻杂种纯度的研究》中利用酯酶同工酶聚丙烯酰胺凝胶电泳测定了杂交水稻种子的纯度。

第五节　细胞遗传学鉴定技术

一、染色体组分析

染色体组分析（genome-analysis）是指分析生物染色体组的组成，特别是利用染色体配对，调查染色体组之间的同源性，分析染色体组的演变以及物种由来等。

染色体组分析方法首先是尽可能地搜集那些染色体组组成已经清楚的基本种，把它们与所研究的种杂交，产生 F1，然后观察杂交子代在减数分裂过程中染色体的配对行为。在减数分裂中，同源染色体通过配对（联会）形成二倍体，非同源染色体因不能联会而呈单倍体状态。如果异源多倍体植物和基本种的杂交子代的减数分裂过程中出现相当于基本种染色体基数的二倍体，便说明异源多倍体的一个染色体组来源于这一基本种。

某些基因能干扰染色体的配对，从而给二倍体分析带来困难。英国细胞遗传学家 R. 赖利等在 20 世纪 60 年代发现小麦 5B 染色体的长臂上有一个基因 ph，它使部分同源染色体的联会受到阻碍。在拟山羊草（Aegilops speltoides）中还有阻碍作用更大的基因。在玉米和小麦中发现的不联会基因可以使同源染色体在减数分裂中以单价体形式出现。因此，在染色体组分析中还常采用一些辅助的方法，包括解剖学、组织学、形态学、生物化学（特别是同工酶分析）的方法。

1930 年日本遗传学家木原均根据染色体组的异同，将小麦属的 20 多个种分为四大类：①具有 7 对 A 组染色体的二倍体一粒小麦系（T. Einkorn group）；②具有 14 对 A、B 组染色体的四倍体二粒小麦系（T. Emmer group）；③具有 21 对 A、B、D 组染色体的六倍体普通小麦系（T. Dinkel group）；④具有 14 对 A、G 组染色体的四倍体提摩菲维小麦系（T. Timopheevi group）。组成小麦属各个种的四个染色体组中只有 A 和 D 的来源是肯定的。A 组来自一粒小麦（T. monococcum），D 组来自山羊草属的节节麦（A. squarrosa），B 组可能来自拟山羊草，G 组究竟来自什么物种还缺乏证据。后来用其他分析方法说明节节麦和尾形山羊草（A. caudata）可能是异源多倍体具节山羊草（A. cilindrica）的祖先。

染色体组分析的应用：梁帆等在《五种寡毛实蝇幼虫的染色体组型鉴别研究》中用的实蝇 3 龄幼虫，是实验室饲养的 5 种实蝇成虫繁殖的后代，虫源均分别采自其寄主果实中的幼虫。对其染色体组型进行观察分析，并加以鉴别。

梁广勤等在《利用染色体和同工酶技术鉴定寡鬃实蝇幼虫》中研究和分析了 B. dorsalis 幼虫染色体的组型，通过鉴别染色体组型可得知 5 种寡毛实蝇幼虫可以通过染色体的组型分析加以鉴别。

梁广勤等在《桔小实蝇三龄幼虫染色体的组型》中，根据检疫截获的实际情况，以桔小实蝇三龄幼虫为试验材料，对其脑细胞染色体进行了观察。在应用染色体组型对实蝇幼虫进行鉴定和鉴别的过程中，需要与形态学方法、细胞学方法以及化学分类等方法相互配合应用。

王建平等在《猪链球菌 wzy 基因与血清型别的相关性分析》中建立了 33 个已知血清型

（1～31、33 与 1/2 型）及 21 种新型 cps 型别（NCL1～20 与 Chz 型）的 *wzy* 基因的氨基酸序列数据库，用来检索公开发表的 767 个有传统血清分型结果的基因组序列，以确定它们的分子血清型别，并与其用传统血清分型结果进行比对。

染色体是主要的遗传物质基础，每种生物的染色体在数量上、形态上、质量上都是相对稳定的，这导致生物性状遗传的相对稳定性。在细胞分裂中，其染色体亦随之分裂成两条相同的子染色体，从而使各个染色体平均分配到子细胞中，保证了生物遗传的稳定性和连续性。因此，利用染色体组型，有时很容易明确区分在表型上难以区别的类型。

二、染色体核型分析

染色体核型是指将生物的体细胞内的整套染色体按它们相对恒定的长短、形态等特征排列起来的图像。

（一）染色体的四个参数

(1) 相对长度 $=\dfrac{每条染色体长度}{单倍常染色体之和+X}\times 100$

(2) 臂指数 $=\dfrac{长臂的长度(q)}{短臂的长度(p)}$

为了更准确地区别亚中部和亚端部着丝粒染色体，1964 年 Levan 提出划分标准，臂指数为下列值时：

1.0～1.7 之间，为中部着丝粒染色体（M）；

1.7～3.0 之间，为亚中部着丝粒染色体（SM）；

3.0～7.0 之间，为亚端部着丝粒染色体（ST）；

7.0 以上，为端部着丝粒染色体（T）。

(3) 着丝粒指数 $=\dfrac{断臂长度(p)}{染色体全长(p+q)}\times 100$

着丝粒指数反映着丝粒的相对位置，按 Levan 划分标准，着丝粒指数在：

50.0～37.5 之间为 M；

37.5～25.0 之间为 SM；

25.0～12.5 之间为 ST；

12.5～0.0 之间为 T。

(4) 染色体臂数（NF）　根据着丝粒的位置来确定。

a. 端着丝粒染色体（T），NF=1；

b. 中部、亚中部、亚端部着丝粒染色体（M，SM，ST），NF=2。

（二）染色体核型及分群依据与原则

染色体核型分群主要根据分裂中期染色体的相对长度以及着丝粒的位置，其次是臂的长短，以及次级缢痕或随体有无，并借助显带技术对染色体进行分析、比较、排序和编号，根据染色体结构和数目的变异判断。分组排队原则是：

着丝粒类型相同，相对长度相近的分一组；同一组的按染色体长短顺序配对排列；各指数相同的染色体配为一对；可根据随体的有无进行配对；将染色体按长短排队，短臂向上。

（三）染色体核型分析步骤

在油镜下选择分散适度、长短合适、染色清晰的分裂中期染色体。

1. 计数

将一个细胞中的全部染色体按其自然位置划成几个小区，为了防止重数或漏数，可按其镜下形态画出简图然后计数，确定有无数目异常。人类正常体细胞 $2n=46$，其中常染色体 22 对、性染色体 1 对，正常男性核型表达为 46，XY，女性核型表达为 46，XX。

2. 观察染色体的形态结构

确认每条染色体的两条染色单体着丝粒、长臂和短臂以及某些染色体短臂端的随体。

3. 识别染色体的类型

每条染色体含有 2 条染色单体，通过着丝粒彼此连接。自着丝粒向两端伸展的染色体结构称染色体臂，染色体臂分为长臂和短臂。根据着丝粒位置的不同，可把人类染色体分为三类：中央着丝粒染色体，长臂与短臂几乎相等；亚中央着丝粒染色体，长臂与短臂能明显区分；近端着丝粒染色体，短臂极短，着丝粒几乎在染色体的顶端。在显微镜下观察染色体的形态结构，次缢痕的位置，有无结构上的畸变，如断裂、缺失、重复、易位、倒位、环状、等臂染色体等。

4. 判断性别

根据 Y 染色体有无判断性别。G 组染色体为 5 条（21，22 对＋Y），则为男性。G 组为 4 条（21，22 对），则为女性。可将染色体以不同色彩进行标记，按 ISCN(1978) 规定进行配对，描绘于记录本上。习惯上先记述 G 组，以判断性别，然后再找 D、E、F、A、B 组，最后分析 C 组。再逐一细看，观察每一条染色体的结构有无异常。如有结构、数目畸变时，需记录属何种类型畸变以及畸变发生部位染色体号、单臂或双臂。

5. 核型照片剪贴

根据 ISCN 规定的各组及各号染色体的结构特征进行分组、排号，在每条染色体旁用铅笔标出其组号 A、B、D、E、F、C 组；然后将每号染色体剪下，将每组染色体按照大小顺序依次排列；最后，将染色体排在染色体核型分析表的相应位置上。粘贴时，应使染色体的短臂居上、长臂居下，并使着丝粒在一条直线上。剪贴过程要细心，防止丢失染色体。

6. 拍照，进行核型分析

在分析结果中，写出该细胞的核型式，注明性染色体。

正常核型的描述方式为：

46，XY 正常男性核型。46 条染色体，包括 1 条 X 染色体和 1 条 Y 染色体。

46，XX 正常女性核型。46 条染色体，包括 2 条 X 染色体。

人类体细胞染色体的分类标准及其主要特征如表 6-1 所示。

表 6-1　人类染色体的分类标准及其主要特征

类别	包括染色体的序号	主要特征
A 群	第 1～3 对	体积大,中部着丝粒。第 2 对着丝粒略偏离中央
B 群	第 4～5 对	体积大,中部着丝粒。彼此间不易区分

类别	包括染色体的序号	主要特征
C 群	第 6~12 对,X	中等大小,亚中部着丝粒。第 6 对的着丝粒靠近中央,X 染色体大小介于第 6 与 7 之间,第 9 对的长臂上有一次缢痕,第 11 对的短臂极长,第 12 对的短臂较短,彼此间不易区分
D 群	第 13~15 对	中等大小,近端部着丝粒,有随体。彼此间不易区分
E 群	第 16~18 对	中等大小。第 16 对为中央着丝粒,长臂上有一次缢痕;第 17、18 对为亚中央着丝粒,后者的短臂较短
F 群	第 19~20 对	体积小,中部着丝粒。彼此间不易区分
G 群	第 21~22 对,Y	第 21、22 对体积小,近端着丝粒,有随体,长臂常呈分叉状;Y 染色体较前者略大,近端着丝粒,无随体,长臂常彼此平行

（四）染色体核型分析的应用

徐卫等在《天牛染色体核型研究及其核型快速检测在检疫中的应用》中研究了天牛科 3 亚科 9 族 20 种的染色体核型。在所研究的 20 种天牛核型中,染色体以 10 对为主,其性染色体决定机制以 Xyp 为主。这种性别决定机制被认为是最原始的形式。Xyp,是大 X 染色体和小 y 染色体形成的降落伞状（parachute-like）的二价体。在细胞减数分裂中,雄性细胞呈现单倍体数目。研究发现,20 种染色体中 1/2 种类其雄性单倍体数目为 10,并且由 Xyp 型性染色体的性别决定机制。

张颖等在《海南及粤西外来入侵植物假臭草染色体核型分析》中对海南岛及粤西地区 8 个样区、3 种生境（旷野、林缘和林中）假臭草（Praxelis clematidea）的染色体核型进行分析。结果表明,染色体均为二倍体,染色体数目 $2n=28$。染色体核型表现为 2A、2B、3B 和 3A。核型属较不对称类型,不同居群假臭草的居群亲缘关系与地理分布不完全一致。

李娜等在《高粱属 4 种植物的核型及其与入侵性关系探讨》中对高粱属（Sorghum）4 种植物假高粱（S. halepense）、黑高粱（S. almum）、高粱（S. bicolor）和苏丹草（S. sudanense）的染色体数目和核型进行了研究。得出与高粱和苏丹草两种作物相比,具有入侵性的假高粱和黑高粱为多倍体,核型不对称性程度更高。

李晓春在《入侵植物粗毛牛膝菊种群遗传多样性及遗传分化研究》中以粗毛牛膝菊和牛膝菊为研究对象,利用 ISSR 分子标记技术和核型分析方法,从遗传学和细胞学水平对粗毛牛膝菊和牛膝菊进行如下探索:①对粗毛牛膝菊 18 个不同地理种群遗传多样性及遗传分化进行研究。②对粗毛牛膝菊和牛膝菊 7 个相同地理种群遗传多样性及遗传分化进行比较研究。③对粗毛牛膝菊和牛膝菊体细胞染色体数目及核型进行研究。旨在从遗传学水平与细胞学水平探究粗毛牛膝菊入侵机理,为其防控奠定理论基础。

蔡华等在《入侵杂草假高粱的染色体变异及核型分析》中,对入侵杂草假高粱的染色体变异及核型进行了分析。结果表明:供试材料假高粱的染色体数目为 $2n=34$ 条,染色体基数 $x=17$,与原产地同物种（$x=10$）相比,发生了染色体数目变异,其核型公式为 $2n=2x=34=24m(2SAT)+10sm$,为异源四倍体植物,核型类型为 2B 型,第 15 号染色体上有一对随体,最长与最短染色体长度比为 2.30,臂比>2 的染色体比例为 18%,核型不对称系数为 60.02%。与核型为 2A 型的高粱相比,二者的染色体数不成倍性关系,表明该假高梁种可能是由入侵种假高粱和禾本科其他植物通过远缘杂交形成的新变种。

蔡华等在《生物入侵种喜旱莲子草的染色体核型特征》中对外来入侵植物喜旱莲子草（*Atlernanthera philoxeroides*）的染色体核型进行了分析。结果表明，该入侵种的染色体数为 $2n=96$，属六倍体物种，各染色体间形态差异不明显，均为中着丝粒或近中着丝粒染色体，最长与最短染色体相对长度比为 2.10，全套染色体未见随体，核型公式为 $2n=96=60m+36sm$，核型类型为进化程度较高的 2B 型。喜旱莲子草的多倍性特征及 2B 核型为其生物入侵性提供了重要的细胞学证据，文中同时提出不改变基因组 DNA 序列结构的表观遗传变异可能是喜旱莲子草成功入侵的重要机制。

三、染色体带型分析

（一）染色体显带技术的原理

染色体的染色技术可以分为普通染色和显带染色两大类。普通染色是将普通染料直接染色在染色体标本上，由于整条染色体都均匀着色，在显微镜下只能看到染色体外形，看不清其内部结构，因此只能根据染色体的相对长度和着丝粒位置等外形特征来识别染色体。这种染色方法只能正确地识别出人类第 1、2、3、16、17、18 号和 Y 染色体，不能正确地识别出其他染色体及染色体上的不同片段。不能辨别各条染色体的微小结构变化，如缺失、易位等。

显带染色是将染色体经过一定处理，并用特定的染料染色后，使染色体在其轴上显示出一个个明暗交替或深浅不同的横纹，这些横纹就是染色体的带。每条染色体都有一定数量、一定排列顺序、一定宽窄和染色深浅或明暗不同的带，这就构成了每条染色体的带型。

染色体显带技术（banding technique）开始于瑞典科学家 Caspersson 等（1968）的开拓性工作，他们用荧光染料氮芥喹吖因（quinacrine mustard，QM）处理染色体，使染色体的不同部位分化染色，显示出明暗交替的荧光带纹（Q 带）。此后，Pardue 等（1971）又用热、碱、盐、胰蛋白酶、尿素等预先处理标本后，经 Giemsa 染色得到了 Giemsa 带（G 带）。以后，人们用不同的物理化学方法，先后研究出使着丝粒和 Y 染色体长臂部分的结构异染色质选择性着色的着丝粒异染色质带（C 带）；使染色体的末端显示一定深带的端粒带（T 带）；用热缓冲盐溶液处理显示与 Q 带和 G 带相反的反带（R 带）；显示哺乳动物的核仁组织区带（N 带）等不同带型，其中 N 带现在也用于着丝点、中心粒、减数分裂联会复合体（synaptonemal complex）的研究。

染色体经特殊染色显带后，带的颜色深浅、宽窄以及位置顺序等，可以反映染色体上常染色质和异染色质的分布差异及染色体的缺失、重复、倒位和易位等遗传变异，其变异种类以及变异群体内和群体间出现的频率是检验遗传多样性的重要指标。

（二）染色体显带类型

1. G 显带

（1）原理　染色体的化学成分是核酸和蛋白质。核酸以 DNA 为主，蛋白质有组蛋白和非组蛋白。染色体标本放到 37℃ 的 0.25% 胰蛋白酶溶液中预处理可以抽取染色体上特定蛋白组成部分，使阴性 G 带区的疏水蛋白被除去或使它们的构型变为更疏水状态。预处理过度会使染色体变粗并显得有毛糙边缘，有时甚至呈糊状。

染色体经蛋白水解酶水解而使 DNA 分子中碱基暴露。Giemsa 染料是噻嗪-曙红染料，染色时首先是两个噻嗪分子同 DNA 结合，然后再结合一个曙红分子。疏水环境有助于染料沉淀物累积。由于碱基中 GC 和 AT 组合的比例不同，对染料结合的程度不一，如一段 AT 碱基多，则易被 Giemsa 染料深染；另一段 GC 碱基多，则不易与 Giemsa 染料结合，结果成淡染。由于整条染色体上 AT 和 GC 的分布不匀，这样在染色体上呈现出深浅不一的条纹（或者称为带纹），该技术用 Giemsa 染色，故其带型称为 G 带。

(2) 显带步骤

① 用常规方法制备标本片，片龄应不超过 30 天，一般约 5 天进行显带染色较好。

② 在无菌条件下用 0.85％NaCl 溶液配制 0.25％的胰蛋白酶溶液（可置冰箱保存）。

③ 用 4％的 NaHCO$_3$ 溶液调整胰蛋白酶溶液至 pH7.2 左右。

④ 将上述胰蛋白酶溶液置 37℃水浴箱中，使胰蛋白酶溶液升温至 37℃。

⑤ 将标本玻片在 80～90℃烤箱内烘烤 3h 左右，使标本老化，然后浸入胰蛋白酶溶液中，用镊子夹住，不断摇动玻片，使胰蛋白酶作用均匀，新鲜标本需处理 3～5s，老标本则需处理 3～5min（精确的时间可试片，自行摸索）。

⑥ 立即取出玻片，用 0.85％氯化钠溶液漂洗两次。

⑦ 将标本放入 Giemsa 工作液（pH6.8，Giemsa 原液：磷酸缓冲液＝1：9）中染色 12～15min。

⑧ 用自来水冲洗，在空气中干燥。

⑨ 镜检：在显微镜高倍目镜下检查显带标本，在染色体上若出现清晰的深浅相间的带型，即为可取标本，可供摄像分析。

2. 染色体 C 显带

(1) C 显带机制　C 带是能使着丝粒异染色质着色而显带，这种异染色质通常位于着丝粒周围，含有高度重复序列的 DNA。染色体在用盐酸、氢氧化钡和盐类处理的过程中，仅与组蛋白结合的异染色质比含有大量非组蛋白的常染色质结构紧密得多，异染色质紧密的结构使着丝粒的异染色质免受酸、碱和盐类的破坏，而常染色质（60％～80％DNA）被酸、碱和盐类破坏，结果染色体臂着色浅而着丝粒异染色质着色深，从而产生 C 带。

(2) 显带步骤

① 取 5～7 天处理、染色体分散度好、没有细胞质的标本在 0.2mol/L HCl 中室温处理 1h，然后水洗，使 DNA 脱嘌呤，但 DNA 骨架没有断裂。

② 将标本浸于 60℃的 5％Ba(OH)$_2$ 溶液中 10s 至几分钟（随气温和标本龄而变动），水洗。使 DNA 变性，促进 DNA 降解。

③ 在 60℃的 2×SSC 溶液中处理 1h，水洗，使 DNA 骨架断裂并使断片溶解。

④ 用 pH6.8 PBS 配制的 5％Giemsa 染色 10～20min，水洗，空气干燥。

⑤ 镜检：在显微镜高倍目镜下检查显带标本，处理适度的染色体应为深红略带蓝色，具黑色带纹。如着丝粒区域或异染色质部位、次级缢痕部位及 Y 染色体深染，染色体其他部位染不上色，即为可取标本。若观察到染色体均呈白色，那么可能是碱处理或 2×SSC 温育过度。如染色体红色，无带，则变性处理不够，应加大 Ba(OH)$_2$ 浓度或加长变性时间；如染色体未染上色，或只着丝点附近染成黑色，则变性过度，应降低 Ba(OH)$_2$ 浓度或减少变性时间；如细胞核和染色体均不见，说明变性极过度。

3. 染色体 R 显带

（1）R 显带特点　R 带是 S 期早复制的 DNA，富于 GC 碱基对；而 G 带是 S 期晚复制的 DNA，富于 AT 碱基对。电镜观察表明带和间带的差异主要在于电子密度的不同，R 带所显示的深浅带纹区域正好与 G 带的带纹区域相反，即 G 带深染区则 R 带为浅染区，反之亦然，故又称逆相 G 带。另外 R 带大部分染色体端部为深染，G 带染色体的两末端都不深染，若两条 X 染色体中的一条为晚复制时，则呈淡染，因此 R 带有利于测定染色体长度，分析末端区域结构的变化，对于染色体间易位及对 X 染色体失活和晚复制关系的研究将有独特的作用。

（2）R 显带步骤　R 显带方法是 RBG 法（R-band by BrdU using Giemsa），即经 BrdU 处理后用 Giemsa 染色。

① 试剂配置

a. pH6.8 PBS 配制：1000mL $\frac{1}{15}$mol/L KH_2PO_4 加 900mL $\frac{1}{15}$mol/L Na_2HPO_4。

b. Earle 液配制：将 A 液倒入 B 液中，混合即可。A 液：NaCl 6.80g、KCl 0.40g、$Na_2HPO_4 \cdot H_2O$ 14g、蒸馏水 800mL；B 液：无水 $CaCl_2$ 0.20g、$MgCl_2 \cdot 6H_2O$ 0.17g、蒸馏水 200mL。

c. 0.07mol/L pH 6.5 的 PBS 配制：将 32mL 0.07mol/L $Na_2HPO_4 \cdot H_2O$ 和 68mL 0.07mol/L KH_2PO_4 混合。

d. Hoechst-33258 原液：Hoechst-33258 2mg，蒸馏水 4mL。Hoechst-33258 工作液：200mL 1/15mol/L PBS 加 0.75mL Hoechst-33258 原液。

e. 吖啶橙工作液：0.01g 吖啶橙溶于 100mL 0.07mol/L pH6.5 的 PBS 中。

f. 胸腺嘧啶核苷（thymidine）：0.3μg/mL 胸腺嘧啶核苷。

g. 5-溴脱氧尿嘧啶核苷（BrdU）：3×10^{-5}mol/L 5-溴脱氧尿嘧啶核苷。

② 操作过程

a. 制作标本在 Hoechst-33258 工作液中染色 20min 或是在吖啶橙工作液中浸染 5min，再用 pH6.8 磷酸缓冲液冲洗 2 次。

b. 将标本置于电热金属片上，然后玻片上铺满 pH6.8 磷酸缓冲液，使液体保存于 45℃ 左右的恒温。

c. 用 8W 紫外灯垂直照射上述铺满了 pH6.8 磷酸缓冲液的玻片，灯管与玻片间距约 5cm，照射 15～20min，随后用蒸馏水冲洗 2 次。

d. 将玻片浸于 86℃ 的 Earle 液中 1～2min，随后用蒸馏水洗涤 2 次，冷却。

e. 用 1∶20 Giemsa 稀释液染色 10min，晾干。

f. 镜检和核型分析：用低倍镜转到油镜观察计数，然后选好分裂相，经显微摄影之后，按 R 带染色体特征进行分析，以检出异常。

③ 注意事项

a. R 显带过程中的热处理适宜的温度是 86℃，使富于 AT 的 DNA 变性而使富于 GC 的 DNA 保持原状。

b. 若在显微镜下呈现一片淡染，可考虑光照时间和处理时间两者之比例。

c. R 显带制片不需经过高温烘片，存放时间不宜过长。

d. 紫外灯照射时间与 Earle 液处理时间成反比，如紫外灯照射时间长，则在 Earle 液中处理时间要短。

（三）染色体带型分析的应用

马恩波等在《四种斑腿蝗科昆虫染色体带型的比较》中得出，4 种蝗虫染色体数目（$2n$♂ $=21$，XO）一致，染色体分组型式相近。从染色体带型特征来看，属内具有共性，构成标志性带纹特点，例如，小蹦蝗属 M8 染色体上具有端带；无翅蝗属 X 染色体具有特殊带纹。银染核仁组成区定位在两属各有特点，小蹦蝗属位于第 8 号染色体端部区域；无翅蝗属位于 X 染色体端部区域。

刘万兆等在《臭蛙群三种蛙类核型及染色体带型的比较（英文）》一文中介绍了 C-带技术显示的结果表明，3 种臭蛙所有染色体的着丝点都有比较显著的 C-带，而居间区 C-带和端点 C-带却存在明显的差异。3 种中，滇南臭蛙的 C-带带型比较特殊。有趣的是在研究中还发现，云南臭蛙的早中期细胞（染色体很长）染色体上发现了很多结构异染色质区，除着丝点 C-带外，几乎所有的染色体上都有居间区或端点 C-带，而在晚中期细胞中所观察到的 C-带数目却较少，除着丝点外，只在少数染色体上发现了 C-带。

郑素秋等在《野生黄花与黄花菜栽培品种染色体带型组型的研究》中采用去壁、低渗、火焰干燥法制取了野生黄花（萱草）和黄花菜 9 个栽培品种的根尖细胞染色体标本，并对其进行了比较分析。结果表明：它们的染色体均为 $2n=2X=2X=22$，基本带型为 C 带型为 C 带。

聂刘旺等在《虎斑颈槽蛇染色体带型及核型多样性的研究》中以心肌培养细胞制备染色体标本，用 BSG 法和银染技术分析了虎斑颈槽蛇的核型、G 带和 AgNORS。结果表明：虎斑颈槽蛇核型为 $2n=8M+6T+ZW+24m$，$NF=49$，性染色体为 ZW 型；C 带显色可观察到着丝粒 C 带、端粒 C 带和插入型 C 带；NORS 位于 NO.5 长臂末端，未见异态。根据前人的研究结果，本文还对三个不同地理分布虎斑颈槽蛇的核型进行了比较研究，显示出该物种核型的多样性。

第六节　免疫学鉴定技术

一、酶标免疫技术

（一）原理

酶标免疫技术应用最多的是酶联免疫吸附技术（ELISA），其基础是抗原或抗体的固相化及抗原或抗体的酶标记，结合在固相载体表面的抗原或抗体仍保持其免疫学活性，酶标记的抗原或抗体既保留其免疫学活性，又保留酶的活性。测定时，受检标本（测定其中的抗体或抗原）与固相载体表面的抗原或抗体起反应，洗涤使固相载体上形成的抗原抗体复合物与液体中的其他物质分开，再加入酶标记的抗原或抗体，也结合在固相载体上。此时固相载体上的酶量与标本中受检物质的量呈一定的比例。加入酶反应的底物后，底物被酶催化成为有色产物，产物的量与标本中受检物质的量直接相关，故可根据呈色的深浅进行定性或定量分析。由于酶的催化效率很高，放大了免疫反应的结果，使该测定方法有很高的敏感度。

（二）方法

ELISA 一般采用商品化的试剂盒进行。完整的 ELISA 试剂盒包含 8 个组分，分别是包被了抗原或抗体的固相载体、酶标记的抗原或抗体、酶的底物、阴性和阳性对照品、参考标准品和控制血清、结合物及标本的稀释液、洗涤液、酶反应终止液。根据标本的来源以及检测的具体条件，用于动物疫病检测的 ELISA 主要有以下几种类型。

1. 双抗体夹心法测抗原

双抗体夹心法是检测抗原最常用的方法，适用于检验各种蛋白质、微生物病原体第二价或二价以上的大分子抗原。半抗原及小分子单价抗原因不能形成两位点夹心，不适用于该方法。

抗原、抗体的反应在固相载体——聚苯乙烯微量滴定板的孔中进行，每加入一种试剂孵育后，可通过洗涤除去多余的游离反应物，从而保证试验结果的特异性与稳定性。其步骤如下：

（1）包被 用 0.05mol/L pH9 碳酸盐包被缓冲液将抗体稀释至蛋白质含量为 $1\sim10\mu g/mL$。在每个聚苯乙烯板的反应孔中加 0.1mL，$4^{\circ}C$ 过夜。次日，弃去孔内溶液，用洗涤缓冲液洗 3 次，每次 3min（简称洗涤，下同）。

（2）加样 加稀释至合适浓度的待检样品 0.1mL 于上述已包被之反应孔中，置 $37^{\circ}C$ 孵育 1h。然后洗涤（同时做空白孔、阴性对照孔及阳性对照孔）。

（3）加酶标抗体 于各反应孔中，加入新鲜稀释的酶标抗体（经滴定后的稀释度）0.1mL。$37^{\circ}C$ 孵育 $0.5\sim1h$，洗涤。

（4）加底物液显色 于各反应孔中加入临时配制的 TMB 底物溶液 0.1mL，置 $37^{\circ}C$ $10\sim30min$。

（5）终止反应 于各反应孔中加入 2mol/L 硫酸 0.05mL。

（6）结果判定 于白色背景上，直接用肉眼观察结果：反应孔内颜色越深，阳性程度越强，无色或极浅为阴性，依据所呈颜色的深浅，以"＋""－"号表示。也可测 OD 值：在 ELISA 检测仪上，于 450nm［若以 ABTS（2,2'-联氮-双-3-乙基苯并噻唑啉-6-磺酸）显色，则为 410nm］处，以空白对照孔调零后测各孔的 OD 值，若大于规定的阴性对照 OD 值的 2.1 倍，即为阳性。

2. 双抗原夹心法测抗体

双抗原夹心法测抗体与双抗体夹心法类似，是用特异性抗原进行包被制备酶结合物，以检测相应的抗体。与间接法测抗体的不同之处在于以酶标抗原代替酶标抗体，根据抗原结构的不同，寻找合适的标记方法，受检标本不需稀释，可直接用于测定，因此其敏感度高于间接法。此外，该方法不受被检动物种属的限制。

3. 间接法测抗体

间接法是利用酶标记的抗体（抗免疫球蛋白抗体）检测与固相抗原结合的受检抗体。操作步骤如下：

（1）将特异性抗原与固相载体联结，形成固相抗原。洗涤除去未结合的抗原及杂质。

（2）加稀释的受检血清保温。血清中的特异抗体与固相抗原结合，形成固相抗原抗体复合物。经洗涤后，血清中的其他成分在洗涤过程中被洗去，特异性抗体留在固相载体上。

（3）加酶标抗抗体。一般用酶标抗人 IgG 检测 IgG 抗体。固相免疫复合物中的抗体与酶标抗抗体结合，从而间接地标记上酶。洗涤后，固相载体上的酶量与标本中受检抗体的量正相关。

（4）加底物显色。本法主要用于对病原体抗体的检测而进行传染病的诊断。其优点是变换包被抗原就可利用同一酶标抗抗体建立检测相应抗体的方法。

4. 竞争法测抗体

当抗原材料中的干扰物质不易除去，或不易得到足够的纯化抗原时，可用此法检测特异性抗体。其原理为标本中的抗体和一定量的酶标抗体竞争固相抗原。标本中抗体量越多，结合在固相上的酶标抗体就越少，因此阳性反应呈色浅于阴性反应。

5. 竞争法测抗原

小分子抗原或半抗原因缺乏可作夹心法的两个以上的位点，因此不能用双抗体夹心法进行测定，但可以采用竞争法。其原理是标本中的抗原和固相抗原共同竞争一定量的酶标抗体。标本中抗原量含量愈多，结合到固相上的酶标抗体愈少，最后的显色也愈浅。小分子激素、药物等的 ELISA 测定多用此法。例如，猪瘦肉精的检测，多用瘦肉精抗原包被反应板，让样品中的瘦肉精抗原和板上的抗原共同竞争酶标单克隆抗体。

（三）注意事项

（1）试验时，应分别以阳性对照与阴性对照控制试验条件，待检样品应作一式两份，以保证实验结果的准确性。有时本底较高，说明有非特异性反应，可采用羊血清、兔血清或 BSA 等封闭。

（2）在 ELISA 中，各项实验条件的选择是很重要的，包括：

① 固相载体的选择　许多材料可作为固相载体，如聚氯乙烯、聚苯乙烯、聚丙酰胺和纤维素等，其形式可以是凹孔平板、试管、珠粒等。目前常用的是 40 孔聚苯乙烯凹孔板。不管何种载体，在使用前均要进行筛选：用等量抗原包被，在同一实验条件下进行反应，观察其显色反应是否均一，据此判明其吸附性能是否良好。

② 包被抗体（或抗原）的选择　吸附在固相载体表面的抗体（或抗原）纯度要高，吸附时一般要求 pH 在 9.0～9.6 之间。吸附温度、时间一般多采用 4℃、18～24h。蛋白质包被的最适浓度需进行滴定，即用不同的蛋白质浓度（$0.1\mu g/mL$、$1.0\mu g/mL$ 和 $10\mu g/mL$ 等）包被后，在其他试验条件相同时，观察阳性标本的 OD 值。选择 OD 值最大而蛋白量最少的浓度。对于多数蛋白质来说通常为 $1\sim 10\mu g/mL$。

③ 酶标记抗体浓度的选择　首先用直接 ELISA 法进行初步效价的滴定。然后再固定其他条件或采取"方阵法"（包被物、待检样品及酶标记抗体分别为不同的稀释度）在正式实验时准确地滴定其工作浓度。

④ 酶的底物及供氢体的选择　对供氢体的选择要求是价廉、安全、有明显的显色反应，而本身无色、灵敏度高的供氢体。如 TMB($3,3',5,5'$-四甲基联苯胺）和 ABTS 是目前较为满意的供氢体。有些供氢体有潜在的致癌作用，应注意防护。底物作用一段时间后，应加入

强酸或强碱以终止反应。通常底物作用时间以 10～30min 为宜。底物使用液必须新鲜配制，尤其是 H_2O_2 在临用前加入。

（四）酶标免疫技术的应用

酶标免疫技术自从诞生出来，就广泛运用于植物检疫中，如在病毒方面，能够对用作种子中的大豆花叶病毒、苜蓿花叶病毒、大麦条纹花叶病毒、烟草花叶病毒、黄瓜花叶病毒等进行诊断和检测。因该技术将酶催化反应的高度敏感性和抗原抗体反应的特异性相结合，具有高度特异性和敏感性，不需要特殊设备，因而在动植物疫病检疫与诊断中广泛应用。

闫换兵《用酶联免疫吸附试验技术检疫猪瘟》中，采用酶联免疫吸附试验，确诊甘肃天水一起疫情引起发病的原因为猪瘟病毒。以酶标仪检测样品的 A490，检测之前，先以空白孔调零，当 P/N>2.1 时即判断为阳性。通过实验确诊为猪瘟。

吴晓巍在《玉米检疫性种传细菌免疫学及基因芯片检测方法的研究》中，对两种玉米检疫性细菌及其相关病菌进行基因芯片检测研究，建立了高通量、并行性的基因芯片检测方法。结果如下：对筛选到的玉米内州萎蔫病菌单克隆抗体进行亚类、效价等指标的测定，并对检测中抗原、抗体测试浓度进行了筛选。建立了双单抗夹心 ELISA 检测方法，检测灵敏度可达 $1.0×10^8$ CFU/L，并进行了玉米种子样品添加测试。实验结果表明，该检测方法重复性好且稳定性高。

刘昱成在《牛病毒性腹泻粘膜病病毒 E2 基因的克隆、表达及间接 ELISA 方法的初步建立》中以 BVDV-2SW 分离株为研究对象，对该病毒 E2 基因进行了克隆，运用大肠杆菌和酵母表达体系表达 E2 基因，通过 SDS-PAGE 和 Western blot 分析表达的重组 E2 蛋白的反应原性，选择表达量高且反应原性强的重组 E2 蛋白作为 ELISA 包被抗原，初步建立了检测 BVDV 抗体的间接 ELISA 方法，为 BVDV 检测试剂的研发奠定前期基础。经研究证实所建立的间接 ELISA 检测方法具有较好的特异性与敏感性。

陈青等在《进境辣椒种子中检出辣椒轻斑驳病毒》中对样品进行阳性对照，发现 1 号样品、4 号样品有颜色反应，呈不同程度的黄色；阴性对照、空白对照和其余样品均没有颜色反应。酶联检测仪测 OD 值。根据颜色反应和 OD 值判断 1 号样品为阳性，初步判断 1 号样品感染了辣椒轻斑驳病毒，4 号样品可能带有辣椒轻斑驳病毒。综合植株的症状表现、透射电镜观察到的病毒粒体和 ELISA 检测中的阳性反应，确定该批辣椒种子部分带有辣椒轻斑驳病毒。

陈青等在《从进境的蝴蝶兰上检出齿兰环斑病毒》中的空白对照和阴性对照及 1 号样品均没有颜色，阳性对照和 2 号样品呈黄色。酶标仪测得的 OD 值根据颜色反应和 OD 值判断1 号样品为齿兰环斑病毒阳性反应。

王秀芬等在《引进加拿大马铃薯种薯中病毒的检测》中，应用酶联免疫吸附法（DAS-ELISA）对 2000 年种植于网室和田间隔离种植地的引进加拿大马铃薯种薯 3 个品种进行马铃薯黄矮病毒、马铃薯 A 病毒（PVA）、马铃薯 Y 病毒 N 株系（PVYn）、马铃薯黑环斑病毒、烟草脆裂病毒、马铃薯 X 病毒和马铃薯 S 病毒（PVS）的检测。

李桂芬等在《从进口美国大豆中检出大豆花叶病毒》中利用酶联方法对病株进行检测，设置阴性对照（健康叶片汁液）、阳性对照（大豆花叶病毒提纯制剂）、缓冲液对照，设两个重复。结果是健康对照和缓冲液对照读数均小于 0.15，待测大豆读数为 1.606，与阴性对照读数之比为 13.6 倍，远大于 2 倍，病株汁液与大豆花叶病毒抗血清呈显著的阳性反应。认为大豆种子携带大豆花叶病毒。

酶标免疫技术既保留了抗体或抗原的免疫学活性，又保留了酶对底物的催化活性和生物放大作用。可通过酶对底物的显色反应，对抗原或抗体进行定位、定性或定量的测定分析，提高了抗原抗体反应的敏感性。

二、金标免疫技术

胶体金是由四氯金酸（$HAuCl_4$）在还原剂如白磷、抗坏血酸、枸橼酸钠、鞣酸等作用下，聚合成为特定大小的金颗粒。胶体金在弱碱环境下带负电荷，由于静电作用成为一种稳定的胶体状态，可与蛋白质分子的正电荷基团形成牢固的静电结合，不影响蛋白质的生物特性。胶体金可以与许多其他生物大分子如 SPA、PHA、ConA 等结合。胶体金的一些物理性状，如高电子密度、颗粒大小、形状及颜色反应，加上结合物的免疫和生物学特性，使胶体金广泛地应用于免疫学、组织学、病理学和细胞生物学等领域。免疫胶体金技术（immunocolloidal gold technique）是将胶体金作为抗原抗体免疫示踪标志物的一种技术英文缩写为：GICT。

以下介绍胶体金的制备。

1. 枸橼酸三钠还原法

（1）10nm 胶体金颗粒的制备　取 0.01% $HAuCl_4$ 水溶液 100mL，加入 1% 枸橼酸三钠水溶液 3mL，加热煮沸 30min，冷却至 4℃，溶液呈红色。

（2）15nm、18～20nm、30nm 或 50nm 胶体金颗粒的制备　取 0.01% $HAuCl_4$ 水溶液 100mL，加热煮沸。根据需要迅速加入 1% 枸橼酸三钠水溶液 4mL、2.5mL、1mL 或 0.75mL，继续煮沸约 5min，出现橙红色。这样制成的胶体金颗粒分别为 15nm、18～20nm、30nm 和 50nm。

2. 鞣酸-枸橼酸钠还原法

A 液：1% $HAuCl_4$ 水溶液 1mL 加入 79mL 双蒸水中混匀。

B 液：1% 枸橼酸三钠 4mL，1% 鞣酸 0.7mL，0.1mol/L K_2CO_3 液 0.2mL，混合，加入双蒸水至 20mL。

将 A 液、B 液分别加热至 60℃，在电磁搅拌下迅速将 B 液加入 A 液中，溶液变蓝，继续加热搅拌至溶液变成亮红色。此法制得的金颗粒的直径为 5nm。如需要制备其他直径的金颗粒，则需调整鞣酸及 K_2CO_3 的用量。

3. 注意事项

（1）玻璃器皿最好是经过硅化处理的玻璃器皿，必须彻底清洗，或用配制过的胶体金稳定的玻璃器皿，再用双蒸水冲洗后使用，否则影响生物大分子与金颗粒结合和活化后金颗粒的稳定性，不能获得预期大小的金颗粒。

（2）所有试剂都必须用去离子的双蒸水或三蒸水配制，或者在临用前将配好的试剂经超滤或微孔滤膜（0.45μm）过滤，以除去其中的聚合物和其他杂质。

（3）配制胶体金溶液的 pH 以中性（pH7.2）较好。

（4）由于氯金酸易潮解，因此在配制时，最好将小包装一次性溶解。氯金酸配成 1% 水溶液在 4℃可稳定保持数月。

4. 金标免疫技术的应用

胶体金免疫层析试纸条具有简便、特异、敏感、快速、无需设备和专业人员的优点，因此在动物检疫中，胶体金免疫层析是一个更为准确和便捷的诊断工具。例如：牧场在引进奶牛的时候采用 Bionote 布鲁菌病抗体快速检测试纸和牛结核病抗体快速检测试纸条进行初步筛查，入场隔离饲养一段时间后用试纸条进行排查，定期对全群进行自查并采取措施等。布鲁菌病（Brucellosis）是一种由布鲁菌（Brucella）引起的主要侵袭生殖系统的人畜共患传染病，简称布病。该病是世界动物卫生组织（OIE）规定必须报告的动物疫病之一，为有效控制和及时检测出布病，中国兽医药品监察所和地方的动物疫病预防控制中心、动物卫生监督所等动物疫病监测机构对胶体金试纸与 ELISA 或其他血清学检测方法进行了试验对比，试验结果显示胶体金试纸条有很好的敏感性和特异性，较 ELISA 和其他血清学检测方法更为快捷简便，完全能作为现场诊断布病的有效工具。

张书环在《牛结核病胶体金免疫层析方法的建立与初步运用》中，介绍了用原核诱导表达出牛结核分枝杆菌的特异性抗原蛋白 MPB83 和 MPB70 并分别作为胶体金标记抗原和检测线上的捕获抗原，制备出牛结核病抗体检测试纸条；此试纸条在应用中也表现出了优异的性能，与牛结核分枝杆菌培养符合率为 85%，与韩国进口试纸条符合率为 98.75%，与结核菌素皮试试验符合率也高达 80%。胶体金试纸条运用到牛结核病的常规监测中，对人结核病的防治也具有积极作用。

金颜辉等在《应用金免疫层析技术检测猪瘟抗体的研究》中，用金标免疫层析技术测试 30 份标准阳性血清和 18 份标准阴性血清，结果阳性、阴性符合率 100%。用该方法与 ELISA 试剂、dot-ELISA 试剂及正向间接血凝进行比对试验检测血清样品 205 份，结果阳性率 ELISA 为 86.8%、金标层析法为 85.4%、dot-ELISA 为 81.5%，正向间接血凝为 58.5%，结果显示该方法特异性强、敏感性高、操作简单、使用方便，既可用血清，也可以用全血测猪瘟抗体，可广泛应用于猪场和个体养猪户现场检测。

张长弓等在《口蹄疫抗体免疫金标快速检测试纸法的建立》中应用免疫学原理与胶体金层析技术，采用双抗原夹心 ELISA 建立了检测口蹄疫（O 型）抗体水平的"口蹄疫抗体（O 型）免疫胶体金快速检测试纸法"。应用该法与"口蹄疫正向间接血凝抗原法"对 300 份猪、鸡、鸭、牛、羊等的血液或血清进行口蹄疫抗体水平检测试验，符合率达 100%。试验结果显示，该法与间接血凝法一样，具有微量、特异、准确等优点，且操作简易，不需要任何仪器，检测时间短，结果直观，容易判定，适用于基层兽医站、养猪场使用和大面积口蹄疫抗体普查。

金标免疫技术随着家畜疫病检测要求的不断提高，未来试纸条的发展方向应该是检测范围不断增大、灵敏度不断提高以更有利于动物疫病的检测。

三、荧光免疫技术

用荧光抗体示踪检查相应抗原的方法称荧光抗体法；用已知的荧光抗原标记物示踪检查相应抗体的方法称荧光抗原法。这两种方法总称荧光免疫技术，或称为免疫荧光技术。荧光抗原技术很少应用，所以人们习惯将荧光抗体技术称为荧光免疫技术。荧光免疫技术特异性强、敏感性高、速度快，无污染，操作简便，便于推广，但非特异性染色问题尚未完全解决，结果判定的客观性不足，技术程序比较复杂，本底较高，定量测定困难。

（一）原理

免疫学的基本反应是抗原抗体反应，由于抗原抗体反应具有高度的特异性，只要知道其中的一个因素，就可以查出另一个因素。免疫荧光技术就是将不影响抗原抗体活性的荧光色素标记在抗体（或抗原）上，与其相应的抗原（或抗体）结合后，在荧光显微镜下呈现一种特异性荧光反应，如图6-9所示。

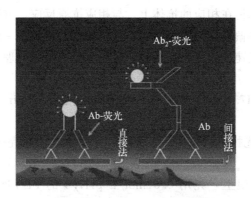

图 6-9　免疫荧光法原理示意

（二）荧光物质

1. 荧光色素

许多物质都可产生荧光现象，只有那些能产生明显的荧光并能作为染料使用的有机化合物才能称为免疫荧光色素或荧光染料。常用的荧光色素有：

（1）异硫氰酸荧光素（fluorescein isothiocyanate，FITC）　为黄色或橙黄色结晶粉末，易溶于水或酒精等溶剂，分子量为389，最大吸收光波长为490～495nm，最大发射光波长520～530nm，呈现明亮的黄绿色荧光，有两种同分异构体，其中异构体Ⅰ型在效率、稳定性、与蛋白质结合能力等方面都更好，在冷暗干燥处可保存多年，是应用最广泛的荧光素。其主要优点是：①人眼对黄绿色较为敏感，②通常切片标本中的绿色荧光少于红色。

（2）四乙基罗丹明（rhodamine，RIB200）　为橘红色粉末，不溶于水，易溶于酒精和丙酮。性质稳定，可长期保存。最大吸收光波长为570nm，最大发射光波长为595～600nm，呈橘红色荧光。

（3）四甲基异硫氰酸罗丹明（tetramethyl rhodamine isothiocyanate，TRITC）　最大吸收光波长为550nm，最大发射光波长为620nm，呈橙红色荧光。与FITC的翠绿色荧光对比鲜明，可配合用于双重标记或对比染色。其异硫氰基可与蛋白质结合，但荧光效率较低。

2. 其他荧光物质

（1）酶作用后产生荧光的物质　某些化合物本身无荧光效应，一旦经酶作用便形成具有荧光的物质。例如4-甲基伞形酮-β-D-半乳糖苷受β-半乳糖苷酶的作用分解成4-甲基伞形酮，后者可发出荧光，激发光波长为360nm，发射光波长为450nm。

（2）某些 3 价稀土镧系元素　如铕（Eu^{3+}）、铽（Tb^{3+}）、铈（Ce^{3+}）等的螯合物经激发后也可发射特征性的荧光，其中以 Eu^{3+} 应用最广，Eu^{3+} 螯合物的激发光波长范围宽、发射光波长范围窄，荧光衰变时间长，最适合用于荧光免疫测定。

（三）方法

1. 直接法

直接法是将荧光素标记在相应的抗体上，与相应抗原反应，方法简便、特异性高，非特异性荧光染色少但敏感性偏低；而且每检查一种抗原就需要制备一种荧光抗体。此法常用于细菌、病毒等微生物的快速检查和肾炎活检、皮肤活检的免疫病理检查。如图 6-10 所示。

（1）步骤

① 将 0.01mol/L pH7.4 的 PBS 滴加于待检标本片上，10min 后弃去，使标本保持一定湿度。

② 将适当稀释的荧光标记的抗体溶液滴加到标本上，使其完全覆盖标本，置于有盖搪瓷盒内，保温 30min。

③ 取出玻片置玻片架上，先用 0.01mol/L pH7.4 的 PBS 冲洗后，再按顺序过三缸 0.01mol/L pH7.4 的 PBS 浸泡，每缸 3～5min，不时振荡。

④ 取出玻片，用滤纸吸去多余水分，但不使标本干燥，加一滴缓冲甘油，以盖玻片覆盖。

⑤ 立即用荧光显微镜观察。观察标本的特异性荧光强度，一般可用（-）表示无荧光；（±）表示极弱的可疑荧光；（+）表示荧光较弱，但清楚可见；（++）表示荧光明亮；（+++～++++）表示荧光闪亮。各种对照显示为（±）或（-），待检标本特异性荧光染色强度达"++"以上，即可判定为阳性。

（2）注意事项

① 对荧光标记的抗体的稀释度不应超过 1：20，抗体浓度过低，会导致产生的荧光过弱，影响结果的观察。

② 染色的温度和时间需要根据标本及抗原而变化，染色时间可以从 10min 到数小时，一般 30min。染色温度多采用室温（25℃左右），高于 37℃可加强染色效果，但对不耐热的抗原（如流行性乙型脑炎病毒）可采用 0～2℃的低温，延长染色时间。低温染色过夜较 37℃ 30min 效果好得多。

③ 为了保证荧光染色的正确，首次试验时需设置下列对照，以排除某些非特异性荧光染色的干扰。

a. 标本自发荧光对照：标本加 1～2 滴 0.01mol/L pH7.4 的 PBS。

b. 特异性对照（抑制试验）：标本加未标记的特异性抗体，再加荧光标记的特异性抗体。

c. 阳性对照：已知的阳性标本加荧光标记的特异性抗体。

如果标本自发荧光对照和特异性对照呈无荧光或弱荧光，阳性对照和待检标本呈强荧光，则为特异性阳性染色。

④ 随着时间的延长，荧光强度会逐渐下降。一般标本在高压汞灯下照射超过 3min，荧光就会减弱，经荧光染色的标本最好在当天观察。

2. 间接法

如检查未知抗原，先用已知未标记的特异抗体（第一抗体）与抗原标本进行反应，用水洗去未反应的抗体，再用标记的抗抗体（第二抗体）与抗原标本反应，使之形成抗体-抗原-抗体复合物，再用水洗去未反应的标记抗体，干燥、封片后镜检。如果检查未知抗体，则表明抗原标本是已知的，待检血清为第一抗体，其他步骤与抗原检查相同。如图 6-10 所示。

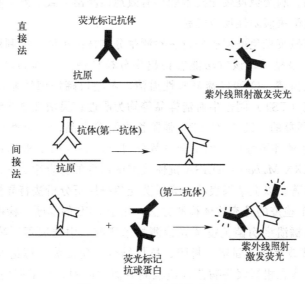

图 6-10　直接法和间接法示意

（1）步骤

① 滴加 0.01mol/L pH7.4 的 PBS 于已知抗原标本片，10min 后弃去，使标本片保持一定湿度。

② 将 0.01mol/L pH7.4 的 PBS 适当稀释的待检抗体标本，滴加覆盖已知抗原标本片。将玻片置于有盖搪瓷盒内，37℃保温 30min。

③ 取出玻片，置于玻片架上，先用 0.01mol/L pH7.4 的 PBS 冲洗 1~2 次，然后按顺序置于 0.01mol/L pH7.4 的 PBS 浸泡三缸，每缸 5min，不时振荡。

④ 取出玻片，用滤纸吸去多余水分，但不使标本干燥，滴加一滴一定稀释度的荧光标记的抗人球蛋白抗体。

⑤ 将玻片平放在有盖搪瓷盒内，37℃保温 30min。

⑥ 重复操作③。

⑦ 取出玻片，用滤纸吸去多余水分，滴加一滴缓冲甘油，再覆以盖玻片。

⑧ 荧光显微镜高倍视野下观察，结果判定同直接法。

（2）注意事项

① 荧光染色后一般在 1h 内完成观察，或于 4℃保存 4h，时间过长，会使荧光减弱。

② 每次试验时，需设置以下三种对照：

a. 阳性对照：阳性血清＋荧光标记物；

b. 阴性对照：阴性血清＋荧光标记物；

c. 荧光标记物对照：PBS＋荧光标记物。

③ 已知抗原标本片需在操作的各个步骤中始终保持湿润。

④ 所滴加的待检抗体标本或荧光标记物应始终保持在已知抗原标本片上，避免因放置不平使液体流失，从而造成非特异性荧光染色。

（四）荧光免疫技术的应用

荧光免疫技术具有抗原抗体反应的特异性和染色技术简单快速的特点，在植物检疫中起到了非常重要的作用。利用免疫荧光技术能够有效地检测出导致菜发生萎蔫的病菌，并且灵敏度极高，能够有效解决假阳性反应问题。

张家瑞等在《高敏荧光免疫层析分析法检测牛分枝杆菌抗体》中利用荧光免疫技术进行检测，特异性试验结果显示，该方法能够检出牛分枝杆菌（*M.bovis*）抗体阳性血清参考品，而对布鲁菌阳性血清、O 型口蹄疫阳性血清、A 型口蹄疫阳性血清、样品稀释液、结核菌素皮内变态反应（TST）阴性牛血清样品等均为阴性；灵敏性试验结果显示，该方法最低可检测到 3200 倍稀释的牛结核（bTB）强阳性血清参考品；稳定性试验结果显示，该方法检测 bTB 强阳性血清和阳性血清的变异系数分别为 5.48％和 5.83％；临床样本检测结果显示，该方法与 IDEXX *M.bovis* ELISA 抗体检测试剂盒的符合率为 86.36％，具有较高的一致性，且差异不显著。以上结果表明，高敏荧光免疫层析分析法特异性强、灵敏度高、结果可靠，可作为 TST 检疫的补充抗体检测方法，用于 bTB 的诊断、检疫和净化。

罗志萍等在《柑橘溃疡病菌免疫荧光检测技术研究》中选取不同浓度的柑橘溃疡病菌 SOB 培养液，利用载玻片进行固定、封闭、抗体结合、免疫荧光标记及荧光强度检测，以探讨免疫荧光检测技术在柑橘溃疡病菌快速检测方面的应用。结果表明，30℃下用 BSA 封闭 2h，30℃下抗体结合 1h，荧光抗体浓度为 4μg/mL，室温放置 40min 后，在荧光显微镜下可以清楚看到绿色的柑橘溃疡病菌体。

蔡杰等在《猪流行性腹泻病毒荧光免疫层析试纸条的研制与性能评价》中以荧光微球标记抗猪流行性腹泻病毒（PEDV）的单克隆抗体（2E6），抗 PEDV 单克隆抗体（4H7）和羊抗鼠 IgG 分别作为检测线和质控线制备荧光免疫层析试纸条，对该试纸条最低检出限、交叉反应性、稳定性及临床诊断符合率和准确性进行性能评价。得出结论：猪流行性腹泻病毒荧光免疫层析试纸条检测灵敏度高、特异性强、检测速度快、操作简便，可考虑作为 RT-PCR 法的替代，用于猪流行性腹泻病毒的临床辅助诊断。

曾海娟等在《瓜类果斑病菌荧光免疫层析试纸条的研制》中，以异硫氰酸荧光素作为荧光探针，共价偶联抗瓜类果斑病菌野生型菌株 SD01 的鼠源单克隆抗体 4F，将抗 SD01 单克隆抗体 6D 和羊抗鼠二抗喷涂于硝酸纤维素膜（NC 膜）上分别作为检测线和质控线；以双抗体夹心反应模式制备检测果斑病菌的荧光免疫层析试纸条，并对试纸条的灵敏度、特异性及对实际样品的检测性能进行评估。

朱玲等在《PEDV IgG 抗体时间分辨荧光免疫层析（TRFIA）检测方法的建立》中采用竞争法和荧光免疫层析技术，以羧基荧光微球与 PEDV S 蛋白偶联，以抗 IgG FC 片段单抗和 PEDV S1 单抗作为试纸条检测线（T 线）和质控线（C 线），制备 PEDV IgG 抗体检测荧光定量免疫层析试纸条。通过对蛋白质与荧光微球偶联方法、包被抗体量等对本研究工艺进行优化，并通过线性范围、最低检出限、精密性等性能指标以及与临床样品检测结果比对，对 PEDV IgG 抗体时间分辨荧光层析检测方法进行评价。

王鑫瑜等在《旋毛虫病荧光免疫层析检测试纸条的研制》中以铕纳米颗粒作为捕获探针，共价偶联山羊抗猪 IgG 抗体，并将肌幼虫期排泄分泌抗原、兔抗山羊 IgG 抗体分别喷涂于检测线和质控线，制备免疫层析试纸条。

王华俊等在《猪伪狂犬病病毒 gE 抗原时间分辨荧光免疫层析检测方法的建立》中，以羧基荧光微球和 NC 膜为载体将单克隆抗体进行标记和包被，制备猪伪狂犬病病毒（PRV）gE 抗原检测试纸卡。优化了标记抗体、包被抗体的工艺，并通过试纸卡线性范围、最低检出限、特异性等性能指标对其进行评价。最终确定 $20\mu L$ 荧光微球的标记抗体量为 $20\mu g$，检测线包被抗体质量浓度为 $2g/L$ 时，检测时间为 15min，线性范围为（1∶6.25）～（1∶200.00）倍稀释的 $TCID_{50}$ 为 $1\times10^{8.6}/0.1mL$ 的 PRV 抗原，最低检出限为 1∶800 倍稀释的 $TCID_{50}$ 为 $1\times10^{8.6}/0.1mL$ 的 PRV 抗原，精密性小于 10%，与猪瘟病毒（CSFV）、猪繁殖与呼吸综合征病毒（PRRSV）、猪圆环病毒 2 型（PCV2）、猪细小病毒（PPV）、猪流行性腹泻病毒（PEDV）及 PRVBatha-K61 株、PRV-HB2000 株等均无交叉反应，室温干燥条件下至少保存 10 个月。

四、补体结合试验

（一）原理

补体存在于哺乳动物血清中，豚鼠血清中补体含量最高，成分较全，效价稳定，采取方便，故通常将豚鼠的全血清作为补体。56℃ 30min 可使补体失去活性，称为"灭能"或"非动"。

补体的作用没有特异性，能与细菌、病毒等任何一组抗原抗体复合物结合，但不能与抗原单独结合，也不易与抗体单独结合；将红细胞多次注射于动物（如将绵羊红细胞多次免疫家兔）可使之产生相应的抗体（溶血素），这种抗体与红细胞结合，若有补体存在时，则红细胞被溶解，这种现象称为溶血反应。红细胞和溶血素被称为溶血系统，常在补体结合反应中用作测定有无补体游离存在的指示剂。

可溶性抗原，如蛋白质、多糖、类脂、病毒等或者颗粒性抗原，与相应抗体结合后，其抗原抗体复合物可以结合补体，但这一反应肉眼不能觉察。如再加入红细胞和溶血素，即可根据是否出现溶血反应来判定反应系统中是否存在相对应的抗原和抗体。此反应即为补体结合反应。

补体结合反应中的抗体主要是 IgG 和 IgM。以检查鼻疽病为例，先向试管中加入已知的抗原（鼻疽菌的浸出液），再加入被检马匹的血清（抗体）和豚鼠血清（补体），如果该马是鼻疽病马，则血清中有抗鼻疽杆菌的抗体。抗原和抗体结合，吸附补体。如果该马没有鼻疽病，血清中没有抗鼻疽菌的抗体，则不能形成抗原抗体复合物，不能吸附补体，则补体游离存在。

由于许多抗原是非细胞性的，而且上述抗原、抗体和补体三种成分都是用生理盐水或缓冲盐水稀释的比较透明的液体，所以补体不论是否被结合，都不能直接看到，故无法判定。

因此，在反应系统的三种成分作用一定时间之后，再向其中添加指示系统——绵羊红细胞和特异性抗体溶血素。如果抗原和病马血清中抗体特异性结合，吸附补体，没有游离补体存在，加入指示系统，因无补体参加，不发生溶血，称为补体结合反应阳性，即该马患有鼻疽病；反之，则该马未患鼻疽病。

补体结合反应中各个因子的量必须有恰当的比例，特别是补体和溶血素的用量。例如：抗原抗体呈特异性结合，吸附补体，本应不溶血，但因补体过多，多余部分转向溶血系统，发生溶血现象。如抗原抗体为非特异性，两者不结合，不吸附补体，补体转向溶血系统，应完全溶血，如果补体过少，不能全溶，影响结果判定。溶血素量也有一定影响，例如阴性血清，应完全溶血，但溶血素量少，溶血不全，可被误认为弱阳性。另外，这些因子的用量又与其活性有关：活性强，用量少；活性弱，用量多，故在试验之前，必须精确测定溶血素效价、溶血系统补体价等，测定其活性以确定用量。

（二）方法

补体结合试验的方法较多，较常用的有全量法（3mL）、半量法（1.5mL）、小量法（0.6mL）和微量法（塑板法）等。后两种方法节省抗原，血清标本用量较少，特异性也较好，应用较为广泛。

以下以小量法为例，介绍补体结合试验方法，即抗原、抗体、溶血素、绵羊红细胞各加0.1mL，补体加0.2mL，总量为0.6mL。

（1）用于检测抗体的抗原应适当提纯，纯度愈高，特异性愈强。如使用粗制抗原时，须经同样处理的正常组织作抗原对照，以识别待检血清中可能存在的对正常组织成分的非特异性反应。

（2）抗原和抗体补体结合试验中，应通过试验使抗原与抗体按一定比例结合。多采用方阵法进行滴定，选择抗原与抗体两者都呈强阳性反应（100％不溶血）的最高稀释度作为抗原和抗体的效价（单价）。在试管中加入不同稀释度的抗原，配加不同稀释度的抗血清，另作不加抗原的抗体对照和不加抗血清的抗原对照。加补体和指示系统，温育后观察结果。

（3）采集血液标本后及时分离血清，及时检验或将血清保存于$-20℃$。血清在试验前应先加热$56℃$ 30min（或$60℃$ 3min）以破坏补体和除去一些非特异因素。血清标本遇有抗补体现象时可做下列处理之一：①加热；②$-20℃$冻融后离心去沉淀；③以3mmol/L盐酸处理；④加入少量补体后再加热灭活；⑤以白陶土处理；⑥通入CO_2；⑦以小白鼠肝粉处理；⑧用含10％新鲜鸡蛋清的生理盐水稀释补体。

（4）补体滴定时逐步加入各试剂，温育后先观察各类管，最少量补体能产生完全溶血者，确定为1个实用单位，正式试验中使用2个实用单位。阴性、阳性对照管中应分别为明确的溶血与不溶血；抗体或抗原对照管、待检血清对照管、阳性和阴性对照的对照管都应完全溶血。绵羊红细胞对照管不应出现自发性溶血。补体对照管呈现2U为全溶，1U为全溶略带有少许红细胞，0.5U应不溶。如0.5U补体对照出现全溶表明补体用量过多；如2U对照管不出现溶血，说明补体用量不够，应重复试验。补体结合试验结果，受检血清不溶血为阳性、溶血为阴性。

（三）应用

殷宏等在《补体结合试验诊断环形泰勒虫病的研究》中用含环形泰勒虫的血液接种除脾牛，将红细胞中的虫体制成抗原，建立了总量为0.6mL的补体结合试验方法。利用该方法对不同地区的1275份牛血清进行了环形泰勒虫病血清学调查，表明其敏感性、特异性良好，可用于口岸检疫、流行病学调查及临床诊断。

王尊才等在《禽苗中外源性鸡白血病病毒检测方法的研究Ⅱ. 免疫酶细胞片检测法与补体结合试验法的比较》中比较了检测禽苗中外源性鸡白血病病毒的两种方法，即比较免疫酶细胞片染色法和补体结合试验（COFAL）的敏感性。

张其才等在《补体结合试验诊断边虫感染牛的研究》中利用边缘边虫 DS-1 株接种除脾易感牛，制备出补反诊断抗原。所制备的抗原具有良好的特异性和敏感性，并建立了总量为 0.6mL 的补反诊断方法。对试验条件下人工感染牛的补反检出率为 100％，安全区无假阳性反应。人工感染牛第 5 天出现补反抗体，感染后 20～50 天血清抗体达到高峰，以后开始下降，7 个月后补反抗体消失。

范泉水等在《微量补体结合试验诊断熊病毒性脑炎的研究》中用微量补体结合试验对因熊脑炎病毒感染而死亡的熊的实质脏器，以及分出的熊脑炎腺病毒（BA-1 株）的犬肾细胞培养物和用此毒试验感染犬、豚鼠后急性发病期的肝浸液、腹水、血液进行抗原诊断，以及对 6 份采自临床上健康的熊血清和试验感染犬、豚鼠恢复期血清进行抗体诊断，结果表明：此方法简便省时，特异性强，可用于熊病毒性脑炎的抗原、抗体的特异性诊断及流行病学调查。

王栋等在《微量补体结合试验诊断牛肺疫的研究》中建立了牛肺疫微量补体结合试验诊断方法。对 26 份牛肺疫阳性血清、161 份阴性血清和 3816 份待检样品的检测结果表明，对已知阳性血清的检出率微量法为 100％（26/28），而《规程》法为 80.76％（21/28）。两种方法对阴性血清和待检样品检测结果相一致。微量法具有简便、快速、节省试剂和便于自动操作等优点，适用于疫病普查中大批量血清样品及进出口牛只的检疫。

吕文顺等在《山羊边虫病的研究——抗原制作及补体结合试验》中对人工感染和自然感染边虫的山羊进行补反检查，其检出率为 100％。同时做了人工感染山羊抗体消长情况的检测，用含边虫血液接种山羊后，第 5 天即可检出补反抗体，15～45 天补反抗体的滴度达到高峰，110 天后仍可产生阳性反应。其结果证明：该法可作为口岸检疫、流行病学调查和免疫监测的试验方法广泛应用。

补体结合试验是一种传统的免疫学技术，补体活化过程有放大作用，比沉淀反应和凝集反应的灵敏度高得多，能测定 0.05μg/mL 的抗体，灵敏度高。各种反应成分事先都经过滴定，选择了最佳比例，出现交叉反应的概率较小，特异性强，尤其用小量法或微量法时。应用面广，可用于检测多种类型的抗原或抗体，易于普及，试验结果显而易见。试验条件要求低，不需要特殊仪器或只用光电比色计即可。但是补体结合试验参与反应的成分多，影响因素复杂，操作步骤烦琐并且要求十分严格。

五、免疫电镜技术

（一）原理

免疫电镜技术是将免疫化学技术与电镜技术相结合，在超微结构水平研究和观察抗原、抗体结合定位的一种技术。它主要分为两大类：一类是免疫凝集电镜技术，即采用抗原抗体凝集反应后，再经负染色直接在电镜下观察；另一类则是免疫电镜定位技术，利用带有特殊标记的抗体与相应抗原相结合，在电子显微镜下观察，由于标准物形成一定的电子密度而指示出相应抗原所在的部位。免疫电镜的应用，使得抗原和抗体定位的研究进入到亚细胞水平。

免疫电镜技术不破坏细胞超微结构，保证被检细胞或其亚细胞结构的抗原在原位，其抗原性不受损失，免疫试剂能顺利地穿透组织细胞结构与抗原结合。该技术主要用于病毒、细菌等抗原定位、免疫性疾病的发病机理及超微结构免疫细胞化学研究等。

（二）标记物

用于电镜的标记物应能在电镜可分辨的范围内，并能对细胞或组织抗原有较好的定位能力。在选择标记物时应根据研究目的而定，如标记细胞等体积较大对象，可用体积大的标记物。常用的标记物为颗粒性标记物，依其特性可分为：

（1）蛋白质类如血蓝蛋白、铁蛋白等　铁蛋白由于含有致密的铁离子核心，具有较高的电子密度，从而达到标记定位的目的。血蓝蛋白是由海螺类软体动物中提取的多分子聚合物，其外形为 35nm×50nm 的柱状体，多应用于病毒研究，但也有利用血蓝蛋白与过氧化物等的糖蛋白部分可与凝集素相结合的特性，进行细胞膜受体的定位。

（2）病原体类　如烟草花叶病毒、南方菜豆花叶病毒、噬菌体 T4、大肠杆菌 f2、噬菌体等。病原体标记物主要利用其特殊的外形和结构以达到标记定位的目的。

（3）金属颗粒胶体金、免疫金银标记技术和放射性同位素自显影的银颗粒等　其中最常用的是胶体金。商品胶体金直径从 3～150nm 不等，扫描免疫电镜常用的金颗粒直径以在 30～60nm 为宜。由于金本身是重金属，有较强地发射 2 次电子的作用，故不需喷镀金属膜，这是胶体金用于免疫扫描电镜的标记优于其他标记物之处。免疫金银染色能加强细胞或组织表面金属颗粒聚集的密度。金、银粒在电镜显示电子密度高，外形清晰的颗粒易于识别和定位。

（三）免疫标记方法

金属类标记物的免疫标记法是将标记物与抗体相结合，通过直接或间接法显示抗原部位。胶体金可与蛋白 A 相结合后与 IgG 分子中的 Fc 段相结合，再与卵白素（avidin）结合，然后与结合抗体的生物素（biotin）反应。免疫金银染色法在胶体金标记后，再进行银液显影。

病毒（包括噬菌体）标记物多采用搭桥法，把抗原的特异性抗体与抗标记物抗体结合起来，后者再与标记物结合，以达到定位抗原的目的，其基本原理与 PAP 法类同。

病原体免疫标记是利用其形态特征定位或采用抗原抗体凝集法，其基本原理是利用病毒或病毒抗原的特异性抗体在与相应的抗原反应后，使两者之间发生交联而凝集，浓缩后用阴性染色法（负染）在电镜下显示定位。

（四）影响免疫电镜技术的因素

1. 标记物

免疫电镜技术要求标记物具有特定的形状、不影响抗原抗体复合物的特性与形状。目前用于免疫电镜的标记物主要是铁蛋白和辣根过氧化物酶（HRP）。铁蛋白电子密度致密，观察时反差大，优于酶标记。但铁蛋白分子量大（460000），穿透能力差，标记过程比较复杂，适于细胞表面抗原的定位。HRP 分子量小（40000），穿透力强，有利于标记抗体进入细胞内，适于细胞内的抗原定位。

2. 固定剂

免疫电镜中的固定与一般超薄切片中的固定的不同之点在于既考虑保存细胞的超微结构，又要考虑到抗原的失活。固定剂要求不损害细胞内抗原的活性；固定速度快、分子量小，易于渗透；固定后，不引起交联，避免造成空间上的阻碍，影响标记抗体进入抗原位。影响固定的因素有：

（1）固定剂的种类　目前常用的固定系统有：4％聚甲醛，1.5％～2％戊二醛，1％多聚甲醛＋1％戊二醛，4％多聚甲醛＋0.5％苦味酸＋0.25％戊二醛，96％乙醇＋1％醋酸。不论采用哪些固定剂，使用前必须用已知效价的抗原做一系列预实验，探求固定剂的种类、浓度、温度、pH及固定时间等，然后做出预处理的效价，作为失活参考以再选择最适条件。

（2）固定剂的浓度　同一固定剂的不同浓度固定时间不同，浓度过大，对抗原的活性有影响；浓度过小，固定效果差。

（3）固定剂的pH　不同的pH固定时间不同。

（4）固定剂的温度　温度高，固定快，一般采用2～4℃冷固定。这样能降低细胞的自溶作用和水分的抽提。

（5）离子强度　固定时间与缓冲系的离子强度有关，离子强度大，渗透压大，穿透力强，固定越快。

3. 非特异性吸附

非特异性吸附与酶标抗体、抗血清的稀释度、染色时间、温度及介质等有关，低蛋白浓度有利于降低非特异性吸附，所以将抗血清及标记抗体稀释到低蛋白浓度，标记染色效果较理想。实际应用的蛋白浓度大致在0.50～2mg/mL，工作效价一般在（1：20）～（1：400）。实际工作中，将标记抗体或抗血清稀释到1：100倍以上，非特异性吸附降得很低，可获得理想的阳性结果。

工作浓度的选择是将标记抗体或抗血清作1：2、1：4、1：8…1：256的稀释，做已知阳性标本的标记染色观察，取其阳性沉积物明显，而非特异性吸附最低的稀释度作为工作浓度。

4. 标记染色法

标记染色法分为直接染色法与间接染色法两种。前者的特点是特异性较高，敏感性低，标记抗体只能用于检测一种抗原。后者敏感性较强，一种标记抗体可用于多种抗原的检测，缺点是特异性较差。

（五）免疫电镜技术的应用

通过特殊标记的抗体与相应抗原相结合，在免疫电镜下能够从亚细胞水平对所标记的抗原进行精准定位。崔晓峰等在《烟草曲茎病毒复制蛋白基因的原核表达和免疫定位》中对烟草曲茎病毒（Tobacco curly shoot virus，TbCSV）的复制蛋白（Rep）进行标记，发现其存在于病株的细胞核中。

秦红艳等在《甘蔗花叶病毒胶体金免疫电镜技术检测和鉴定病汁液中不同形态的植物病毒》中对甘蔗花叶病毒（Sugarcane mosaic virus，SCMV）进行标记后发现，在玉米茎和叶脉的韧皮部筛管的细胞壁中有用于标记的金颗粒。

李红叶等在《葡萄扇叶病毒移动蛋白在寄主体内的动态检测和免疫金标记》中利用免疫电镜技术对葡萄扇叶病毒（Grapenive fanleaf virus，GFLV）移动蛋白P38进行标记，结果显示胶体金能定位在细胞质、细胞壁和胞间连丝上，在管状结构中也能有少量标记，从而说明 GFLV 是通过管状结构实现细胞间移动的。

于翠等在《进境百合种球上草莓潜隐环斑病毒的检测方法》中利用"诱捕法"对 ELISA 检测阳性的样品进行免疫吸附电镜观察，从 ELISA 检测阳性的百合种球和隔离种植的百合种苗叶片样品中均能观察到直径约 30nm 的球状病毒粒子，与洪健等报道的草莓潜隐环斑病毒（SLRSV）粒子形态和大小一致。

温立斌等在《类猪圆环病毒 P1 的免疫电镜观察》中采用氯化铯平衡密度梯度离心获得较为纯净的病毒粒子后，经过免疫电镜技术（液相免疫电镜法和免疫胶体金标记法）对 P1 病毒进行了观察鉴定。结果表明，P1 病毒呈球形、无囊膜，直径约为 25nm。

程顺峰在《鱼类淋巴囊肿病毒免疫诊断技术的研究》中应用免疫电镜方法检测样品，观察结果显示：胶体金颗粒集中结合在淋巴囊肿病毒粒子囊膜周围，在病毒外区域没有胶体金颗粒散布，整个视野背景清洁，无散在的金颗粒和其他污染物；斑点免疫印迹诊断结果显示：在使用 EDTA 抑制内源酶后，所检测样品发色后呈明显褐色，呈现明显的 LCDV 阳性反应，而设立的两组阴性对照结果均不发色；诊断结果说明所建立的淋巴囊肿病毒单克隆抗体诊断技术灵敏、稳定、特异、可靠。

苟娜娜等在《传染性软化病病毒感染家蚕中肠上皮细胞的免疫电镜观察》中的电镜观察显示，在感染早期，微绒毛膜、线粒体附近及相邻两个细胞的细胞膜和内质网中较易发现胶体金颗粒（10nm）的吸附；其后在微绒毛中间和细胞质中，以及内质网和特异性小泡体的界限膜附近出现或较多存在，但线粒体和特异性小泡体的内部未见金颗粒的吸附。

孙京臣等在《家蚕质多角体病毒 RDRP 的免疫电镜定位研究》中应用 3％多聚甲醛-0.1％戊二醛混合固定液、K4M 低温包埋剂和紫外光聚合制备的样品进行免疫电镜观察，结果感染 BmCPV(C) 病蚕的中肠柱状细胞中，游离和病毒多角体中 BmCPV 的病毒粒子均能结合胶体金颗粒，平均标记率为 25％，认为 BmCPV(C)RDRP 基因编码的蛋白质应为 Bm-CPV 病毒的结构蛋白，位于病毒的衣壳上。

免疫电镜技术具有快速、准确、节约材料等特点，因此在当前得到了广泛的应用，尤其是在植物病原真菌、病毒等类似检测中得到了应用。免疫电镜技术与酶联免疫法相比，虽然在灵敏度上相似，但是比酶联免疫法更加直观和准确，对于一些难以鉴定的木本植物病毒也能够实现检测。免疫电镜技术可以直接检测感染病毒的组织抽提液，除了对病毒定性之外，还能够用在植物粗汁液中病毒粒体的定量分析中。由于免疫电镜技术具有的诸多优点，因此其成为了目前较为理想的检测手段之一。

六、免疫转印技术

免疫转印（immunoblotting）技术又称蛋白质印迹或 Western blot，是一种将蛋白凝胶电泳、膜转移电泳与抗原反应相结合的新型免疫分析技术。蛋白质（病毒、细菌蛋白）经 SDS-聚丙烯酰胺凝胶电泳（SDS-PAGE），根据分子量的大小分成区带，然后通过转移电泳将 SDS-PAGE 上的蛋白质转印到硝酸纤维滤膜上，加上相应的标记抗体（如酶标抗体、胶体金标记抗体、荧光抗体、放射性同位素标记抗体），也可先加抗体反应，再加标记的抗抗体，通过对抗体的标记物的检测，分析特异性抗原蛋白区带。

免疫转印技术是蛋白质组分分析和蛋白多肽分子量分析的主要方法，已广泛用于病毒蛋白和基因表达重组蛋白多肽的分析，是基因工程中不可缺少的方法之一。

（一）步骤

1. 目的蛋白的分离

经过纯化的目的蛋白直接进入下一步，未经过纯化的目的蛋白需通过 SDS-PAGE（根据分子量）或等点聚焦电泳（根据 pI）进行分离。

2. 转印

转印就是将蛋白质由 SDS 凝胶上转移到固相支持物上。首选的固相支持物是硝酸纤维素膜（NC 膜）。

（1）半干电转印法　将凝胶和固相基质以三明治样夹在缓冲液浸润的滤纸中，电转印 10～30min。

（2）湿法电转印法　将凝胶和固相基质夹在滤纸中间浸在转印装置的缓冲液中，通电转印 45min 或过夜。

3. 免疫检测

（1）NC 膜的封闭　为防止 NC 膜的非特异性背景着色，用封闭液对 NC 膜进行封闭。常用的封闭液为加有脱脂奶粉、小牛血清或牛血清白蛋白的缓冲液。

（2）靶蛋白与特异性抗体（一抗）反应　将可识别靶蛋白的单克隆抗体（McAb）或 PcAb 与 NC 膜一同温育。

（3）靶蛋白与标记的二抗反应　待上步反应结束后，洗涤 NC 膜，使之与标记的二抗反应，二抗可用放射性同位素、酶、生物素、胶体金等标记。

4. 指示反应

根据标记物的不同，可采用放射自显影、底物显色等在 NC 膜上显示相应的检测蛋白带。

（二）注意事项

（1）确定检测蛋白经 SDS 和还原剂处理后，其抗原决定簇仍然可与相应的抗体结合。特别是在用单克隆抗体作为第 1 抗体时应考虑这一点。

（2）保证检测所用抗体的特异性，尤其是一抗的特异性特别重要，一抗和标记体的浓度通常根据实际情况调整。

（3）操作过程中，皮肤油脂和分泌物会阻止蛋白质从凝胶转移到滤膜上，拿取凝胶、滤纸和 NC 膜时，必须戴手套。

（4）转印时电流过高产生的热量会在凝胶和 NC 膜之间形成气泡，导致转印失败。在转印缓冲液中加入 20% 的甲醇，虽然降低蛋白质的洗脱效率，但可以提高其与硝酸纤维素结合的能力。或者在缓冲液中加入终质量分数为 0.1% 的 SDS，也可以提高转印效率。

（三）免疫转印技术的应用

陆苹等在《鸡传染性支气管炎病毒（IBV）结构蛋白的研究》中应用 SDS-PAGE 对病毒的结构蛋白进行研究，结果显示：T 株病毒与 M41 和 H52 的结构蛋白存在一定的相似性，均具有分子质量为 90kDa、84kDa、67kDa 和 43kDa 的蛋白质带，但 T 株病毒还具有一条分子质量为 61kDa 的条带，而且它的相对含量很高，肾型传支上海地区野毒株与 T 株相似，也主要具有这条 61kDa 的条带，应用兔抗 IBV-T 血清转印，显示 61kDa 结构蛋白均具较强的免疫反应性，推测在肾型传支中该结构蛋白与诱导保护性免疫应答有关。

严亚贤等在《猪繁殖-呼吸综合征病毒上海分离株的病毒特性研究》中对猪繁殖-呼吸综合征病毒（PRRSV）上海分离株（SH_1）的理化特性和结构蛋白进行研究。结果表明，SH_1 分离株能致 Marc145 细胞典型病变，$TCID_{50}$ 为 $10^{5.9} mL^{-1}$，对氯仿和乙醚、酸（pH5.5 以下）、碱（pH8 以上）、热（水浴 56℃ 10min 以上、37℃ 24h 以上、28℃ 48h 以上）均敏感。病毒负染可见以具囊膜的球形为主，囊膜上有纤突，大小为 60～85nm。超薄切片可见病毒存在于细胞浆中。SH_1 分离株的病毒培养液经差速离心和非线性蔗糖密度梯度纯化，SDS-PAGE 显示病毒结构蛋白的分子量为 24000、19500、16000。免疫转印可见 3 条结构蛋白均能被 PRRSV 美洲株高免血清识别。

莫小见等在《犬瘟热病毒南京株 H 蛋白基因的克隆与表达》中的免疫转印试验显示，该重组蛋白可被 CDVOnderstepoort 兔抗血清识别，表明该重组蛋白具备部分抗原性。

王志亮等在《牛海绵状脑病几种免疫学检测方法的比较》中利用免疫转印技术对脑样品进行检测，在适当条件下经蛋白酶作用，除去脑组织中正常 PrP，经变性处理后电泳，将脑组织中的不同蛋白质分开，而后通过电转移将蛋白质转移到膜上，分别用单克隆抗体和酶标第二抗体进行免疫反应，最后用化学发光底物结合底片曝光进行显示，牛海绵状脑病（BSE）阳性者出现 27～30kDa 蛋白质带，标准样品经过免疫转印检测后结果与真实情况符合，均为 100%。

免疫转印技术有利于蛋白质组分分析和蛋白多肽分子量分析，现已广泛用于病毒蛋白和基因表达重组蛋白多肽的分析中。

七、流式细胞仪

流式细胞仪（flow cytometer）是对细胞进行自动分析和分选的装置。它可以快速测量、存储、显示悬浮在液体中分散细胞的生物物理、生物化学特征参量，如分析细胞表面标志，细胞内抗原物质，细胞受体，肿瘤细胞的 DNA、RNA 含量，免疫细胞的功能，根据预选的参量把指定的细胞亚群分选出来。多数流式细胞仪只能测量一个细胞总核酸量、总蛋白量等指标，不能鉴别和测出某一特定部位的核酸或蛋白质的量。

（一）基本组成结构

流式细胞仪主要由流动室和液流系统、激光源和光学系统、光电管和检测系统以及计算机和分析系统四部分组成。

1. 流动室和液流系统

流动室由样品管、鞘液管和喷嘴等组成，常用光学玻璃、石英等透明、稳定的材料制作，是液流系统的心脏。样品管储放样品，单个细胞悬液在液流压力作用下从样品管射出；鞘液由鞘液管包围在样品外周后从四周流向喷孔，从喷嘴射出。为了保证液流是稳液，一般限制液流速度 $v < 10 m/s$。由于鞘液的作用，被检测细胞被限制在液流的轴线上。流动室上装有压电晶体，受到振荡信号可发生振动。

2. 激光源和光学系统

经特异荧光染色的细胞需要合适的光源照射激发才能发出荧光供收集检测。常用的光源有弧光灯和激光；激光器又以氩离子激光器最普遍，也有氦离子激光器或染料激光器。光源主要根据被激发物质的激发光谱而定。汞灯是最常用的弧光灯，其发射光谱大部分集中于 $300 \sim 400nm$，很适合需要用紫外光激发的情况。氩离子激光器的发射光谱中，绿光 514nm 和蓝光 488nm 的谱线最强，约占总光强的 80%；氦离子激光器光谱多集中在可见光部分，以 647nm 较强。染料激光器将有机染料作为激光器泵浦的一种成分，可使原激光器的光谱发生改变以适应需要。免疫学上使用的一些荧光染料激发光波长在 550nm 以上。为使细胞得到均匀照射，提高分辨率，照射到细胞上的激光光斑直径应和细胞直径相近。因此需将激光光束经透镜会聚。光斑直径 d 可由下式确定：

$$d = 4\lambda f / \pi D$$

式中，λ 为激光波长；f 为透镜焦距；D 为激光束直径。色散棱镜可选择激光的波长，调整反射镜的角度调谐到所需要的波长 λ。为了进一步使检测的发射荧光更强，提高荧光信号的信噪比，在光路中还使用了多种滤片选择或滤除某一段波长的光线。例如使用 525nm 带通滤光片只允许 FITC（异硫氰酸荧光素）发射的 525nm 绿光通过。长波通过二向色性反射镜，只允许某一波长以上的光线通过而将此波长以下的波长的光线反射。在免疫分析中常同时探测两种以上的波长的荧光信号，就采用二向色性反射镜，或二向色性分光器，将各种荧光分开。

3. 光电管和检测系统

经荧光染色的细胞受光激发后所产生的荧光是通过光电转换器转变成电信号测量的。光电倍增管（PMT）是最为常用的光电转换器。PMT 的响应时间短，仅为 ns 数量级；光谱响应特性好，在 $200 \sim 900nm$ 的光谱区，光量子产额比较高。光电倍增管的增益可连续调节，因此对弱光测量十分有利。光电管运行时工作电压要稳定，工作电流及功率不能太大，一般功耗低于 0.5W；最大阳极电流在几个毫安。此外要注意对光电管进行暗适应处理，并注意良好的磁屏蔽。在使用中还要注意安装位置不同的 PMT，因为光谱响应特性不同，不宜互换。也有用硅光电二极管的，其在强光下稳定性比 PMT 好。

从 PMT 输出的电信号仍然较弱，需要经过放大后才能输入分析仪器。流式细胞仪中一般备有两类放大器。一类是线性放大器，其输出信号幅度与输入信号成线性关系，适用于在较小范围内变化的信号以及生物学线性过程的信号。另一类是对数放大器，输出信号和输入信号之间成常用对数关系，在免疫学测量中常使用。因为免疫分析时常要同时显示阴性、阳性和强阳性三个亚群，它们的荧光强度相差 $1 \sim 2$ 个数量级，而且在多色免疫荧光测量中，用对数放大器采集数据易于解释。此外对数放大器调节便利、细胞群体分布形状不易受外界条件影响。

4. 计算机和分析系统

经放大后的电信号被送往计算机分析器。多道的道数是和电信号的脉冲高度相对应的，也是和光信号的强弱相关的。对应道数纵坐标通常代表发出该信号的细胞相对数目。多道分析器出来的信号再经模-数转换器输往微机处理器编成数据文件，或存储于计算机的硬盘和软盘上，或存于仪器内以备调用。计算机的存储容量较大，可存储同一细胞的 $6 \sim 8$ 个参数。存储于计算机内的数据可以在实测后脱机重现，进行数据处理和分析。

除上述四个主要部分外，还备有电源及压缩气体等附加装置。

（二）工作原理

1. 参数测量原理

流式细胞仪可同时进行多参数测量，信息主要来自特异性荧光信号及非荧光散射信号。测量区是照射激光束和喷出喷孔的液流束垂直相交点。液流中央的单个细胞通过测量区时，受到激光照射会向立体角为 2π 的整个空间散射光线，散射光的波长和入射光的波长相同，散射光与散射中心的细胞的参数、散射角及收集散射光线的立体角等因素有关。

正常细胞对光线都具有特征性的散射，细胞的大小、形态、质膜和细胞内部结构影响细胞对光线的反射、折射、散射光的强度及其空间分布。经过固定的和染色的细胞光学性质发生改变，因此利用散射光信号只能对不经染色的活细胞进行分析和分选。

在流式细胞仪测量中，常用两种散射方向的散射光测量：

① 前向角（即 0°角，激光束照射方向与收集散射光信号的光电倍增管轴向方向之间的角度）散射 一般说来，前向角散射光的强度与细胞的大小有关，对同种细胞群体随着细胞截面积的增大而增大；对球形活细胞在小立体角范围内基本上和截面积大小成线性关系；对于形状复杂具有取向性的细胞则可能差异很大。

② 侧向散射（SSC） 又称 90°角散射。侧向散射光的测量主要用来获取有关细胞内部精细结构的颗粒性质的有关信息。侧向散射光虽然也与细胞的形状和大小有关，但它对细胞膜、胞质、核膜的折射率更为敏感，也能对细胞质内较大颗粒给出灵敏反应。在使用中，仪器首先要对光散射信号进行测量。当光散射分析与荧光探针联合使用时，可鉴别出样品中被染色和未被染色的细胞。光散射测量最有效的用途是从非均一的群体中鉴别出某些亚群。

荧光信号主要包括两部分：

① 自发荧光 即不经荧光染色，细胞内部的荧光分子经光照射后所发出的荧光；自发荧光信号为噪声信号，在多数情况下会干扰对特异荧光信号的分辨和测量。一般说来，细胞成分中能够产生自发荧光的分子（如核黄素、细胞色素等）的含量越高，自发荧光就越强；培养细胞中死细胞/活细胞比例越高，自发荧光越强；细胞样品中所含亮细胞的比例越高，自发荧光越强。减少自发荧光干扰、提高信噪比的主要措施是：a. 尽量选用较亮的荧光染料；b. 选用适宜的激光和滤片光学系统；c. 采用电子补偿电路，将自发荧光的本底贡献予以补偿。

② 特征荧光 即细胞经染色结合上的荧光染料受光照而发出的荧光，其荧光强度较弱，波长也与照射激光不同。

2. 样品分选原理

流式细胞仪的分选功能是由细胞分选器来完成的。总的过程是：由喷嘴射出的液柱被分割成一连串的小液滴，根据选定的某个参数由逻辑电路判明是否将被分选，而后由充电电路对选定细胞液滴充电，带电液滴携带细胞通过静电场而发生偏转，落入收集器中；其他液体被当作废液抽吸掉，某些类型的仪器也有采用捕获管来进行分选的。

稳定的小液滴是由流动室上的压电晶体在几十千赫兹（kHz）的电信号作用下发生振动而迫使液流均匀断裂而形成的。一般液滴间距约数百微米（μm）。经验公式 $f = v/4.5d$ 给出形成稳定水滴的振荡信号频率，式中，v 是液流速度；d 为喷孔直径。由此可知：使用不同孔径的喷孔及改变液流速度，可能改变分选效果。使分选的含细胞液滴在静电场中的偏转是由充电电路和偏转板共同完成的。充电电压一般选＋150V，或－150V；偏转板间的电位差为数千伏。充电电路中的充电脉冲发生器是由逻辑电路控制的，因此从参数测定经逻辑选择再到脉冲充电需要一段延迟时间，一般为数十毫秒（ms）。精确测定延迟时间是决定分选质量的关键，多采用移位寄存器数字电路来产生延迟。

（三）技术参数指标

为了表征仪器性能，往往根据使用目的和要求而提出几个技术指标来定量说明。流式细胞仪常用的技术指标有荧光分辨率、荧光灵敏度、适用样品浓度、分选纯度、可分析测量参数等。

1. 荧光分辨率

强度一定的荧光在测量时是在一定道址上的一个正态分布的峰，荧光分辨率是指两相邻的峰可分辨的最小间隔。通常用变异系数（CV 值）来表示。CV 的定义式为：

$$CV = \sigma/\mu$$

式中，σ 为标准偏差；μ 是平均值。在实际应用中，我们使用关系式 $\sigma = 0.423FWHM$，式中，FWHM 为峰在峰高一半处的峰宽值。现在市场上仪器的荧光分辨率均优于 2.0%。

2. 荧光灵敏度

荧光灵敏度是流式细胞仪所能探测的最小荧光强度。一般用荧光微球上所标可测出的 FITC 的最少分子数来表示。现在市场上使用的仪器均可达到 1000 左右。

3. 分析速度/分选速度

分析速度/分选速度是流式细胞仪每秒可分析/分选的数目。一般分析速度为 5000～10000；分选速度掌握在 1000 以下。

4. 样品浓度

样品浓度指流式细胞仪工作时样品浓度的适用范围。

（四）调试和校准

流式细胞仪在使用前，甚至在使用过程中都要精心进行调试，调试的项目主要是激光强度、液流速度和测量区的光路等。

激光强度：调整反射镜的角度使所需波长的激光出光，结合显示屏上的光谱曲线使激光的强度输出为最大。

液流速度：通过操作台数字显示监督，调节气体压力以获得稳定的液流速度。

测量区光路调节：这是调试工作的关键，一般可在用标准荧光微球等校准中完成，保证在测量区的液流、激光束、90°散射测量光电系统垂直正交，而且交点较小。

流式细胞仪所测得的是相对值，因此需要对系统进行校准或标定，才能获得绝对值。因而流式细胞术（FCM）中的校准具有双重功能：仪器的准直调整和定量标度。标准样品应该稳定，有形成分形状应是大小一致的球形，样品分散性能良好，且经济、容易获得。常用标准荧光微球作为非生物学标准样品，鸡血红细胞作为生物学标准样品。微球用树脂材料制作，或标有荧光素，或不标记荧光素。所用的鸡血红细胞标准样品制作过程为：取 3.8% 枸橼酸或肝素抗凝的鸡血（抗凝剂：鸡血＝1∶4），经 PBS 清洗 3 次，再用 5～10mL 的 1.0% 戊二醛与清洗后的鸡红细胞混合，室温下振荡醛化 24h，最后经 PBS 再清洗，贮 4℃ 冰箱中备用。因为未经荧光染色，所测光信号为鸡血红蛋白的自发荧光。

（五）操作程序

① 打开电源，对系统预热。

② 打开气体阀，调节压力，获得适宜的液流速度；开启光源冷却系统。

③ 在样品管中加入去离子水，冲洗液流的喷嘴系统。

④ 利用校准标准样品，调整仪器，在激光功率、光电倍增管电压、放大器电路增益调定的基础上，使 0°和 90°散射的荧光强度最强，变异系数为最小。

⑤ 选定流速、测量细胞数等测量参数，在同一条件下测量样品和对照；同时选择计算机屏上数据的显示方式，使能直观掌握测量进程。

⑥ 样品测量完毕后，再用去离子水冲洗液流系统。

⑦ 实验数据存入计算机，关闭气体、测量装置，用计算机进行数据处理。

（六）注意事项

（1）光电倍增管要求工作条件稳定，暴露在较强的光线下，需要较长时间的"暗适应"以消除或降低部分暗电流本底才能工作；另外还要注意磁屏蔽。

（2）光源不得在短时间内（一般要 1h 左右）关上又打开；使用光源必须预热，注意冷却系统是否正常。

（3）液流系统需随时保持畅通，避免气泡栓塞，鞘流液使用前要过滤、消毒。

（4）根据测量对象选用合适的滤片系统以及放大器的类型等。

（5）每次测量都需要对照组。

（七）流式细胞仪的应用

王津津等在《流式细胞仪在快速测定鲤春病毒血症病毒滴度中的应用》中建立了流式细胞仪快速检测鲤春病毒血症病毒（spring viraemia of carp virus，SVCV）滴度的方法。运用荧光激活细胞分选（fluorescence-activated cell sorting，FACS）技术检测 SVCV A1 株对草鱼性腺细胞系（GCO）的感染情况。用 SVCV 病毒单克隆抗体为一抗、FITC 标记的羊抗鼠抗体为二抗，运用 FACS 来检测感染后不同时间点，以及不同病毒接种量的阳性细胞率。感染第 3 天时为最佳的病毒滴度测定时间点，测得 SVCV 的病毒滴度为 8.31×10^5 FIU/mL，最低检测病毒滴度为 1000FIU/mL，与传统空斑试验（plaque assay，PA）相比，两种方法测得的结果基本一致。实验结果表明，FACS 是一种简捷、高效、直接的检测 SVCV 滴度的方法，是一种新型的病毒滴度测定方法。

孙辉在《秦皇岛扇贝养殖区浮游病毒丰度及多样性的研究》中采用了流式细胞仪技术分析了养殖区浮游病毒及其宿主的丰度分布，并首次采用了宏基因组技术研究了养殖区浮游病毒的多样性，同时与非养殖区浮游病毒的丰度分布以及多样性进行了对比研究，以期探讨扇贝养殖对浮游病毒丰度及多样性的影响。

付改兰等在《外来入侵植物和本地植物核 DNA C-值的比较及其与入侵性的关系》中用流式细胞仪测定了 8 科 10 属 13 种外来入侵植物、6 种本地植物和 1 种外来非入侵植物的核 DNA C-值。结果表明：作为整体，外来入侵植物的平均核 DNA C-值显著低于本地种和外来非入侵种，但对同属不同类型植物进行比较，未发现一致的规律；在 4 个既包含外来入侵种又包含本地种的属中，泽兰属（*Eupatorium*）和鬼针草属（*Bidens*）外来入侵种的核DNA C-值显著低于同属本地种，莲子草属（*Alternanthera*）的 2 种外来入侵植物中仅有 1个种的核 DNA C-值显著低于同属本地种，而草胡椒属（*Peperomia*）外来入侵种的核 DNA C-值显著高于同属本地种；表明核 DNA C-值与外来植物入侵性无必然联系。

任爱新等在《基于流式细胞术的黄瓜霜霉病菌孢子囊计数研究》中使用流式细胞术对荧光染色的孢子囊进行计数，并与显微镜血细胞计数板计数结果进行比较，结果显示：流式细胞仪计数结果与显微镜血细胞计数板计数结果得到的孢子囊浓度没有显著差异（$P<0.01$），对两种方法获得的孢子囊浓度取对数后进行相关性分析，显示流式细胞仪测定的孢子囊浓度与显微镜血细胞计数板计数得到的孢子囊浓度高度相关，相关系数为 0.9934，表明流式细胞术可以应用于古巴假霜霉菌孢子囊的计数。

杭尧在《流式细胞仪在猪链球菌黏附细胞研究中的应用》中以革兰氏阳性菌猪链球菌 2型（SS2）为研究模型，采用 CFDA-SE 细胞增殖与示踪检测试剂盒标记 SS2，将带有 CFDA-SE 绿色荧光的 SS2 分别与 Hep-2 细胞和 RAW 巨噬细胞作用，利用流式细胞仪检测分析，比较猪链球菌 2 型野生株与突变株的差异，以期找出能与猪链球菌 2 型黏附相关的基因。同时用常规平板计数方法检测 SS2 黏附 Hep-2 细胞和 RAW 巨噬细胞，将统计结果与流式细胞仪检测结果进行比较。

第七节　分子生物学鉴定技术

一、 PCR 扩增技术

PCR 技术可将极微量的靶 DNA 特异地扩增上百万倍，从而大大提高对 DNA 分子的分析和检测能力，能检测单分子 DNA 或每 10 万个细胞中仅含 1 个靶 DNA 分子的样品，具有敏感性高、特异性强、快速、简便等优点，在分子生物学、微生物学及遗传学等领域得到广泛应用和迅速发展。

（一） PCR 技术原理

PCR 扩增 DNA 的原理是：将含有所需扩增分析的双链靶 DNA 热变性，解开为两个单链 DNA，然后加入一对人工合成的寡聚核苷酸片段为左右引物，其序列与所扩增的 DNA两端序列互补，一般由 20～30 个碱基对组成，过少则较难保持与 DNA 单链的结合。引物在反应中起引导作用，特异性地限制扩增 DNA 片段范围大小。引物与互补 DNA 结合后，以靶 DNA 单链为模板，经复性（退火），在 *Taq* DNA 聚合酶的作用下以 4 种脱氧核苷三磷酸（dNTPs）为原料按 $5'$ 到 $3'$ 方向将引物延伸、自动合成新的 DNA 链，使 DNA 重新复制成双链，然后又开始第二次循环扩增。如图 6-11 所示。

新合成的 DNA 链含有引物的互补序列，并又可作为下一轮聚合反应的模板。如此重复上述 DNA 模板加热变性、双链解开—引物退火复性—在 DNA 聚合酶作用下引物延伸的循环过程，使 DNA 产物增加 1 倍，经反复循环，使靶 DNA 片段指数性扩增。

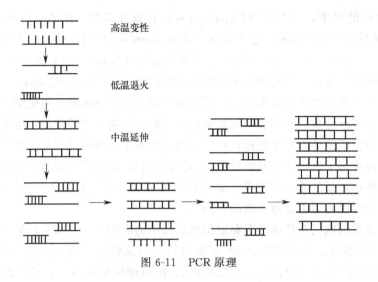

高温变性

低温退火

中温延伸

图 6-11　PCR 原理

PCR 的扩增倍数 $Y=(1+E)_n$，式中，Y 是扩增量；n 为 PCR 的循环次数；E 为 PCR 循环扩增效率。可见 PCR 循环扩增效率及循环次数都对扩增数量有很大影响。

PCR 扩增属于酶促反应，遵循酶促动力学原理。靶 DNA 片段的扩增最初表现为直线上升，随着靶 DNA 片段的逐渐积累，当引物-模板/DNA/聚合酶达到一定比值时，酶的催化反应趋于饱和，此时靶 DNA 产物的浓度不再增加，即出现平台效应。PCR 反应达到平台期的时间主要取决于反应开始时样品中的靶 DNA 的含量和扩增效率，起始模板量越多到达平台期的时间就越短；扩增效率越高到达平台期的时间也越短。另外酶的含量、dNTP 浓度、非特异性产物的扩增都对到达平台期时间有影响。

（二）　PCR 操作方法

1. 试剂准备

（1）引物　引物为与所扩增的 DNA 两端序列互补的寡聚核苷酸片段，决定扩增的特异性。检测的 DNA 不同，选用引物不同，每种病原微生物都有自己特异的引物。

（2）耐热的 DNA 聚合酶　此酶是从耐热细菌中分离出来的，能耐受 90～100℃高温。

（3）10×PCR 缓冲液　500mmol/L。KCl：100mmol/L。$MgCl_2$：1mg/mL，Tris-HCl（pH8.4，20℃）：150mmol/L。

（4）5mmol/L dNTP 贮备液　将 dATP、dCTP、dGTP 和 dTTP 钠盐各 100mg 合并，加入灭菌去离子水溶解，用 NaOH 调 pH 至中性，分装每份 300μL，−20℃保存。dNTP 浓度最好用 UV 吸收法精确测定。

（5）DNA 模板　用处理液处理待测标本，暴露标本中被检测的 DNA（见标本样品处理）。

2. 标本样品处理

PCR 标本中的杂质抑制 Taq DNA 聚合酶的活性，必须经适当处理，使待扩增 DNA 暴露，能与引物复性。可用 3% 异硫氰酸胍和待检标本于 100℃混合 10min，离心取上清液作为 PCR 模板。

由于固定组织标本的 DNA 常发生降解，给 Southern 转印杂交等分析方法带来一定困难。Impraim 等先从组织标本中提取 DNA，再用 PCR 进行特异性的扩增，成功地从保存 30～40 年之久的组织标本 DNA 中扩增了 HPV 病毒基因片段。但这种方法需要提取 DNA，操作比较烦琐。1988 年 Shibata 等将固定包埋的组织块制成 5～10μm 厚、0.4cm 大小的切片。将切片放入容积为 500μL 的 Eppendorf 管内。加入 400μL 二甲苯脱脂，离心除去二甲苯，用 400μL 95％乙醇洗去残余二甲苯，离心除尽乙醇，加入 100μL PCR 反应基质，将 Eppendorf 管放入沸水浴中煮 10min，然后进行 DNA 扩增。

因为 PCR 只能对 DNA 模板进行扩增，在应用 PCR 方法检测 RNA 病毒时，首先应将 RNA 转化成 cDNA 才能进行扩增，这种 RNA 的 PCR 反应称为反转录 PCR，简称 RT-PCR。反转录需要在反转录酶的作用下完成。

3. 操作程序

（1）向一微量离心管中依次加入：

DNA 模板	$10^2 \sim 10^5$ 拷贝
引物	各 1$\mu mol/L$
dNTP	各 200$\mu mol/L$
10×PCR 缓冲液	1/10 体积
ddH_2O	补到终体积（终体积 50～100μL）

混匀后，离心 15s 使反应成分集于管底。以上步骤仅在初期用，现在商品化试剂已将 dNTP、10×PCR 缓冲液、引物、ddH_2O 混合在一起，反应体积为 20～25μL，只要试验人员加入处理好的样品就可以了。

（2）加液状石蜡 50～100μL 于反应液表面以防蒸发，于 97℃变性 10min。

（3）冷至延伸温度时，加入 1～5U Taq DNA 聚合酶，离心 30s 使酶和反应液充分混合。现在使用试剂酶通常已加入反应液中。

（4）PCR 的循环程序为：94℃变性 30s，55℃退火 20s，然后在 72℃延伸 30s，循环 30～35 次。最后一次循环结束后，再将反应管置 72℃温育 5min，以确保充分延伸。

（三）影响 PCR 的因素

1. 模板核酸浓度

PCR 可以 DNA 为模板进行体外扩增。但是模板 DNA 浓度太高或太低会导致扩增失败。

2. 引物

PCR 的特异性取决于引物的特异性，扩增产物的大小也是由特异引物限定的。因此，引物的设计与合成对 PCR 的成功与否起着决定性作用。合成的引物中会有相当数量的"错误序列"，其中包括不完整的序列和脱嘌呤产物以及可检测到的碱基修饰的完整链和高分子量产物。这些序列可导致非特异扩增和信号强度的降低。因此，合成的引物必须经聚丙烯酰胺凝胶电泳或反向高压液相色谱（HPLC）纯化。冻干引物于－20℃至少保存 12～24 个月，液体状态于－20℃可保存 6 个月。引物不用时应存于－20℃保存。

PCR 反应中引物的量也影响 PCR 扩增效果，当 PCR 引物量太低时，产物量降低，会出现假阴性。引物浓度过高会促进引物错误引导非特异产物合成，还会增加引物二聚体的形成。非特异产物和引物二聚体也是 PCR 反应的底物，与靶序列竞争 DNA 聚合酶、dNTP 底物，从而使靶序列的扩增量降低。一般认为 PCR 反应中引物的终浓度为 $0.2\sim1\mu mol/L$ 为宜。

3. 缓冲液

PCR 反应的缓冲液给 *Taq* DNA 聚合酶提供了一个最适酶催化反应条件。目前常用的缓冲体系为 $10\sim50mmol/L$ Tris-HCl（pH8.3～8.8，20℃）。Tris 是一种双极性离子缓冲液，20℃时其 pK_a 值为 8.3，ΔpK_a 值为 $-0.021/℃$。因此，20mmol/L Tris-HCl（pH8.3，20℃）在实际 PCR 中，pH 变化于 6.8～7.8 之间。改变反应液的缓冲能力，如将 Tris 浓度加大到 50mmol/L（pH8.9），有时会增加产量。

反应混合液中 50mmol/L 以内的 KCl（pH8.9）有利于引物的退火，50mmol/L NaCl 或 50mmol/L 以上的 KCl 则抑制 *Taq* DNA 聚合酶的活性。有些反应液中以 NH_4^+ 代 K^+，其浓度为 16.6mmol/L。反应中加入小牛血清白蛋白（100$\mu g/mL$）或明胶（0.01%）或 Tween 20（0.05%～0.1%）有助于酶的稳定，加入 5mmol/L 的二硫苏糖醇（DTT）也有类似作用，尤其在扩增长片段（延伸时间长）时，加入这些酶保护剂对 PCR 反应是有利的。

4. Mg^{2+}

Mg^{2+} 是 *Taq* DNA 聚合酶活性所必需的，直接影响着酶的活性与忠实性，影响引物的退火、模板与 PCR 产物的解链温度、产物的特异性以及引物二聚体的形成等。DNA 模板、引物和 dNTP 的磷酸基团均可与 Mg^{2+} 结合，降低 Mg^{2+} 浓度。Mg^{2+} 浓度过低时，酶活力显著降低；过高时，导致非特异性扩增产物的累积。

5. 三磷酸脱氧核苷酸

四种脱氧核苷三磷酸（dATP、dCTP、dGTP、dTTP）是 DNA 合成的基本原料，直接影响 PCR 反应的成败。PCR 反应中 dNTP 含量太低，PCR 扩增产量太少、易出现假阴性。过高的 dNTP 浓度会导致聚合和错配掺入。一般认为最适的 dNTP 浓度为 $50\sim200\mu mol/L$。

6. 耐热 DNA 聚合酶

Taq DNA 聚合酶是从水生栖热菌 *Thermus aquaticus*（*Taq*）中分离出的热稳定性 DNA 聚合酶，该酶的最适温度很高（79℃），使引物在高温下进行退火和延伸，这样便增加了反应的总强度并减少了与错配引物的延伸。使用 *Taq* DNA 聚合酶不仅简化了 PCR 程序，也极大地增加了 PCR 特异性及 PCR 扩增效率。在 PCR 反应中，每 $100\mu L$ 反应液中含 1～2.5U *Taq* DNA 聚合酶为佳，酶的浓度太低会使扩增产物产量降低，如果酶的浓度太高则会出现非特异性扩增。

7. 温度循环参数

（1）变性温度与时间 PCR 反应中模板 DNA 的变性十分重要，只有模板 DNA 和 PCR 产物双链完全解开，才能有效地和引物结合。变性温度越高，时间越长，变性就越充分。但温度过高、时间过长又会影响 *Taq* DNA 聚合酶的活性，所以通常选用变性温度为 95℃、时间 30s 为宜。在 PCR 反应中第一个循环变性最重要，需时间较长，因模板 DNA 的链比较长。

（2）复性温度与时间 复性温度决定着 PCR 的特异性。温度越低复性越好，但是容易出现引物与靶 DNA 的错配，增加非特异性结合；温度太高不利于复性，大多数 PCR 反应的复性温度在 55℃左右。确定了复性温度后，复性时间并不是关键因素。但复性时间太长会增加非特异的复性。

（3）延伸温度与时间　引物延伸温度一般为72℃。这个温度既考虑了 Taq DNA 聚合酶的活性，又考虑到引物和靶基因的结合。不合适的延伸温度不仅会影响扩增产物的特异性，也会影响其产量，72℃时，核苷酸的合成速度为 $35\sim100$ 个核苷酸/s，这取决于缓冲体系、pH、盐浓度和 DNA 模板的性质。72℃延伸 1min 对于长达 2kb 的扩增片段是足够的。然而，延伸时间过长会导致非特异性扩增带的出现。对很低浓度底物的扩增，延伸时间要长些。

（4）循环数　循环数决定着扩增的产量。在其他参数都已优化的条件下，最适循环数取决于靶序列初始浓度。靶序列的初始浓度较低时，要增加循环次数。另外，酶活性不高或量不足时也要增加循环次数，以便达到需要的扩增量。

（四）扩增产物分析

PCR 扩增 DNA 片段只是一个重要手段，扩增片段的检测和分析才是目的，根据研究对象和目的不同而采用不同的分析法。琼脂糖凝胶电泳可判断扩增产物的大小，有助于扩增产物的鉴定；点杂交除可鉴定扩增产物外，还有助于产物的分型；Southern 杂交分析可从非特异扩增产物中鉴定出特异产物的大小，增加检测的特异性与敏感性。

1. 凝胶电泳

PCR 产物可通过琼脂糖凝胶或聚丙烯酰胺凝胶电泳检测，以前者最常用，通过电泳可以判断扩增产物的大小，还可以纯化扩增产物。

琼脂糖凝胶制胶方法为 100mL TBE(Tris-硼酸) 加 1.5g 琼脂糖在微波锅内溶解，稍冷后倒入电泳槽。电泳后，用溴化乙锭染色 20min，然后用去离子水漂洗 2 次，每次 15min，于 UV 灯下观察结果并拍照。

2. 点杂交

当扩增产物是多条带时，用点杂交更合适。其基本过程是：

首先将扩增的 DNA 固定到尼龙膜或硝酸纤维素滤膜上，再用放射性或非放射性标记物标记的探针杂交。点杂交还有助于检测突变 DNA 的突变类型，用于人类遗传病诊断和某些基因的分型。放射性同位素 ^{32}P 标记的寡核苷酸探针检测的敏感性、特异性和可靠性不容怀疑，对人们认识某些疾病与基因变异的关系起了很大的作用。但是，由于同位素不稳定和放射性危害，不能常规用于临床或法医检验，用非放射性物质（生物素、荧光素和地高辛等）标记的寡核苷酸探针分析 PCR 产物以确定核酸序列变异则是一种简便而安全的方法。非放射性标记物质稳定性高，使用方便、安全，检测速度快。

3. 微孔板夹心

该法是通过一固定于微孔板的捕获探针与 PCR 产物的某一区域特异杂交使产物间接地固定于微孔板上。然后，再用生物素等非放射性标记物标记的检测探针与产物的另一区域杂交，漂洗后显色即可判断。该法需要两个杂交过程来检测一个产物，因此，其特异性较一次杂交的检测法高。该法已用于 HBV 的检测，其敏感度可达 5 个 HBV DNA 分子，其敏感性和特异性与 PCR ^{32}P 探针的 Southern 杂交法相当。PCR 微孔板夹心杂交法操作简便、快速，避免了同位素标记探针的危害，显色反应类似于临床常规应用的 ELISA，适于临床实验室常规应用。

4. PCR-ELISA

引物 5′ 端修饰后仍可进行常规 PCR 扩增特异靶序列，因此，可以通过修饰一个引物的 5′ 端使其携带便于 PCR 产物固定的功能基因，而通过另一引物 5′ 端的修饰使产物便于检测。本法避免了电泳和杂交的步骤，适于常规 ELISA 计数仪检测。

（五） PCR 特点

1. 特异性高

首次报道的 PCR 所用的 DNA 聚合酶是大肠杆菌的 DNA Polymerase I 的 Klenow 大片段，其酶活性在 90℃ 会变性失活，需每次 PCR 循环都要重新加入 Klenow 大片段，同时引物是在 37℃ 延伸（聚合）易产生模板-引物之间的碱基错配，导致特异性较差，1988 年 Saiki 等从温泉水中分离到的水生嗜热杆菌热稳定的 Taq DNA 聚合酶，在热变性处理时不被灭活，不必在每次循环扩增中再加入新酶，可以在较高温度下连续反应，扩增过程中，单核苷酸的错误掺入概率很低，其错配率一般只有约万分之一，足以提供特异性分析。选用各型病毒相对的特异寡核苷酸引物，PCR 能一次确定病毒的多重感染。如用 HPV11 和 HPV16 型病毒引物检测病妇宫颈刮片细胞可以发现部分病人存在 HPV11 和 HPV16 两型的双重感染。

2. 灵敏度高

理论上 PCR 可以按 $2n$ 倍数扩增 DNA 十亿倍以上，实际应用已证实可以将极微量的靶 DNA 扩增百万倍到足够检测分析量的 DNA，能从 100 万个细胞中检出一个靶细胞，可检测诸如病人口液等只含一个感染细胞的标本或仅 0.01pg 的感染细胞的特异性片段。

3. 操作简便，无放射性

PCR 可直接从 RNA 或染色体 DNA 中或部分 DNA 已降解的样品中分离目的基因，省去常规方法中须先进行克隆后再作序列分析的冗繁程序。已固定的和包埋的组织或切片亦可检测。PCR 不用分离提纯病毒，可直接用临床标本如血液、体液、尿液、洗液、脱落毛发、细胞、活体组织等粗制的 DNA 的提取液及总 RNA 作为反应起始物，省去费时繁杂的提纯程序，一般只需 3～4h 可完成 30 次以上的 PCR 循环及电泳分析。扩增产物可直接作序列分析和分子克隆，摆脱烦琐的基因方法。如在 PCR 引物端事先构建一个内切酶位点，扩增的靶 DNA 可直接克隆到 M13、PUC19 等相应酶切位点的载体中。PCR 一般不用同位素，无放射性，易于推广。

4. 可扩增 mRNA

mRNA 先用寡脱氧胸苷引物和反转录酶转变成单链 cDNA，再将得到的单链 cDNA 进行 PCR 扩增。有些外显子分散在一段很长的 DNA 中，难以将整段 DNA 大分子扩增和做序列分析。若以 mRNA 作模板，则可将外显子集中，用 PCR 一次便完成对外显子的扩增并进行序列分析。

（六）问题与对策

1. 假阴性

出现假阴性结果最常见的原因是：

（1） Taq DNA 聚合酶活力不够　PCR 要选用活力高、质量好的 Taq DNA 聚合酶。出现假阴性时，首先在扩增的产物中再加入 *Taq* DNA 聚合酶、增加 5～10 次循环。

（2）引物设计不合理　PCR 扩增的先决条件是引物与靶 DNA 良好的互补，尤其是要绝对保证引物的 3′端与靶基因的互补。对变异较大的扩增对象，宜采用巢式（nested）PCR 或 double PCR。

（3）模板质量不高或数量不足　尽管 *Taq* DNA 聚合酶对模板纯度要求不高，但也不允许有破坏性有机试剂的污染。提取 PCR 模板时，防止抑制酶活性污染物（如酚、氯仿）存在。

（4）循环次数不够　出现假阴性时，首先增加循环次数，否则应检查 PCR 扩增仪的温度是否准确、采集标本是否有问题，注意 Mg^{2+} 的浓度、PCR 反应的各温度点的设置要合理。

2. 假阳性

PCR 技术高度灵敏，样品中存在极微量污染的靶基因的同源序列 DNA 都会大量扩增，造成假阳性。PCR 的污染主要是标本间的交叉污染和扩增子的污染。为了避免因污染而造成的假阳性，PCR 操作时要隔离不同操作区、分装试剂、简化操作程序，使用一次性吸头。

（七）其他 PCR 技术

1. 传统定量 PCR

（1）内参照法　在不同的 PCR 反应管中加入已定量的内标和引物，内标用基因工程方法合成。上游引物用荧光标记，下游引物不标记。在模板扩增的同时，内标也被扩增。由于内标与靶模板的长度不同，二者的扩增产物可用电泳或高效液相分离开来，分别测定其荧光强度，以内标为对照定量待检测模板。

由于传统定量方法都是终点检测，即 PCR 到达平台期后进行检测，而 PCR 经过对数期扩增到达平台期时，检测重现性极差。同一个模板在 96 孔 PCR 仪上做 96 次重复实验，所得结果有很大差异，因此无法直接从终点产物量推算出起始模板量。加入内标后，可部分消除终产物定量所造成的不准确性。

若在待测样品中加入已知起始拷贝数的内标，则 PCR 反应变为双重 PCR，双重 PCR 反应中存在两种模板之间的干扰和竞争，尤其当两种模板的起始拷贝数相差比较大时，这种竞争会表现得更为显著。但由于待测样品的起始拷贝数是未知的，所以无法加入合适数量的已知模板作为内标。因此，传统定量方法虽然加入内标，但仍然只是一种粗略定量的方法。

（2）竞争法　选择突变克隆产生的含有一个新内切位点的外源竞争性模板。在同一反应管中，待测样品与竞争模板用同一对引物同时扩增（其中一个引物为荧光标记）。扩增后用内切酶消化 PCR 产物，竞争性模板的产物被酶解为两个片段，而待测模板不被酶切，可通过电泳或高效液相将两种产物分开，分别测定荧光强度，根据已知模板推测未知模板的起始拷贝数。

（3）PCR-ELISA 法　利用地高辛或生物素等标记引物，扩增产物被固相板上特异的探针所结合，再加入抗地高辛或生物素酶标抗体-辣根过氧化物酶结合物，最终酶使底物显色。常规的 PCR-ELISA 法只是定性实验，若加入内标，作出标准曲线，可实现定量检测。

2. 实时荧光定量 PCR

实时荧光定量 PCR 技术是 20 世纪 90 年代中期发展起来的一种新型核酸定量技术，是指在 PCR 反应体系中加入荧光基团，利用荧光信号积累实时监测整个 PCR 进程，最后通过标准曲线对未知模板进行定量分析的方法。

与普通 PCR 相比，它具有快速、灵敏、高通量、特异性强、自动化程度高、重复性好、定量准确等特点。但是实时荧光定量 PCR 技术会受到非靶序列 DNA 的干扰，如何排除背景的影响，使实时荧光定量 PCR 具有普遍性是人们面临的又一个挑战。

（1）检测方法

① SYBR Green I 法　在 PCR 反应体系中，加入过量 SYBR 荧光染料，SYBR 荧光染料非特异性地掺入 DNA 双链后，发射荧光信号，而不掺入链中的 SYBR 染料分子不会发射任何荧光信号，从而保证荧光信号的增加与 PCR 产物的增加完全同步。SYBR 仅与双链 DNA 进行结合，因此可以通过溶解曲线，确定 PCR 反应是否特异。

② TaqMan 探针法　PCR 扩增时在加入一对引物的同时加入一个两端分别标记一个报告荧光基团和一个淬灭荧光基团的寡核苷酸荧光探针 TaqMan，报告基团发射的荧光信号被淬灭基团吸收；PCR 扩增时，Taq 酶的 $5' \rightarrow 3'$ 外切酶活性将探针酶切降解，使报告荧光基团和淬灭荧光基团分离，荧光监测系统可接收到荧光信号，即每扩增一条 DNA 链，就有一个荧光分子形成，实现了荧光信号的累积与 PCR 产物形成完全同步。

将标记有荧光素的 Taqman 探针与模板 DNA 混合后，完成高温变性、低温复性、适温延伸的热循环，并遵守聚合酶链式反应规律，与模板 DNA 互补配对的 Taqman 探针被切断，荧光素游离于反应体系中，在特定光激发下发出荧光，随着循环次数的增加，被扩增的目的基因片段呈指数规律增长，通过实时检测与之对应的随扩增而变化的荧光信号强度，求得每个反应管内的荧光信号到达设定阈值时所经历的循环数（Ct 值），同时利用数个已知模板浓度的标准品作对照，即可得出待测标本目的基因的拷贝数。

（2）实时荧光定量 PCR 技术的应用　实时荧光定量 PCR 技术有效地解决了传统定量只能终点检测的局限，实现了每一轮循环均检测一次荧光信号的强度，并记录在计算机软件中，通过对每个样品 Ct 值的计算，根据标准曲线获得定量结果。

PCR 循环在到达 Ct 值循环数时，刚刚进入真正的指数扩增期（对数期），此时微小误差尚未放大，因此 Ct 值的重现性极好，即同一模板不同时间扩增或同一时间不同管内扩增，得到的 Ct 值是恒定的。

由于 Ct 值与起始模板的对数存在线性关系，可利用标准曲线对未知样品进行定量测定，因此，实时荧光定量 PCR 是一种采用外标准曲线定量的方法。

梅力等在《1 种布鲁氏菌微滴式数字 PCR 检测方法的建立》中建立的布鲁菌微滴数字 PCR 检测方法，最低检测下限可达 1.12 拷贝/μL，可对布鲁菌感染的临床样品进行定量检测。

董桂伟在《禽腺病毒检测方法的建立及其在弱毒疫苗污染检测中的应用》中介绍，通过人工模拟禽弱毒活疫苗中禽腺病毒污染，普通 PCR 仅能检测疫苗中 100 EID_{50}/1000 羽份禽腺病毒的污染，PCR 结合斑点杂交方法可以检测到疫苗中 5 EID_{50}/1000 羽份的污染，TaqMan 荧光定量的方法可以检出疫苗中 1 EID_{50}/1000 羽份的污染，而微滴式数字 PCR 可以检测疫苗中最低 0.1EID_{50}/1000 羽份污染。

唐吉思等在《牛乳腺炎金黄色葡萄球菌肠毒素 A 基因的克隆及序列分析》中运用荧光定量 PCR 检测了牛乳中金黄色葡萄球菌肠毒素 A 基因。在研究过程中，建立了金黄色葡萄球菌肠毒素 A 基因 DNA 的 SYBR Green I real-time PCR 检测方法。

陈清清等在《小麦根腐病菌索氏平脐蠕孢 SYBR Green I 实时荧光定量 PCR 检测技术研究》中为建立病菌实时荧光定量检测体系，根据 ITS 序列设计引物，筛选出 1 对特异性引物 BS - F/R，扩增片段大小为 280bp。以菌丝 DNA 为标准品构建实时荧光定量标准曲线，并对其灵敏度、特异性、可重复性进行评价。结果表明，建立的实时荧光定量 PCR 检测方法速度快、灵敏度高、特异性强、重复性好。构建的荧光定量 PCR 标准曲线循环阈值与模板浓度呈良好的线性关系，溶解曲线的吸收峰单一，扩增效率良好。利用该定量检测体系，可以检测出田间小麦样品中 52.8fg/μL 的病菌 DNA。

朱林慧等在《进境水果及种苗检疫性疫霉分子检测方法的建立》中基于柑橘属、苹果属、李属及莓类 4 类水果及其种苗，以 5 种检疫性疫霉以及其近似种为研究对象，展开了疫霉菌的分子生物学等方面的详细研究。比较分析 5 种检疫性疫霉的 18S rRNA、ITS、Heat Shock Protein 90（HSP-90）、Ras-like Protein（Ypt1）、nad 9 及 Enolase 等多个基因，根据序列位点差异，分别设计了疫霉菌通用引物，5 种检疫性疫霉的特异性引物，冬生疫霉、丁香疫霉和栗黑水疫霉的 Taqman 探针，建立了各类水果及其种苗上检疫性疫霉的多重 PCR、多重实时荧光 PCR 检测方法。本研究建立的多重 PCR、多重实时荧光 PCR 和 LAMP 检测方法可实现对带菌水果的直接检测。全部检测可在 1d 内完成。这些检测方法可有效促进水果的快速通关，为口岸检测和病原菌的田间监测提供了可靠的方法。

利用外标准曲线的实时荧光定量 PCR 是迄今为止定量最准确、重现性最好的方法，检测特异性好、灵敏度高、更快速，操作简单、安全、自动化程度高、防污染，广泛用于基因表达研究、转基因研究、药物疗效考核、病原体检测等诸多领域，为重大动物疫病及各种传染病病原的快速检测方法，是疫情监控重要的技术依托。可用于活禽及产品禽流感、新城疫监测；进境动物产品口蹄疫，猪生殖与呼吸系统综合征检测；动物及产品甲型流感 H1N1 监测；饲料及动物产品中特定动物源成分检测等。新型 TaqMan-MGB 探针使该技术既可进行基因定量分析，又可分析基因突变（SNP），有望成为基因诊断和个体化用药分析的首选技术平台。但实时荧光定量 PCR 也存在一些问题，如设备、试剂成本较高，快速筛选检测方法仍需确证（常规 PCR 及序列分析）等。

3. 环介导等温核酸扩增技术

环介导等温扩增法（loop-mediated isothermal amplification，LAMP）是针对靶基因的 6 个区域设计 4 种特异引物，在链置换 DNA 聚合酶（如 Bst DNA polymerase）的作用下，60～65℃恒温 15～60min 左右即可实现 10^9～10^{10} 倍的扩增。在 DNA 合成时，从脱氧核糖核酸三磷酸底物（dNTPs）中析出的焦磷酸离子与反应溶液中的镁离子反应，产生大量焦磷酸镁白色沉淀，可以浑浊度作为反应的指标。只用肉眼观察就能鉴定扩增与否，而不需要烦琐的电泳和紫外观察。由于环介导等温扩增反应不需要 PCR 仪和昂贵的试剂，具有操作简单、特异性强、产物易检测等特点，所以有着广泛的应用前景。

（1）LAMP 引物设计　LAMP 引物的设计主要基于靶基因 3′端的 F3C、F2C 和 F1C 区以及 5′端的 B1、B2 和 B3 区等 6 个不同的位点设计 4 种引物。FIP（forward inner primer，上游内部引物），由 F2 区和 F1C 区域组成，F2 区与靶基因 3′端的 F2C 区域互补，F1C 区与靶基因 5′端的 F1C 区域序列相同。F3 引物（forward outer primer，上游外部引物），由 F3 区组成，并与靶基因的 F3C 区域互补。BIP 引物（backward inner primer，下游内部引物）由 B1C 和 B2 区域组成，B2 区与靶基因 3′端的 B2C 区域互补，B1C 区域与靶基因 5′端的 B1C 区域序列相同。B3 引物（backward outer primer，下游外部引物），由 B3 区域组成，和靶基因的 B3C 区域互补。如图 6-12 所示。

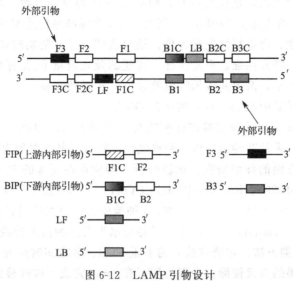

图 6-12　LAMP 引物设计

（2）LAMP 扩增　双链 DNA 复性及延伸的中间温度是 60～65℃，DNA 在 65℃ 左右处于动态平衡状态。因此，DNA 在此温度下合成是可能的。利用 4 种特异引物，依靠一种高活性链置换 DNA 聚合酶，使链置换 DNA 合成在不停地自我循环。扩增分两个阶段：

第 1 阶段为起始阶段，任何一个引物向双链 DNA 的互补部位进行碱基配对延伸时，另一条链就会解离，变成单链。上游内部引物 FIP 的 F2 序列首先与模板 F2C 结合，在链置换型 DNA 聚合酶的作用下向前延伸启动链置换合成。外部引物 F3 与模板 F3C 结合并延伸，置换出完整的 FIP 连接的互补单链。FIP 上的 F1C 与此单链上的 F1 为互补结构，自我碱基配对形成环状结构。以此链为模板，下游引物 BIP 与 B3 先后启动类似于 FIP 和 F3 的合成，形成哑铃状结构的单链。迅速以 3′末端的 F1 区段为起点，以自身为模板，进行 DNA 合成延伸形成茎环状结构。

第 2 阶段是扩增循环阶段。以茎环状结构为模板，FIP 与茎环的 F2C 区结合，开始链置换合成，解离出的单链核酸上也会形成环状结构。迅速以 3′末端的 B1 区段为起点，以自身为模板，进行 DNA 合成、延伸及链置换，形成长短不一的两条新茎环状结构的 DNA，BIP 引物上的 B2 与其杂交。启动新一轮扩增，且产物 DNA 长度增加一倍。在反应体系中添加两条环状引物 LF 和 LB，它们也分别与茎环状结构结合启动链置换合成，周而复始。扩增的最后产物是具有不同个数茎环结构、不同长度 DNA 的混合物，且产物 DNA 为扩增靶序列的交替反向重复序列。

（3）LAMP 技术的应用　LAMP 技术已成功地应用于 SARS、禽流感、HIV 等疾病的检测中，在 2009 年甲型 H1N1 流感事件中，日本荣研化学株式会社（以下简称"荣研公司"）接受 WHO 的邀请完成了 H1N1 环介导等温扩增法检测试剂盒的研制，通过早期快速诊断对防止该病症的快速蔓延起到积极作用。通过荣研公司近十年的推广，环介导等温扩增技术已广泛应用于日本各种病毒、细菌、寄生虫等引起的疾病检测、食品化妆品安全检查及进出口快速诊断中，并得到了欧美国家的认同。

环介导等温扩增方法灵敏度高（比传统的 PCR 方法高 2～5 个数量级）；反应时间短

（30～60min 就能完成反应）；临床使用不需要特殊的仪器（试剂盒研发阶段推荐用实时浊度仪）；操作简单（不论是 DNA 还是 RNA，检测步骤都是将反应液、酶和模板混合于反应管中，置于水浴锅或恒温箱中 63℃左右保温 30～60min，肉眼观察结果）。

环介导等温扩增方法一旦开盖容易形成气溶胶污染，加上大多数实验室不能严格分区，假阳性问题比较严重，因此在进行试剂盒的研发过程中采用实时浊度仪，不要把反应后的反应管打开；由于其对引物设计的要求比较高，有些疾病的基因可能不适合使用环介导等温扩增方法。

二、核酸杂交技术

（一）技术原理

核酸杂交（hybridization）是双链的核酸分子在某些理化因素的作用下双链解开，而在条件恢复后互补的核苷酸序列（DNA 与 DNA、DNA 与 RNA、RNA 与 RNA 等）通过 Watson-Crick 碱基配对形成非共价键，从而形成稳定的同源或异源双链分子的过程。杂交时，DNA 或 RNA 先转移并固定到硝酸纤维素或尼龙膜上，与其互补的单链 DNA 或 RNA 探针用放射性或非放射性标记，探针通过氢键与其互补的靶序列结合，洗去未结合的游离探针后，经放射自显影或显色反应检测特异结合的探针。

（二）步骤

1. 制备样品

首先从待检测组织样品中提取 DNA 或 RNA。DNA 应先用限制性内切酶消化以产生特定长度的片段，然后通过凝胶电泳将消化产物按分子大小进行分离。一般来说，DNA 分子有其独特的限制性内切酶图谱，所以经酶切消化和电泳分离后可在凝胶上形成特定的区带。再将含有 DNA 片段的凝胶进行变性处理后，直接转印到支持膜上并使其牢固结合，这样使待检测 DNA 片段在凝胶上的位置信息被转移至支持膜上。RNA 样品则可直接在变性条件下电泳分离，然后转印并交联固定。

2. 探针制备

探针是指能和待检测核酸分子依碱基配对原则而结合的核酸片段。它可以是一段 DNA、RNA 或合成的寡核苷酸。在核酸杂交中，探针被标记上可直接检测的元素或分子。这样，通过检测与印膜上的核酸分子结合上的探针分子，即可知道被检测的核酸片段在膜上的位置，也就是在电泳凝胶上的位置，也就知道了它的分子大小。

3. 杂交

首先进行预杂交，即用非特异的核酸溶液封闭膜上的非特异性结合位点。由于转印在膜上的核酸分子已经是变性的分子，所以杂交过程中只需变性标记好的探针，再让探针与膜在特定的温度下反应，然后洗去未结合的探针分子即可。

4. 检测

检测的方法依标记探针的方法而异。用放射性同位素标记的探针需要用放射自显影来检测其在膜上的位置；如果是用生物素等非同位素方法标记的探针则需要用相应的免疫组织化学的方法进行检测。

（三）核酸杂交类型

1. 核酸印迹杂交

核酸杂交通常在一支持膜上进行，又称为核酸印迹杂交（blot hybridization）。根据检测样品的不同又被分为 DNA 印迹杂交（Southern blot hybridization）和 RNA 印迹杂交（Northern blot hybridization）。将 DNA 或 RNA 溶液直接点样于硝酸纤维素膜或尼龙膜上（斑点或狭线印迹）或经琼脂糖凝胶电泳将片段的 DNA 或 RNA 转移到膜上（Southern 和 Northern 印迹法）。DNA 在电泳前先用限制性内切酶消化。

2. 斑点杂交

将少量核酸样品点样在硝酸纤维素滤膜上，80℃烘烤后可牢固地固定在膜上，再用探针进行杂交。尼龙膜，特别是聚偏氟乙烯（PVDF）与 DNA 结合力更高，坚韧、易操作，点样可手工。用放射性探针自显影或非放射性探针显色检测。

3. 原位杂交

在保持细胞形态条件下，进行细胞内杂交，显影或显色。可用于 DNA 或 RNA 分析。荧光原位杂交（FISH）进行染色体 DNA 分析可用于生物学研究的许多领域以及临床细胞遗传学研究。其主要优点是不仅可以在细胞分裂的中期，而且可在分裂间期核中诊断染色体的变化。

（四）核酸杂交技术特点

核酸杂交检测方法有多种，其中印迹杂交法比较方便，其灵敏度较 ELISA 方法灵敏 2～3 个反应级，而且杂交后的产物可干燥保存，使得该杂交探针易于商业化，能够广泛应用在植物病毒、类病毒等病原体的检测中。同位素标记灵敏度高，但费用高、实验条件严格，且有放射性危害，标记好的探针在几周内其放射活性就衰退到不能使用，因而不宜大规模推广。非放射性的生物素克服了这些缺点，灵敏度高、费用少、对人体无害、保存时间长且稳定，非常适合口岸检疫技术的需要，因而非放射生物素-亲和性系统被应用于各种病害检测，而在类病毒的检测上光生物素标记探针具有与同位素标记一样的灵敏度。目前应用于柑橘裂皮病检测的 2 种生物素：光生物素、生物素肼，地高辛（DIG）标记的灵敏度最高，应用最广，必将成为一种有力的检测工具。

（五）核酸杂交技术的应用

张兹钧等在《蓝舌病毒核酸杂交技术的研究》中所述的核酸杂交技术，它是检测蓝舌病毒（BTV）快速又敏感的方法。试验证明，蓝舌病毒的核酸杂交试验灵敏度高，可检测到约 1ng 的核酸水平，并能够直接从感染动物血液中检出病毒核酸，且特异性强，它只能与 BTV 核酸起杂交反应，而与正常细胞 RNA 无同源序列。

Cohen 等制作了一个针对柑橘树上啤酒花矮化类病毒、柑橘裂皮类病毒、柑橘曲叶类病毒和柑橘类病毒Ⅲ号的复合探针，该探针能够对上述病毒进行准确检测，具有较高的灵敏度和效率。核酸杂交技术还可以进行植物病毒的鉴定，通过应用反向斑点杂交技术对待测样品的病原物进行杂交，可以对病毒进行鉴定。

史成银等在《核酸斑点杂交分析法检测对虾皮下及造血组织坏死杆状病毒（HH-

NBV）》中应用一组地高辛标记的 HHNBV 特异性核酸探针检测了发病虾池对虾及紧急抢捕虾，检测结果显示为强烈的 HHNBV 阳性，表明此组核酸探针在对虾杆状病毒的检测、对虾暴发性流行病的诊断和抗特种病原对虾育种等方面具有很高的应用价值。

雷质文等在《PCR 法制备地高辛标记探针斑点杂交检测白斑综合症病毒（WSSV）》中用 PCR 法成功制备了 DIG 标记探针，探针长度为 547bp，探针的产量为 21.6mg/μL。此探针与随机引物合成探针检测样品灵敏度相近。用此探针核酸斑点杂交法检测了 54 尾中国对虾。结果表明：此探针在对白斑综合症病毒的检测、对虾暴发性流行病的诊断等方面具有很高的应用价值。

林文力等在《柑橘溃疡病菌检测方法及防治技术研究进展》中首次用核酸杂交技术对柑橘溃疡病菌进行了分子检测研究。研究结果表明，两个探针同柑橘溃疡病 A 菌系的杂交率为 100%，同柑橘溃疡病 B、C 菌系的杂交率分别为 86.7% 和 73.3%，同柑橘溃疡病其他菌系也均有较高的特异性（这两个探针不能检测柑橘溃疡病的 E 菌系）。

核酸杂交具有敏感、特异、可同时检测大量样品等特点。杂交后的产物可干燥保存。杂交探针易于商业化生产，已广泛应用于各种植物病原的检测与鉴定。

三、分子标记技术

（一） RFLP

限制片段长度多态性（restriction fragment length polymorphism，RFLP）是根据不同品种（个体）基因组的限制性内切酶的酶切位点碱基发生突变，或酶切位点之间发生了碱基的插入、缺失，导致酶切片段大小发生了变化，这种变化可以通过特定探针杂交进行检测，从而可比较不同品种（个体）的 DNA 水平的差异（即多态性），多个探针的比较可以确立生物的进化和分类关系。所用的探针为来源于同种或不同种基因组 DNA 的克隆，位于染色体的不同位点，从而可以作为一种分子标记（Mark），构建分子图谱。当某个性状（基因）与某个（些）分子标记协同分离时，表明这个性状（基因）与分子标记连锁。分子标记与性状之间交换值的大小，即表示目标基因与分子标记之间的距离，从而可将基因定位于分子图谱上。分子标记克隆在质粒上，可以繁殖及保存。不同限制性内切酶切割基因组 DNA 后，所切的片段类型不一样，因此，限制性内切酶与分子标记组成不同组合进行研究。常用的限制性内切酶一般是 $Hind$ Ⅲ、Bam H Ⅰ、Eco R Ⅰ、Eco R Ⅴ、Xba Ⅰ，而分子标记则有几个甚至上千个。分子标记越多，则所构建的图谱就越饱和。构建饱和图谱是 RFLP 研究的主要目标之一。

利用限制性内切酶消化基因组 DNA 时，会产生大小不同的 DNA 片段，电泳后通过 Southern 印迹杂交，将这些大小不同的 DNA 片段转移到硝酸纤维素膜或尼龙膜上，然后用特异的探针进行杂交，最后通过放射性自显影或其他显色技术显示杂交结果，从而揭示出 DNA 的多态性。

RFLP 标记作为遗传分析的工具，开始于 1974 年，是最早用于构建遗传图谱的 DNA 分子标记，各种作物的遗传图谱中 RFLP 标记占大多数。其优点是：无表型效应，其检测不受环境条件和发育阶段影响；共显性，可以区别纯合基因型和杂合基因型；可利用的探针很多，可以检测到很多遗传位点。其缺点是对 DNA 质量要求高，需要量大，操作复杂，通常要接触放射性。

（二） RAPD

随机扩增的多态性 DNA（random amplified polymorphic DNA，RAPD）技术是运用随机引物扩增寻找多态性 DNA 片段。RAPD 技术是建立在 PCR 技术的基础上，在热稳定的 DNA 聚合酶（Taq 酶）作用下，用一系列（通常数百个）不同的随机排列碱基序列的寡核苷酸单链（一般为 10bp）作为引物，对所研究的基因组 DNA 进行单引物扩增。模板 DNA 经 90～94℃变性解链后在较低温度（36～37℃）下退火，这时形成的单链模板会有许多位点与引物互补配对，在 72℃下，通过链延伸，形成双链结构，完成 DNA 合成。重复上述过程，即可产生片段大小不等的扩增产物，利用聚丙烯酰胺或琼脂糖电泳分离，经溴化乙锭（EB）染色或放射性自显影来检测扩增产物 DNA 片段的多态性，这些扩增产物 DNA 片段的多态性反映了基因组相应区域的 DNA 多态性。

对于任一对特异的引物，如在模板的两条链上有互补位置，且引物 3′端相距在一定的长度范围之内，就可扩增出 DNA 片段。因此如果基因组在这些区域发生 DNA 片段插入、缺失或碱基突变就可能导致这些特定结合位点分布发生相应的变化，而使 PCR 产物增加、缺少或发生分子量的改变。通过对 PCR 产物检测即可检出基因组 DNA 的多态性。每一个引物检测基因组 DNA 多态性的区域是有限的，但是利用一系列引物则可以使检测区域几乎覆盖整个基因组。因此 RAPD 可以对整个基因组 DNA 进行多态性检测。另外，RAPD 片段克隆后可作为 RFLP 的分子标记进行作图分析。

与 RFLP 相比，RAPD 对 DNA 质量要求不高，需要量极少，操作简单易行，不需要接触放射性，一套引物可用于不同生物的基因组分析，可检测整个基因组。但绝大部分 RAPD 是显性标记，不能区分基因型是纯合或是杂合的，每个标记提供的信息量少，重复性差。RAPD 标记一般为重复序列，若不是重复系列，也可将其转化为 RFLP 标记，进一步检测 RAPD 分析的结果。

（三） AFLP

1. AFLP 原理

基因组 DNA 经两种限制性内切酶酶切，形成分子量大小不等的随机限制性酶切片段，将特定的人工合成的短的双链接头连在这些片段的两端，形成一个带接头的特异片段，通过接头序列和 PCR 引物 3′端选择性碱基的识别，对特异性片段进行预扩增和选择性扩增。最后只有那些两端序列能与选择性碱基配对的限制性酶切片段才能被扩增；然后再将选择性扩增产物在高分辨率的变性聚丙烯酰胺凝胶上电泳，寻找多态性扩增片段。

2. AFLP 的操作步骤

（1）DNA 的提取（SDS 法和 CTAB 法） 十二烷基磺酸钠（SDS）和十六烷基三甲基溴化铵（CTAB），它们都能破坏细胞膜使膜蛋白变性沉淀，故而使核酸释放出来，另外，它们还能保护 DNA 不受内源核酸酶的降解。

（2）酶切 AFLP 技术成功的关键在于 DNA 的充分酶切，对模板质量要求很高，要避免其他 DNA 污染和抑制物质存在。为了使酶切片段大小分布均匀，一般采用两个限制性内切酶，一个用 6 个碱基识别位点的限制性内切酶（常用 EcoR I、Pst I 或 Sac I），另一个用 4 个碱基识别位点的限制性内切酶（常用 MseⅠ、TaqⅠ）。采用双酶切的主要原因有：

① 多切点酶产生较小的 DNA 片段，少切点酶能够减少扩增片段的数目，因为扩增片段主要是多切点酶和少切点酶组合产生的酶切片段，这样就可以减少选择扩增时所需要的选择碱基数。

② 双酶切可以进行单链标记，从而防止形成双链造成的干扰。

③ 双酶切可以对扩增片段数进行灵活调节。

④ 通过少数引物可产生许多不同的引物组合，从而产生大量的不同的 AFLP 指纹。这样，经过酶切后就形成了三种类型的酶切片段，如 EcoRⅠ/MseⅠ酶切形成 EcoRⅠ-EcoRⅠ片段、EcoRⅠ-MseⅠ片段、MseⅠ-MseⅠ片段。

（3）连接　酶切后的 DNA 片段在 T4 DNA 连接酶作用下与两种内切酶相应的特定接头相连接，形成带接头的特异性片段。接头为双链，由两部分组成，一部分是核心序列，一部分是酶特定序列（能与酶切片段黏端互补），通常在酶特定序列中变换了一个内切酶识别位点的碱基，保证了连接片段不能再被酶切。只有遵循"引物扩增原则"设计的接头才能得到满意的扩增结果。

（4）PCR 扩增　应用与接头识别的引物进行扩增。AFLP 引物由三部分组成：

① 5′端的与人工接头序列互补的核心序列（core sequence）；

② 限制性内切酶特定识别序列（enzyme-specific sequence）；

③ 3′端的带有选择性碱基的黏性末端。

预扩增（pre-amplified）所用引物 3′端有一个选择性碱基，通过预扩增对扩增模板进行初步筛选，一方面可以避免直接扩增造成的指纹带型背景拖尾现象，另一方面可以避免直接扩增由引物 3′端 3 个选择性碱基误配形成的扩增产物。

预扩增产物经稀释后进行选择性扩增，使所需模板量不受限制。所用引物 3′端有 3 个选择性碱基的延伸，通过 3 个选择性碱基的变换获得丰富的 DNA 片段。

3. AFLP 技术的改良

有多种内切酶组合如 EcoRⅠ、PstⅠ、SacⅠ、$Hind$Ⅲ或 ApaⅠ与 MseⅠ、TaqⅠ用于 AFLP 技术，可以用一种内切酶制备模板（单酶切），也有用三种内切酶的报道（三酶切）。引物标记已从同位素标记发展到荧光标记，减少了同位素对人体的损害，同时使结果分析更加便利准确，但费用仍然很高，单酶切 AFLP 法的引物不需要标记，只需通过琼脂糖凝胶电泳、紫外透射仪观察结果，省时、方便，但溴化乙锭对人体有危害。银染法可以降低成本又对人体无害，但操作相对复杂烦琐又费时。

4. AFLP 技术特点

（1）所需 DNA 量少，扩增效率高，多态性强，易于分辨。

（2）AFLP 标记结果稳定可靠，重复性强，不受基因组来源和复杂度的影响，使不同时间、不同实验室的结果可以进行比较，有利于进行回顾性研究，并促进信息与资料的交流，达到资源共享。

（3）AFLP 标记呈典型的孟德尔遗传，可作为物理图谱和遗传图谱的联系桥梁，用于构建基因组高密度连锁图谱。

（4）图谱构建聚类显著，定位专一。

（5）AFLP对模板浓度不敏感，允许一定强度的共扩增，样本DNA量相差1000倍仍可获得相同的结果。

（四）简单重复序列（simple sequence repeat，SSR）标记

生物的基因组中，特别是高等生物的基因组中含有大量的重复序列，根据重复序列在基因组中的分布形式可将其分为串联重复序列和散布重复序列。其中，串联重复序列是由相关的重复单位首尾相连、成串排列而成的。串联重复序列主要有两类：一类是由功能基因组成的（如rRNA和组蛋白基因）；另一类是由无功能的序列组成的。根据重复序列重复单位的长度，可将串联重复序列分为卫星DNA、微卫星DNA、小卫星DNA等。

微卫星DNA又叫简单重复序列，是基因组中由 $1 \sim 6$ 个核苷酸组成的基本单位重复多次构成的一段DNA，长度一般在200bp以下。微卫星在真核生物基因组中的含量非常丰富，而且常常是随机分布于基因组的不同位置。植物中微卫星出现的频率变化是非常大的，如在主要的农作物中两种最普遍的二核苷酸重复单位 $(AC)_n$ 和 $(GA)_n$ 在水稻、小麦、玉米、烟草中的数量分布频率是不同的。另外在植物中也发现一些三核苷酸和四核苷酸的重复，其中最常见的是 $(AAG)_n$、$(AAT)_n$。单核苷酸及二核苷酸重复类型的SSR主要位于非编码区，而有部分三核苷酸类型位于编码区。另外在叶绿体基因组中，也报道了一些微卫星，以A/T序列重复为主。

微卫星中重复单位的数目存在高度变异，这些变异表现为微卫星数目的整倍性变异或重复单位序列中的序列有可能不完全相同，因而造成多个位点的多态性。如果能够将这些变异揭示出来，就能发现不同的SSR在不同的种甚至不同个体间的多态性。由于基因组中某一特定的微卫星的侧翼序列通常都是保守性较强的单一序列，因而可以将微卫星侧翼的DNA片段克隆、测序，然后根据微卫星的侧翼序列人工合成引物进行PCR扩增，从而将单个微卫星位点扩增出来。由于单个微卫星位点重复单元在数量上的变异，就产生个体的扩增产物长度的多态性，这一多态性称为简单序列重复长度多态性（SSLP），每一扩增位点就代表了这一位点的一对等位基因。由于SSR重复数目变化很大，所以SSR标记能揭示比RFLP高得多的多态性，这就是SSR标记的原理。

与其他分子标记相比，SSR标记具有以下优点：①数量丰富，覆盖整个基因组，揭示的多态性高；②具有多等位基因的特性，提供的信息量高；③以孟德尔方式遗传，呈共显性；④每个位点由设计的引物顺序决定，便于不同的实验室相互交流合作开发引物。

（五）分子标记技术的应用

喻盛甫等在《4种常见根结线虫基因组DNA的RAPD分析》中以120个随机引物对4种常见根结线虫10个小种和类型进行了全基因组随机扩增DNA多态性（RAPD）分析，筛选出的11个适宜引物共扩增出91条RAPD谱带，86条是多态性谱带，占总谱带94.5％；OPL12、OPK01对4种根结线虫种及其小种扩增的谱型有明显的特异性。这也说明了在RAPD技术的基础上探索根结线虫分类鉴定的分子方法有着良好的前景。

许佳丹等在《我国口岸瓜实蝇监测样本的SSR分子标记分析》中利用生物信息学方法，对4个不同地理来源的瓜实蝇转录组进行分析，发现了特异性的SSR序列，并设计特异性引物，选用我国11个省市的49个瓜实蝇监测样本进行测试及验证，使用

NTsys 和 Popgene 32 软件进行遗传多样性分析。结果表明，不同口岸的瓜实蝇监测样本间的遗传分化较大，可能具有不同的来源地，可为进一步开发监测样本溯源技术提供理论依据。

邵秀玲等在《燕麦属进境检疫性杂草种子的 SSR 标记检测》中对燕麦属中检疫性杂草细茎野燕麦、法国野燕麦、不实野燕麦与非检疫性杂草野燕麦、燕麦利用分子标记技术进行检测，并对其反应条件及反应体系进行优化，筛选出 1 对引物 AM1 对应的标记在五种燕麦中具有多态性，能够用于检测进境检疫性燕麦种子，这对今后利用分子标记技术进行种间检疫性杂草检测具有一定的指导意义。

赵霖熙等在《玉米大斑病菌遗传多样性的分子标记研究进展》中对 DNA 分子标记技术在玉米大斑病菌遗传多样性研究中的应用情况进行综述，并针对研究中存在的问题提出了建议，以期为玉米大斑病菌的精准检测以及高效防控提供理论参考。

聂佳惠等在《R8 分子标记辅助选择马铃薯晚疫病抗性单株》中利用特异性分子标记辅助选择 R8 基因型，结合传统的晚疫病抗性鉴定，筛选一批抗病表现优异、抗性稳定持久的马铃薯材料，为选育抗病品种提供丰富的资源材料；同时分析标记选择的效率及可靠性，探索标记与接种鉴定结果一致性较低的原因，期望提高利用 R8 分子标记选择抗性单株的效率。

张敏等在《基于分子标记辅助选择的水稻抗病虫品系的创建与评价》中通过分子标记辅助选择技术将 Pi1、Pi2、Bph14、Bph15 和 xa5 精确导入黄华占遗传背景中，所选育品系的抗病虫性均显著提高，并保持了原始黄华占的主要农艺性状和稻米品质。

张红等在《大白菜抗干烧心病分子标记的开发与验证》中，采用离体叶片扦插法对群体的抗感表型进行多次鉴定并统计分析了青麻叶大白菜中干烧心病的遗传规律，同时结合 BSA 法利用软件 JoinMap 4.0 和 Mapchart 对干烧心抗病基因进行初步定位及标记开发。

李晶等在《分子标记技术在玉米种子纯度鉴定中的应用》中对 RFLP、RAPD、AFLP、SSR 和 SNP 五种分子标记技术在玉米杂交种纯度鉴定中的应用进行了对比分析。

易丽聪等在《西瓜种质抗病性的分子标记检测和人工接种鉴定》中利用已报道的西瓜抗枯萎病、炭疽病和白粉病分子标记对 230 份西瓜种质资源进行抗病性鉴定，分别筛选出相应的抗性种质 60 份、20 份和 35 份，其中兼抗枯萎病和炭疽病的资源 6 份、兼抗枯萎病和白粉病的资源 8 份、兼抗炭疽病和白粉病的资源 6 份。对其中 23 份种质进行抗枯萎病人工接种鉴定，筛选出 8 份高抗西瓜种质，为西瓜抗病育种提供了宝贵的种质资源。

许飘在《华南特种稻稻瘟病抗性评价与抗性基因分子标记辅助选择》中利用 25 个稻瘟病菌株对 104 份华南地区特种稻进行稻瘟病抗性鉴定，结合抗性基因特异性标记或功能性标记检测特种稻抗性基因的分布，并利用分子标记辅助选择的方法将广谱抗性基因 Pi1 和 Pi2 转移到优良红米稻海红 11、海红 12 和海红 52 中，为后期合理利用特种稻种质资源及其稻瘟病抗性改良提供依据和材料。

四、核酸测序技术

核酸测序技术，又叫基因测序技术，目前主要有 Sanger 等（1977）发明的双脱氧链末端终止法以及 Maxam 和 Gilbert（1977）发明的化学降解法，目前 Sanger 测序法得到了广泛的应用。

（一）测序原理

Sanger 法测序的原理是利用一种 DNA 聚合酶延伸结合在特定序列模板上的引物，直到掺入一种链终止核苷酸为止。每一次测定由一组四个单独的反应构成，每个反应含有所有四种脱氧核苷酸三磷酸（dNTP），并混入一种限量的不同的双脱氧核苷三磷酸（ddNTP）。由于 ddNTP 缺乏延伸所需要的 3-OH 基团，使延长的寡聚核苷酸在 ddNTP 处终止。每一种 dNTP 和 ddNTP 的相对浓度可以调整，使反应得到一组长几百至几千碱基的链终止产物。它们具有共同的起始点，但终止在不同的核苷酸上，可通过高分辨率变性凝胶电泳分离大小不同的片段，用 X 射线胶片放射自显影或非同位素标记检测。如图 6-13 所示。

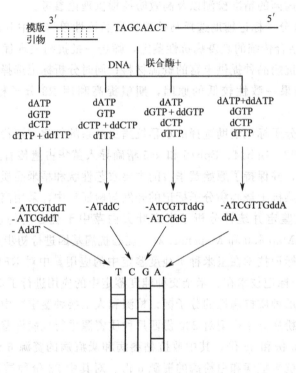

图 6-13　DNA 测序技术

（二）操作程序

下面介绍 Promega 公司的 SILVER SEQUENCE™ DNA 测序系统操作程序。

Promega 公司的 SILVER SEQUENCE™ DNA 测序系统通过灵敏的银染方法检测凝胶中的条带，电泳完成 90min 后就可读序，用未修饰的 5′-OH 寡聚核苷酸作为引物，DNA 聚合酶是一种修饰的 *Taq* DNA 聚合酶，在 95℃时具有极强的热稳定性，对于双链 DNA 模板具有高度的准确性，能产生均一的条带，背景低，此系统使用被修饰的核苷酸混合物，如 7-去氮 dGTP(7-deaza dGTP，或 dITP) 替代 dGTP 可清除由 GC 丰富区域所引起的条带压缩现象。

1. 材料

待测 DNA，已提纯，可为单链，也可为双链。

一个放置了数以千计的波导管的蚀刻有纳米结构的微阵列芯片。波导管是一种微型、中空的金属管，直径大约 20nm。在这种波导管中进行测序反应干扰少，大幅提高了精确度。在一块芯片上，能同时进行数千个测序反应。

2. 设备

DNA 测序仪，高压电泳仪，测序用电泳槽，制胶设备，PCR 仪。

3. 试剂

(1) SILVER SEQUENCE™ DNA 测序试剂盒。

(2) 丙烯酰胺和亚甲基双丙烯酰胺储备液（38％丙烯酰胺，2％五甲基双丙烯酰胺）95g 丙烯酰胺、5g 亚甲基双丙烯酰胺溶于 140mL 双蒸水中，定容至 250mL，0.45mm 过滤器过滤后，贮于棕色瓶中，置于 4℃冰箱可保存 2 周。

(3) 10％过硫酸铵 0.5g 过硫酸铵溶于 4mL 水中，定容至 5mL，应新配新用。

(4) 10×TBE 缓冲液（1mol/L Tris，0.83mol/L 硼酸，10mmol/L EDTA） 121.1g Tris，51.35g 硼酸，3.72g Na_2 EDTA·$2H_2O$，溶于双蒸水中定容至 1L，置于 4℃下可贮存 2 周，其 pH 约为 8.3。

(5) TBE 电极缓冲液：10×TBE 缓冲液稀释至 1×TBE。

(6) TEMED。

(7) 固定/停止溶液 10％（体积分数）冰醋酸 2L。

(8) 染色溶液 硝酸银 2g，甲醛 3mL，溶于 2L 超纯水中。

(9) 显影溶液 60g 碳酸钠（Na_2CO_3）溶于 2L 超纯水中，使用前加 3mL 37％甲醛和 40mL 硫代硫酸钠溶液（10mg/mL）。

(10) 95％乙醇。

(11) 0.5％冰醋酸。

(12) Sigmacote（Sigma CAT.♯SL-2）。

4. 操作步骤

成功地使用银染测序系统需要较多的模板量。很多 DNA 提取物包括质粒混杂的染色体 DNA、蛋白质、RNA 以及核糖核酸酶处理所产生核糖核苷酸均可能有 260nm 光吸收，因此，分光光度法常常高估 DNA 浓度。DNA 的浓度和纯度必须经过琼脂糖凝胶电泳或荧光法测定，样品应与已知量 DNA 一起电泳。

(1) 对于每组测序反应，标记四个 0.5mL Eppendorf 管（G、A、T、C）。每管加入 2mL 适当的 d/ddNTP 混合物（d/ddNTP Mix）。各加入 1 滴（约 20mL）矿物油，盖上盖子保存于冰上或 4℃备用。

(2) 对于每组四个测序反应，在一个 Eppendorf 管中混合以下试剂：

① 样品反应

质粒模板 DNA 2.1pmol

5×测序缓冲液 5mL

引物 4.5pmol

无菌 ddH$_2$O 至终体积　16mL

② 对照反应

pGEM-3Zf（＋）对照 DNA（4mg）　4.0mL

5×测序缓冲液　5mL

pUC/M13 正向引物（4.5pmol）　3.6mL

无菌 ddH$_2$O 至终体积　16mL

（3）在引物/模板混合物（以上第 2 步）中加入 1.0mL 测序级 *Taq* DNA 聚合酶（5U/mL）。用吸液器吸动几次混匀。

（4）从第 3 步的酶/引物/模板混合物中吸取 4mL 加入每一个 d/ddNTP 混合物的管内。

（5）在微量离心机中离心，使所有的溶液位于 Eppendorf 管底部。

（6）把反应管放入预热至 95℃ 的热循环仪，以中循环模式为基准，开始循环程序。对于每个引物/模板组合都必须选择最佳退火温度。

（7）热循环程序完成后，在每个小管内加入 3μL DNA 测序终止溶液，在微量离心机中略一旋转，终止反应，在 4℃ 保存过夜。

（8）注意事项

① 退火温度是热循环测序中最重要的因素。引物延伸起始于每个循环的退火阶段。在较低温度时，聚合酶可能会遇到坚固的二级结构区域，它可导致聚合酶解离，则在四个电泳道中均有同一相对位置同一的条带。模板二级结构限制小片段 PCR 产物（＜500bp）得到清楚的序列数据。退火温度高可减少模板二级结构，提高引物结合模板配对的严谨性，允许聚合酶穿过高度二级结构化的区域。对于有牢固二级结构的模板使用 95℃ 变性、70℃ 退火/延伸的循环模式。一般来说，较长的引物及 GC 含量高的引物能得到较强的信号。

② 银染技术测序随模板种类需要 0.03～2pmol 模板 DNA。变性循环也有助于消除由于线性 dsDNA 模板（如 PCR 反应产物）快速重退火所引起的问题，每一个变性循环中的高温可以取代对双链 DNA（dsDNA）模板的碱变性及乙醇沉淀过程。

③ 为阻止 *Taq* DNA 聚合酶延伸非特异性退火引物，热循环仪必须预热至 95℃。温度变换越快越好。

5. 测序凝胶板的制备

玻璃板的处理　银染测序的玻璃板一定要非常清洁，一般先用温水和去污剂洗涤，再用去离子水冲洗玻璃板，除去残留的去污剂，最后用乙醇清洗玻璃板。玻璃板上遗留的去污剂微膜可能导致凝胶染色时背景偏高（棕色）。

（1）短玻璃板的处理　短玻璃板经黏合溶液处理可将凝胶化学交联于玻璃板上，对于在银染操作过程中防止凝胶撕裂至关重要，其过程如下：

在 1mL 95％乙醇、0.5％冰醋酸中加入 5mL 黏合硅烷（bind-silane），配成新鲜的黏合溶液。然后用经新配的黏合溶液浸透的吸水棉纸擦拭整个清洗过并已经自然干燥的玻璃板，4～5min 后，用 95％乙醇单向擦玻璃板，不要用力过度，否则会带走过多的黏合硅烷，使凝胶不能很好地黏附。然后略用力沿垂直方向擦拭。用干净的纸重复这一清洗过程三次，除去多余的黏合溶液。

（2）长玻璃板的处理　准备长玻璃板之前要更换手套，防止黏合溶液沾染在长玻璃板上，导致凝胶撕裂。用浸透 Sigmacote 溶液的棉纸擦拭清洗过的长玻璃板，5～10min 后用吸水棉纸擦拭玻璃板以除去多余的 Sigmacote 溶液。

注意：用过的凝胶可在水中浸泡后用剃须刀片刮去，或者凝胶用 10% NaOH 浸泡后除去。玻璃板须用去污剂完全清洗。为防止交叉污染，用于清洗短玻璃板的工具必须与清洗长玻璃板的工具分开，如果出现交叉污染，以后制备的凝胶可能撕裂或变得松弛。

6. 凝胶的制备

（1）玻璃板经黏合硅胶和 Sigmacote 处理后，即可固定玻璃板。用 0.2mm 或 0.4mm 厚的边条置于玻璃板左右两侧，将另一块玻璃板压于其上。在长玻璃板的一侧插入鲨鱼齿梳平的一面边缘，用夹子固定住。

（2）根据所需要的凝胶浓度，按下表制备测序凝胶，一般以 6%～8% 的胶浓度较好。配制过程中，先用适量双蒸水溶解尿素，再加入丙烯酰胺-亚甲基双丙烯酰胺 Acr&Bis 和 10×TBE 缓冲液，再用双蒸水调终体积至 99.2mL，并用 0.45mm 的滤膜过滤，然后加过硫酸铵和 TEMED。溶解尿素时不必加热，如果确需加热则应等溶液完全冷却后，方可加入 TEMED 和过硫酸铵。一般在胶灌制后 4～6min，即开始聚合，如果聚合不好，则应使用高浓度的 TEMED 和过硫酸铵。

凝胶终浓度/%	3	4	5	6	8	12	16	18
尿素/g	42.0	42.0	42.0	42.0	42.0	42.0	42.0	42.0
Acr&Bis/mL	7.5	10.0	12.0	14.5	20.0	30.0	40.0	50.0
10×TBE 缓冲液/mL	10.0	10.0	10.0	10.0	10.0	10.0	10.0	10.0
双蒸水/mL	47.5	45.0	43.0	40.5	35.0	25.0	15.0	5.0
10%过硫酸铵/mL	0.8	0.8	0.8	0.8	0.8	0.8	0.7	0.7
TEMED/mL	87	80	80	80	80	70	47	40

（3）胶配制好后，即可灌制胶板。一般是将凝胶沿着压条边缘缓慢地倒入玻璃板的槽中，倒完后，静止放置使之聚合完全。

注意：使用夹子固定玻璃板时，最好夹子的力量稍大一些，防止因力量不足使灌胶的过程中出现漏胶液现象。灌制凝胶的过程中要严防产生气泡，否则影响测序结果。

7. 电泳

（1）预电泳

① 当凝胶聚合完全后，拔出鲨鱼齿梳，将该梳子反过来，把有齿的一头插入凝胶中，形成加样孔。

② 立即将胶板固定在测序凝胶槽中，一般测序凝胶槽的上下槽是分开的，因而只有在固定好凝胶板后，方能加入 TBE 缓冲液。

③ 稀释 10×TBE 缓冲液至 1×TBE，将该缓冲液加入上下两个电泳槽中，去除产生的气泡，接上电源准备预电泳。

④ 有些电泳槽，如 LKB 的 Macrophor 等是使用水浴加热的，则应先将水浴加热至 55℃后进行预电泳。有的不使用水浴加热，依靠电泳过程中自身产生的热进行保温，这种槽需夹上两块散热铝板，使整个凝胶板的温度一致。

⑤ 按 30V/cm 的电压预电泳 20～30min，去除凝胶的杂质离子，同时使凝胶板达到所需的温度。高温电泳可防止 GC 丰富区形成的发夹状结构，影响测序的结果。

注意：用鲨鱼齿梳制作加样孔时，应将齿尖插入胶中 0.5mm 左右，千万不能使加样孔渗漏，否则得不到正确的结果。注意上面电泳槽中的缓冲液是否渗漏，否则极易造成短路而损坏电泳仪。

（2）样品的准备　将反应完毕的样品在沸水浴中加热 1～3min，立即置于冰上即可。如果样品长时间不用，则应重新处理。

（3）上样及电泳　关闭电泳仪，用移液枪吸缓冲液清洗样品孔，去除在预电泳时扩散出来的尿素，然后立即用毛细管进样器吸取样品，加入样品孔中。上样电泳时，一定要注意凝胶板的温度是否达到 55℃ 左右，上样顺序一般为 G、A、T、C。加样完毕后，立即电泳。电泳时，电压不宜太高，因为太高的电压会使凝胶的分辨率降低，并使带扩散。开始电压为 30V/cm，5min 后可提高至 40～60V/cm，并保持恒压状态。也可进行恒功率电泳。一般来说，一个 55cm 长、0.2mm 厚的凝胶板，在 2500V 恒压状态下电泳 2h 即可走到底部，同时在电泳过程中，电流可稳定地从 28mA 降至 25mA。为了能读到更长的序列，可采用两轮或多轮上样。

8. 凝胶的银染

凝胶染色在至少两个塑料盘中进行，大小与玻璃板类似，银染前用高质量的水洗涤盘子。

（1）分板　电泳完毕后用一个塑料片子小心地分开两板，凝胶应该牢固地附着在短玻璃板上。

（2）固定凝胶　将凝胶（连玻璃板）放入塑料盘，用固定/停止溶液浸没，充分振荡 20min 或直至样品中染料完全消失，胶可在固定/停止溶液中保存过夜（不振荡）。保留固定/停止溶液，用于终止显影反应。

（3）洗胶　用超纯水振荡洗胶 3 次，每次 2min。从水中取出，当转移至下一溶液时拿着胶板边沿静止 10～20s，使水流尽。

（4）凝胶染色　把凝胶移至染色溶液充分摇动 30min。

（5）凝胶显影

① 显影液的配制：用新配的染色及显影溶液，预冷至 10～12℃ 以减小背景杂色。临用前在显影溶液中加入甲醛（3mL）和硫代硫酸钠（400μL）。除显影反应外在室温下进行所有步骤。

② 从染色溶液中取出凝胶放入装有超纯水的盘中浸洗 5～10s，洗涤时间太长，银颗粒会脱离 DNA，导致信号微弱或丧失信号。

③ 立刻将凝胶转移至 1L（总量的一半）预冷的显影液中充分振荡直至模板带开始显现或开始出现第一批条带，把凝胶移入剩下的 1L 显影液中继续显影 2～3min，或直至所有条带出现。

（6）凝胶固定　在显影液中直接加入等体积的固定/停止溶液，停止显影反应，固定凝胶。

（7）浸洗凝胶　在超纯水中浸洗凝胶两次，每次 2min，操作中戴手套拿着胶板边缘，避免在胶上印上指纹。

（8）干燥、观察　将凝胶置于室温干燥或用抽气加热法干燥。在可见光灯箱或亮白、黄色背景（如纸）上观察凝胶，若需永久保存，则可用 EDF 胶片保留实验结果。

注意：

① 水的质量对于染色的成功极其重要。超纯水（NANOpureR 或 Milli-QR 的水）或双蒸水可获得较好的效果，如果水中有杂质，则低分子量条带可能无法出现。

② 使用新鲜的碳酸钠。美国化学学会级碳酸钠较好，如 Fisher 和 Kodak ACS 试剂级碳

酸钠（Fisher Cat ♯ S263-500 或 S262-3，或 Kodak Cat ♯ 109-1990），一般可获得较好的结果。

③ 如果凝胶厚度超过 0.4mm 或丙烯酰胺浓度高于 4%～6%，则有必要延长固定和染色的时间。如果凝胶薄于 0.4mm，染色反应后的洗涤必须缩短至不超过 5s。

（三）意义

通过对人类基因组序列的分析发现 30 亿对核苷酸组成的庞大序列中只有 1.5% 用于编码基因，另外还有少许扮演调控基因表达的角色，剩余的大部分都是功能未知的"垃圾 DNA"。从表面上看，人与人之间的不同是如此缤纷复杂，但深入到 DNA 水平上，基因编码序列却只有 0.1% 的不同。很多时候，在一条序列上，人与人之间只有一个核苷酸的差异，这种现象被科学家命名为单核苷酸多态性（single nucleotide polymorphism，SNP）。

以往在数万个人类基因中筛选致病相关基因就像大海捞针。科学家需要取得同一个家族的多位患者的标本，才能定位这个基因。比如在寻找亨廷顿病的致病基因时，多位科学家经过十几年的努力才在委内瑞拉一个亨廷顿病家族中找到。现在有了快速测序技术和 SNPs 这个强有力的工具，筛查疾病易感人群、鉴定致病或抑病基因以及药物高通量的设计与测试乃至个性化医疗都将不再是憧憬中的事情。

（四）核酸测序技术的应用

韩丽娟在《百合上李属坏死环斑病毒和百合无症病毒的研究》中，以发生在百合上的两种重要的病毒百合无症病毒（lily symptomless virus，LSV）和李属坏死环斑病毒（*Prunus necrotic ringspot virus*，PNRSV）为研究对象，利用分子生物学技术，对上述两种检疫性病毒基因组的分子特征进行了比较研究，分析不同地区 LSV 的来源、分布及相关性，建立了多重 PCR、RNA 点杂交和 RNA 玻片杂交等适用于进境口岸百合种球病毒检疫工作的快速检测方法。

王宗祥在《贝类派琴虫原位杂交检测技术研究》中通过采用随机引物标记法，制备派琴虫特异性核酸探针，首次建立了派琴虫原位杂交（ISH）检测方法。利用所建立的原位杂交方法，对实验室采集的蛤仔和牡蛎进行检测。结果显示，我国黄海海域的菲律宾蛤仔和文蛤均有派琴虫感染，而牡蛎样品没有检出。贝类派琴虫原位杂交检测方法的成功建立，满足了我国口岸进出境贝类派琴虫检疫需求。

许遐在《牡蛎包拉米虫检测及鉴定体系的研究》中采用地高辛标记包拉米虫 DNA 探针，建立了包拉米虫的原位杂交检测方法，结果在良好的反差背景下成功地观察到了包拉米虫特异性染色，证明所检样品中有包拉米虫。

张欢欢等在《仙台病毒核酸测序检测方法的建立》中，根据 SeV 序列设计覆盖不同毒株的通用引物，然后优化成测序引物并摸索建库条件，进行核酸测序和结果分析。结果获得 1 对特异性强的通用引物，序列为：上游引物 5′-GCTGCAAAACGCTGTGGG-3′，下游引物 5′-TGGRACYTCAGAAAGAATRGG-3′；建库条件优化为：第一轮以 cDNA 为模板用通用引物扩增，第二轮以第一轮产物为模板用测序引物扩增。测序分析可以有效地将 SeV 与其他微生物区分开，并且精确到 TianJin 亚株。结论建立了 SeV 核酸测序检测方法，为后续 SeV 感染实验动物的检验检疫提供依据。

刘双清在《大麦黄矮病毒三种株系的特异性检测及 PAV 株系的群体遗传变异》中设计

了特异性检测三种病毒株系（BYDV-GAV、BYDV-PAV、BYDV-GPV）的地高辛探针，探针对应病毒株系基因组 *CP* 基因与 *RTP* 基因，核酸点杂交检测结果表明，GAV、GPV 和 PAV 三种探针能够检测到带毒植物组织的下限分别为 $25\mu g$、$31.25\mu g$、$62.5\mu g$，总共有 190 份样品（占 67.6%）鉴定为阳性，其中检测到 118 份 GAV（占 41.99%）、54 份 PAV（占 19.22%）、18 份 GPV（占 6.41%），有少数样品还检测到了几种病毒株系混合侵染。

中国水产科学研究院黄海水产研究所在《对虾暴发性流行病病原核酸探针点杂交检测试剂盒》中以地高辛标记的白斑综合征病毒（WSSV）DNA 片段与存在于样品中的病毒 DNA 进行核酸分子杂交，然后通过抗原-抗体反应和酶-底物的化学显色反应显示含病毒的样品。研制了对虾暴发性流行病病原核酸探针点杂交检测试剂盒系列产品，制成"对虾暴发性流行病病原核酸探针点杂交检测试剂盒（Ⅰ型）"的 18×1、4×3 和 156×1 规格。

柴立红等在《用点杂交方法定量检测植物病毒 RNA 负荷量》中用 RNA 点杂交与用放射性成像仪直接读取放射性活度相结合的方法定量测定植物病毒 RNA 相对负荷量，检测了 $(0.001\sim 10)\,mg/m^3$ 浓度范围内二氢茉莉酸丙酯（PDJ）对烟草组织中烟草花叶病毒（TMV）RNA 的影响。

温孚江在《用 cDNA 点杂交及 ELISA 测定大麦黄矮病毒及分子间互作》中比较了 cDNA 点杂交与酶联免疫吸附试验在大麦黄矮病毒的鉴定、检测及病害诊断中的应用特点及价值，并利用这两种技术研究了在混合侵染中不同病毒（株系）间所发生的一些互作。

五、 DNA 条形码技术

（一） DNA 条形码技术原理

DNA 条形码（DNA barcode）是指生物体内能够代表该物种标准，有足够变异同时具有相对的保守性，易扩增且较短的 DNA 片段。DNA 条形码技术是利用生物体 DNA 条形码对物种进行快速准确鉴定的技术。在发现一种未知物种时，根据其组织的 DNA 条形码与国际数据库内的其他条码比对，便可确认其身份。

加拿大动物学家 Paul Hebert 等在以 DNA 序列作为生物分类的基础，对 13320 种脊椎动物和无脊椎动物的线粒体细胞色素 c 氧化酶亚基基因序列比较分析，98% 的物种内遗传距离差异在种内为 0%~2%、种间平均可达到 11.3%，据此提出用单一的小片段基因作为物种的条形编码为全球生物编码，即 DNA barcoding（DNA 条形码）。

理想的 DNA barcoding 应当符合下列标准：

① 有足够的变异以区分不同的物种，同时具有相对的保守性；

② 必须是一段标准的 DNA 序列以尽可能鉴别不同的样本分类；

③ 目标 DNA 区应当包含足够的系统进化信息以定位物种在分类系统（科、属等）中的位置；

④ 应该具有高度保守的引物设计区以便于通用引物的设计；

⑤ 目标 DNA 区应该足够的短，便于有部分降解的 DNA 的扩增。

首先，DNA 条形码方法要找到一个合适的基因区域，或者基因组合，作为 DNA 条形码技术的标准基因，线粒体细胞色素 c 氧化酶第一亚基（mtCOI）基因序列、28S rDNA 基因序列的 D2D3 区以及 18S rDNA 基因的部分序列均被认可作为很多物种的 DNA 条形码使用。线粒体细胞色素 c 氧化酶第一亚基（mtCOI）序列作为后生动物物种鉴定分子标记的首选，在动物条形码分析中具有很高的适用性和准确性，已经成功应用在鳞翅类、鸟类、蜘蛛和鱼等多个类群的鉴定中。

其次，条形码方法要建立一个地理区域范围广泛的序列库，以便进行物种多样性和进化关系的分析。高通量测序技术的发展，推动了越来越多的公共序列数据库（GenBank、EMBL、DDBJ、BOLD 等）的建立，其中收录了不少生物的条形码信息，为物种条形码研究提供了序列基础。随着相关数据库的完善和分析技术的发展，基于 DNA 条形码的快速、准确、简便的物种多样性监测和现场实时定性、定量分析将成为可能。

（二） DNA 条形码技术方法

1. 总 DNA 的提取

提取高质量 DNA 是本方法的基础。根据样品的性质选取不同的 DNA 提取方法，对于酒精保存的样品采用方法（1）或（2）、甲醛保存的样品采用方法（3）。

（1）蛋白酶 K 法　挑取样品，转移至预先加有 $5\mu L$ ddH_2O 的离心管中，加入 $0.5\mu L$ 10 倍 PCR 缓冲液和 $0.5\mu L$ 蛋白酶 K（20mg/mL），10000g 离心 3min 充分混合，$-70℃$ 30min，55℃ 温浴 90min，95℃ 30min（在 PCR 仪中进行）。制备的 DNA 直接用于 PCR 反应。

（2）碱裂解法　将样品取出，装入含有 0.25mol/L NaOH 的 PCR 管中，$-20℃$ 8～9h，60℃ 过夜，99℃ 3min，随后冷至室温；16000g 离心 30s，加入 $4\mu L$ 1mol/L HCl、$10\mu L$ 0.5mol/L Tris-HCl（pH8.0）、$5\mu L$ 2％ Triton X-100，充分混合，16000g 离心 30s，99℃ 3min，冷至室温，制备的 DNA 可直接用于 PCR 反应。

（3）试剂盒提取法　按照 DNeasy Blood & Tissue Kit（Qiagen，Hilden，Germany）的提取方法进行提取，并将裂解时间进行优化，以便能得到高质量的 DNA 用于以下研究。

2. PCR 引物设计及 PCR

从 GenBank 中下载优势种样品的 18S rDNA、28S rDNA 及 COI 区序列；运用 DNAStar 软件进行 MegAlign 分析，选择序列高变区；针对高变区两侧的保守区用 Primer premier 5.0 进行引物设计，然后对所设计的引物用 Oligo 软件对各参数进行评估，选出最优引物进行合成，进行 PCR 反应。

3. 琼脂糖电泳检测

将 $5\mu L$ PCR 产物与 $1\mu L$ Loading buffer 混合后上样，1％琼脂糖凝胶电泳，100V 恒压电泳 30min，在含 $0.5\mu g/mL$ EB 的 1×TAE 缓冲液中染色 10～30min，用凝胶成像系统拍照。

4. PCR 产物分析

对 PCR 产物测序，与从 GenBank 下载的相关种属的 18S rDNA、28S rDNA 及 COI 基因进行同源序列分析，用 NCBI 的 Blast 工具进行相似性检索。利用 DNAStar、Clustal X 和 GeneDoc 软件对所得序列和 GenBank 相关序列排序并辅以手工校正，用 MEGA4.1 计算序列的碱基组成、变异位点数、种内和种间遗传距离。采用邻接法（neighbour-joining，NJ）、最大简约法（maximum parsimony，MP）构建分子系统树。邻接法分析采用 HKY85 遗传距离，进行自展分支检验。最大简约法分析使用启发式搜索，构树方法采用二等分再连接（tree-bisection recon-nection，TBR），可靠性由自展分支检验。

（三） DNA 条形码技术的特点

DNA 条形码技术以 DNA 序列为检测对象，其在个体发育过程中不会改变，较传统的方法扩大了检测样本范围；同时样本部分受损也不会影响检测结果。该技术操作简单，准确性高。特定的物种具有特定的 DNA 序列信息，而形态学鉴别特征会因趋同和变异导致物种的鉴定误差。

通过建立 DNA 条形码数据库，可以一次性快速鉴定大量样本。新的研究成果将不断地加入数据库，成为永久性资料，从而推动分类学快速深入发展。

DNA 条形码技术会加速生物鉴定，其结果与形态学结果具有很好的一致性，促进传统的分类学研究，增强人类监测和利用生物多样性资源的能力。根据 DNA 条形码技术获得的相关 DNA 条形码，可得到相关物种的种质信息，可以较好地进行区分鉴定，对于难以鉴定的物种，可以采取两对以上的引物综合分析。

目前，一系列 DNA 条形码计划正在世界各地进行。在加拿大丘吉尔的北极圈附近地区，科学家对 6000 种物种进行编目，包括数量惊人的昆虫；在新几内亚，DNA 条形码用于了解蝴蝶的进化；在波多黎各，这种条形码又被用于破译森林的结构。由此可见，DNA barcoding 技术可以利用一段或几段标准 DNA 序列实现动物、植物和真菌物种的快速鉴定，是生物物种鉴定发展的必然趋势。

（四） DNA 条码技术的应用

陈梦义在《口岸截获天牛科昆虫 DNA 条形码试剂盒的研究》中基于线粒体 CO I 基因（线粒体细胞色素氧化酶亚基 I），对墨天牛属、虎天牛族、断眼天牛属、白条天牛属等所属种类进行了种群内特征鉴定，初步取得了族、属内不同种类的特征基因，使得以区分。并初步构建了有害生物检疫系统数据库。本研究中序列的比对分析软件源于有害生物检疫系统，该系统包括口岸检验检疫中常截获的天牛、小蠹、蝇类等重要检疫性害虫的形态鉴定特征图片、生物学为害、基因序列及重要检疫性属、族的条码试剂盒。

钱路在《重要检疫性蛾类及乳白蚁 DNA 条形码检测技术研究与应用》中利用 DNA 条形码通用引物，扩增并分析了采自陕西 7 个苹果园的蛾类昆虫的 CO I 基因片段，通过序列 BLAST 比对分析，结果显示，采集的蛾类昆虫隶属于卷叶蛾科 Tortricidae、蛀果蛾科 Carposinoidea、螟蛾科 Crambidae、列蛾科 Oecophoridae 和麦蛾科 Gelechiidae 的 7 个属共 9 种。同时通过对乳白蚁线粒体基因组中 16S rRNA、CO I、CO II 和 ITS 基因序列分析和筛选，明确了 CO II 和 ITS 序列基因可作为乳白蚁分类鉴定的 DNA 条形码。总结提炼了针对植物检疫性昆虫的 DNA 条形码试剂盒检测技术，建立了检疫性蛾类和乳白蚁 DNA 条形码检测技术体系，开发了多种不同类群的植物检疫性昆虫 DNA 条形码试剂盒，对于提高口岸疫情检出率并解决口岸"检不出，检不快，检不准"的技术难题具有重要意义。

陈梦义等在《断眼天牛 DNA 条码试剂盒的研制》中介绍了基于线粒体 CO I 基因（线粒体细胞色素氧化酶亚基 I），采用加拿大条码中心开发的昆虫及植物 DNA 提取方法，对基因序列分析，获得碱基位点规律。得出断眼天牛属中的 9 个常截获种类取得了标记性碱基位点。因此检疫中常截获的断眼天牛属中的 9 个种通过标记性碱基位点得到区分；研发了断眼天牛属 DNA 条码试剂盒检测技术，为进出境口岸的检疫工作提供了一种新的鉴定手段。

刘向兵等在《内蒙古锡林郭勒盟常见几种鼠疫宿主动物的 DNA 条码比较》中应用

DNA 条形码技术对鼠疫宿主动物进行分子生物学的鉴定。方法运用 PCR 检测锡林郭勒盟 9 种啮齿动物的 149 条线粒体 CO I 基因 657bp 的片段序列，用 MEGA 5.0 软件采用邻接法（NJ）构建分析系统发育树。结果 NJ 进化树能清楚地区分 9 个不同的类群。结论是：通过 CO I 基因应用 DNA 条码技术可以对锡林郭勒盟的鼠疫宿主动物进行鉴别，同时可为形态鉴别提供佐证数据。

王建国等在《DNA 条码技术在检疫性实蝇分类中的运用》中采用 DNA 条码技术，通过测序从 50 个实蝇标本中扩增到 CO I～CO II 的 3 个片段的序列，这些实蝇包括实蝇科 3 个属 18 种，其中目标种类为最重要的地中海实蝇和橘小实蝇复合种。序列分析结果表明，枯大实蝇和柑橘大实蝇同属于大实蝇属 *Tetradacus*，它们聚合在同一分支上，获得 100% 的检验支持。

王新国等在《素色扎姆天牛的检疫鉴定》中为快速、准确地鉴定这种天牛，利用形态学方法对近十年来截获的天牛标本进行研究，并运用 DNA 条码技术对鉴定结果进行了验证。

王艳梅等在《DNA 条形码技术在鉴定绥芬河口岸日本血蜱和嗜群血蜱中的应用》中建立了用 DNA 条码技术对绥芬河口岸两种形态学特征非常相近的嗜群血蜱和日本血蜱的鉴定方法，探讨 DNA 条形码在蜱类鉴定中的实用性。

DNA 条形码技术以 DNA 序列为检测对象，其在个体发育过程中不会改变，可进行非专家物种鉴定且准确性高。通过建立 DNA 条形码数据库，可以一次性快速鉴定大量样本，分类学家新的研究成果也将不断地加入数据库，成为永久性资料，从而推动分类学更加快速深入地发展。

六、基因芯片技术

（一）基本原理

基因芯片又称 DNA 芯片（DNA chip）或 DNA 微阵列（DNA microarray）。其原理是采用光导原位合成或显微印刷等方法将大量特定序列的探针分子密集、有序地固定于经过相应处理的硅片、玻片、硝酸纤维素膜等载体上，然后加入标记的待测样品，进行多元杂交，通过杂交信号的强弱及分布，来分析目的分子的有无、数量及序列，从而获得受检样品的遗传信息。其原理是应用已知核酸序列与互补的靶序列杂交，根据杂交信号进行定性与定量分析。经典杂交方法是固定靶序列，而基因芯片技术是固定已知探针，因此基因芯片可被理解为一种反向杂交。基因芯片能够同时平行分析数万个基因，进行高通量筛选与检测分析，解决了传统核酸印迹杂交技术操作复杂、自动化程度低、检测目的分子数量少等不足。

芯片基片材料有玻片、硅片、瓷片、聚丙烯膜、硝酸纤维素膜和尼龙膜等，其中以玻片最为常用。为保证探针稳定固定于载体表面，需要对载体表面进行多聚赖氨酸修饰、醛基修饰、氨基修饰、巯基修饰、琼脂糖包被或丙烯酰胺硅烷化，使载体形成具有生物特异性的亲和表面。最后通过原位合成或合成后微点样将制备好的探针固定到活化基片上。根据芯片所使用的标记物不同，相应信号检测方法有放射性核素法、生物素法和荧光染料法。在以玻片为载体的芯片上目前普遍采用荧光法，相应荧光检测装置有激光共聚焦显微镜、电荷耦合器（charge-coupled device，CCD）、激光扫描荧光显微镜和激光共聚焦扫描仪等。其中的激光共聚焦扫描仪已发展为基因芯片的配套检测系统。经过芯片扫描提取杂交信号之后，在数据分析之前，首先要扣除背景信号，进行数据检查、标化和校正，消除不同实验系统的误差。

对于简单的检测或科学实验，因所需分析基因数量少，故直接观察即可得出结论。若涉及大量基因尤其是进行表达谱分析时，就需要借助专门的分析软件，运用统计学和生物信息学知识进行深入、系统的分析，如主成分分析、分层聚类分析、判别分析和调控网络分析等。

芯片数据分析结束并不表示芯片实验的完成，由于基因芯片获取的信息量大，要对呈数量级增长的实验数据进行有效管理，需要建立起通行的数据储存和交流平台，将各实验室获得的实验结果集中起来形成共享的基因芯片数据库，以便于数据的交流及结果的评估。

（二）技术过程

1. DNA 方阵的构建

选择硅片、玻璃片、瓷片或聚丙烯膜、尼龙膜等支持物，然后采纳光导化学合成和照相平版印刷技术在硅片等表面合成寡核苷酸探针；或者通过液相化学合成寡核苷酸链探针，或通过 PCR 技术扩增基因序列，再纯化、定量分析，由阵列复制器（arraying and replicating device，ARD）或阵列机（arrayer）及计算机操纵的机器人准确、快速地将不同探针样品定量点样于带正电荷的尼龙膜或硅片等相应位置上，再由紫外线交联固定后即得到 DNA 微阵列或芯片。

2. DNA 或 mRNA 样品的预备

从血液或活组织中提取的 DNA/mRNA 样品标记成探针必须进行扩增提升阅读灵敏度。Mosaic Technologies 公司发展了一种固相 PCR 系统，在靶 DNA 上设计一对双向引物，将其排列在丙烯酰胺薄膜上，这种方法无交叉污染且省去液相处理的烦琐；Lynx Therapeutics 公司大规模平行固相克隆（massively parallel solid-phase cloning）能够对一个样品中数以万计的 DNA 片段同时进行克隆，且不必分离和单独处理每个克隆，使样品扩增更为有效快速。

在 PCR 扩增过程中，必须同时进行样品标记，标记方法有荧光标记法、生物素标记法、同位素标记法等。

3. 分子杂交

样品 DNA 与探针 DNA 互补杂交的条件要按探针的类型和长度以及芯片的应用来选择优化。如用于基因表达监测，要求低温、盐浓度高、时间长；若用于突变检测，则杂交条件相反。

芯片分子杂交的特点是探针固化，样品荧光标记，一次能够对大量生物样品进行检测分析，杂交过程只要 30min。美国 Nangon 公司采用操纵电场的方式，使分子杂交时间缩到 1min，甚至几秒。德国癌症研究院的 Jorg Hoheisel 等认为以肽核酸（PNA）为探针成效更好。

4. 杂交图谱的检测和分析

用激光激发芯片上的样品，严格配对的杂交分子热力学稳固性较高，荧光强；不完全杂交的双键分子热力学稳固性低，荧光信号弱（不到前者的 1/35～1/5）；不杂交的无荧光。用激光共聚焦显微镜或落射荧光显微镜检测不同位点信号，由计算机软件处理分析得到有关基因图谱。目前质谱法、化学发光法、光导纤维法等更灵敏、快速，有取代荧光法的趋势。

（三）技术应用

基因芯片技术的出现促进了人们对病原体生物学的认识。早在 2000 年，恶性疟原虫的基因组测序尚未完成，Hayward 等根据恶性疟原虫绿豆核酸酶基因文库，制成"鸟枪"DNA（shotgun DNA）芯片，分析了疟原虫滋养体和配子体之间的基因表达差异，为疟原虫发育阻断剂和疫苗研究提供了线索。恶性疟原虫全基因组测序完成后，疟原虫高通量表达谱芯片的应用得到进一步推广。为阐明疟原虫发育的分子调节机制，多位学者以 cDNA 或寡核苷酸为探针制成芯片，比较分析疟原虫不同发育周期的基因表达变化。如 Vontas 等还利用芯片技术分析了伯氏疟原虫动合子及其早期卵囊体外培养的基因表达差异。

牛建新在《库尔勒香梨和葡萄病毒分子检测技术研究》中根据梨组织富含多糖、酚类物质的特点，改进了提取方法。结果表明，要获得良好的 RT-PCR 扩增，RT 体系中 dNTPs 浓度、互补引物、AMV、模板的浓度要分别达到 0.1mmol/L、0.2μmol/L、0.05U/μL、0.01μg/μL 以上；此外，使用 RNasin 能有效抑制 RT 体系中 RNase 对病毒 RNA 的降解作用，可使 RT 过程顺利进行；PCR 体系中 dNTPs 浓度至少要达到 0.1mmol/L、0.2～0.3mmol/L 才可以获得最佳的扩增效果；Taq E 浓度要达到 0.015U/μL 以上；引物浓度适宜范围 0.3～0.7μmol/L；Mg^{2+} 要达到 1.26mmol/L 以上。

刘胜利等在《多重 PCR 结合基因芯片技术检测 5 种猪繁殖障碍性病毒病方法的研究》中根据 GenBank 中登录的猪瘟病毒（CSFV）、猪细小病毒（PPV）、猪繁殖与呼吸综合征病毒（PRRSV）、猪日本乙型脑炎病毒（JEV）及猪圆环病毒 2 型（PCV2）的基因序列设计特异性引物与探针，制备相应的寡核苷酸芯片，检测了 5 种猪繁殖障碍性疾病病毒的标准毒株，并对 16 份临床样品进行检测。

马锐等在《猪腹泻病毒可视化基因芯片的两种靶基因标记技术的比较》中结合基因芯片技术和金标银染可视化技术的研究进展，对提高可视化芯片的杂交效率进行了研究。

赵迪在《猪细小病毒与副猪嗜血杆菌基因芯片同步检测技术的研究》中拟建立同步检测上述两种病原的基因芯片检测技术，为临床猪病诊断提供快速、高通量的检测技术。根据猪细小病毒 VP2 蛋白基因序列和副猪嗜血杆菌 infB 基因序列，利用 Primer Premier 5.0 软件分别设计两对不对称 PCR 引物。利用伪狂犬病毒、猪圆环病毒Ⅱ型、猪呼吸与繁殖障碍综合征病毒和猪瘟病毒 4 种病毒进行了 PCR 的特异性试验，利用猪链球菌 2 型、金黄色葡萄球菌、伤寒猪沙门菌和大肠杆菌 4 种病菌进行了副猪嗜血杆菌 PCR 的特异性试验。

陈定虎等在《利用基因芯片技术检测李痘病毒主要株系的研究》中针对我国检疫性植物病毒即李痘病毒主要 6 个株系设计了 6 个特异性探针，同时设计了扩增该 6 个株系的一对通用引物，并确定了靶基因的 PCR 扩增体系和芯片杂交体系。对 6 个探针核酸序列进行同源性比对，结果表明探针之间的同源性只有 39%～61%，而各探针与本株系的同源性达到 95% 以上，因此适合作为检测李痘病毒主要株系的探针。成功设计的李痘病毒各主要株系的通用引物能够一次性扩增 6 个株系中的任何一个株系，而不需要做多重 PCR，标记的扩增片段即可同芯片进行杂交，不但可以检测出李痘病毒，而且还能够明确是该病毒的哪个株系，检测结果直观明了，易于判定。

程颖慧等在《检疫性疫霉基因芯片检测技术研究》中首次建立了栎树疫霉猝死病菌、柑橘冬生疫霉褐腐病菌、马铃薯疫霉绯腐病菌、丁香疫霉病基因芯片检测的双重 PCR 体系和相应的检测程序。本研究优化出多种检疫性疫霉病菌基因芯片检测的最佳杂交温度为 42℃。

通过上述实验，本研究首次建立了丁香疫霉、栎树疫霉猝死病菌、马铃薯疫霉绯腐病菌和柑橘冬生疫霉褐腐病菌等 4 种检疫性疫霉的基因芯片检测方法。

贾慧在《基因芯片技术在百合病毒检测中的应用》中选取侵染百合的最重要的 3 种病毒——黄瓜花叶病毒（CMV）、百合无症病毒（LSV）、百合斑驳病毒（LMoV）为主要研究材料，烟草花叶病毒（TMV）、马铃薯 Y 病毒（PVY）为辅助研究材料，将寡核苷酸芯片检测技术应用于 5 种病毒检测及鉴定的研究中。

从正常人的基因组中分离出 DNA 与 DNA 芯片杂交就能够得出标准图谱。从病人的基因组中分离出 DNA 与 DNA 芯片杂交就能够得出病变图谱。通过比较、分析这两种图谱，就能够得出病变的 DNA 信息。现在生物芯片主要用于同步检测多种传染病病原体；同时检测多种残留药物、转基因成分、特定动物源成分等。

第七章 »»»
动植物检验检疫的处理技术

第一节　熏蒸处理技术

一、化学熏蒸处理

化学熏蒸处理技术是在能密闭的环境用熏蒸剂熏蒸杀死动植物害虫、病原微生物、病媒生物的技术措施。熏蒸剂是指在所要求的温度和压力下能产生使有害生物死亡的气体物质，不包含液态或固态的颗粒悬浮在空气中的烟、雾或霭等气雾剂。这种分子状态的气体，能穿透被熏蒸的物质，熏蒸后通风散气，能扩散出去。有些熏蒸剂本身并非熏蒸剂，施用后经过反应而形成熏蒸剂。如磷化铝与水蒸气发生水解反应，产生磷化氢气体。

$$AlP + 3H_2O \Longrightarrow Al(OH)_3 + PH_3$$

熏蒸剂有一定的毒性，还有的熏蒸剂易燃易爆。不同的熏蒸药剂有不同的熏蒸对象，有的作为杀虫剂，有的作为灭鼠剂，有的作为灭菌剂，有的又可杀虫、又可灭菌、又可灭鼠。

熏蒸是熏蒸剂的物理和化学过程，熏蒸必须在能控制的密闭的各种容器内进行。害虫潜伏在植物体内或建筑物的缝隙中，杀虫剂一般很难毒杀，但熏蒸却能杀死它们；熏蒸消毒省时，一次可处理大量物体，远比喷雾、喷粉、药剂浸渍等快；货物集中处理，药费和人工都较节省；熏蒸通风散气后，熏蒸剂的气体容易逸出，不像一般杀虫剂残留问题严重。因此，熏蒸技术被广泛地应用于检疫处理各种害虫与病媒生物。

（一）熏蒸剂的作用机制

一切物体——固体、液体和气体都是由分子组成的，分子间存在吸引力和排斥力。同一种物质分子间的吸引力叫做内聚力；不同物质分子间的吸引力叫做附着力。一切物质的分子都不是静止的，都不停地在做无规则运动，因此，两种不同的物质相互接触时自发地彼此渗入，形成扩散现象。温度升高时，分子无规则运动的速度加快，因此，扩散也就加快。这就是温度高而使用药物剂量低的原理之一。

熏蒸剂进入有机体的主要途径是以气体分子状态作用于有机体。对以肺呼吸的动物，主要通过呼吸系统进入动物体内，也可能通过皮肤上毛孔、汗腺进入体内。熏蒸剂气体分子可通过扩散和渗透由昆虫的气门气管系统进入体内，与酶发生化学作用，破坏酶的结构，阻碍机体正常新陈代谢，杀死动物、昆虫和微生物。

熏蒸剂在常温常压下有挥发性，散发出气体。日常使用的熏蒸剂是固体或液体，通常用耐高压容器包装就是因为熏蒸剂的挥发性。溴甲烷、硫酰氟、环氧乙烷是用高压容器包装的液体，磷化铝是密封包装的固体。

各种熏蒸剂的沸点不同，熏蒸剂的沸点对熏蒸处理的影响很大，沸点高，要求熏蒸处理时的气温也高，如果气温低于沸点，是不能进行熏蒸处理的。但可通过对熏蒸剂加温，使熏蒸剂蒸发，以达到熏蒸处理效果。如北方冬季气温低，使用气化器，使气化器出口的熏蒸剂温度不低于 20℃。

熏蒸剂蒸发的过程中，由于分子扩散而造成能量损耗，也就是热能损耗，不同的熏蒸剂热能的损耗是不同的，如溴甲烷、硫酰氟、环氧乙烷蒸发的热能损耗系数很大，蒸发的过程中消耗大量的热能，这是熏蒸时常见熏蒸管道结冰的原因。高压液化的溴甲烷、硫酰氟、环氧乙烷必须储存于耐压钢瓶内，使用时增加喷头的胶管，以利吸热挥发、均匀分散。

熏蒸剂要实现杀虫、灭鼠、灭菌的效果，空气中必须达到一定浓度，因此，气态熏蒸剂在熏蒸容器中均匀分布是非常重要的。这就需要熏蒸剂具有一定的扩散性与穿透力。气体的扩散是浓度的平衡过程，理论上只要给予一定的时间，容器中气体的浓度都会达到均匀分布的状态。但是，气体的扩散速度直接受温度的影响，温度高，气体扩散快。

熏蒸剂的密度一般比空气大，如果不用风扇或鼓风机，将其传送到充满空气的容器中将下沉，与空气的混合缓慢，难以在容器中均匀分布。因此，熏蒸前对熏蒸容器抽真空，熏蒸过程中，提倡使用鼓风装置。

穿透是指熏蒸剂扩散穿透货物的包装物，使熏蒸剂在容器及其货物中分布均匀。熏蒸剂的穿透力对熏蒸处理效果的影响很大，因为出口植物产品大部分是用纸箱包装的，溴甲烷有很强的穿透力，可以迅速穿透牛皮纸、瓦楞纸，而不需要打开这种纸箱，这是溴甲烷被广泛应用的原因之一。而玻璃纸、塑料膜、上蜡的防水纸等不易被溴甲烷穿透。

吸附指熏蒸剂被吸附在物质的表面。一般认为物质表面对分子都具有吸附性，而多孔的物质如活性炭、骨粉等其内部有很大的表面，因此有很大的吸附，吸附是可逆的，即被吸附的气体在一定条件下可被释放出来，吸附对熏蒸效果影响也很大。熏蒸防护使用的滤毒罐就是这一原理。

熏蒸剂可以和熏蒸的材料发生化学反应，形成新的化合物，有的熏蒸剂的化学反应是非常剧烈的，甚至产生爆炸现象，如液态溴甲烷与铝接触发生爆炸、磷化铝与水接触发生爆炸等。

由于吸附现象和化学反应，而产生熏蒸剂的残留。联合国粮农组织和世界卫生组织对此制定了残留标准。一般认为：溴甲烷对大部分农副产品的残留是在安全值以内的，而硫酰氟对农副产品的残留较大，不适合用于农副产品熏蒸处理。

口岸查验部门要树立安全意识，在对实施过熏蒸处理的集装箱货物进行检验检疫时，特别是贴有熏蒸警示标志的集装箱，应先对箱内熏蒸气体的浓度进行检测，发现熏蒸剂残留浓度超过安全标准（5mg/m³），应立即关闭集装箱并移至安全地点进行通风散毒后，方可实施检验检疫。

有些熏蒸剂是易燃的，其原因是它同空气中的氧容易发生化学作用。如环氧乙烷是易燃易爆的，现在国家推荐使用的虫菌畏，其成分为10％环氧乙烷和90％二氧化碳，使用较为安全，虽然混入灭火物质，由于它们的沸点和气体密度的差异，其蒸气组成的混合物在蒸发初期仍有着火的危险，在使用和储存时仍应注意安全，避免火源。磷化铝与水反应产生磷化氢，磷化氢是易燃易爆的。溴甲烷的危险度只有0.07，较安全；硫酰氟属于不燃爆的熏蒸剂。

（二）影响熏蒸效果的主要因素

影响熏蒸效果的因素很多，如熏蒸的环境条件、熏蒸剂本身的理化性质、病虫及其有害生物类别以及所熏蒸的货物情况等方面。

1. 温度

温度直接影响生物的活动。温度在10℃以下时，会增加货物对熏蒸剂的吸收，降低熏蒸剂扩散穿透能力，降低昆虫呼吸率，增加抗毒能力，多数昆虫温度在1～6℃心搏停止。温度高于10℃时，温度增高，药剂的挥发性增加，气体分子的动能提高，昆虫的呼吸加快，单位时间内进入虫体的熏蒸剂蒸气浓度提高，温度升到45～50℃，昆虫心脏不再收缩。

2. 湿度

湿度对磷化铝的熏蒸效果影响很大，在相对湿度大或熏蒸物的水分较高时，磷化铝分解加速。

3. 熏蒸容器的密闭性

熏蒸时要求熏蒸剂有一定的最低浓度值。熏蒸时，容器内的压力增加，密闭不好就会出现熏蒸剂大量损失，降低熏蒸剂蒸气浓度和渗透能力。因此，熏蒸容器（如集装箱、库房等）要求密闭。

4. 熏蒸物体的包装和堆放形式

熏蒸剂的熏蒸效果与其扩散和穿透性能密切相关。一般认为允许使用纸箱包装熏蒸，但不得用塑料密闭包装熏蒸。如果用塑料包装的熏蒸物体，应事先将塑料打孔，以利于熏蒸剂渗透。木包装要求无虫孔、不带树皮、不带土。木包装一般用溴甲烷熏蒸，加拿大特别规定不得用磷化铝熏蒸，美国则不接受用硫酰氟熏蒸的木质包装材料入境。

熏蒸物体对熏蒸剂的吸附量和货物间隙的大小直接关系到熏蒸剂蒸气的穿透。如果货物对熏蒸剂穿透的阻力大，需打渗药管。

5. 熏蒸物体

熏蒸物体吸附性强，可能影响熏蒸物品的质量，如降低发芽率，使面粉等食物中营养成分降低，使植物发生药害，甚至由于熏蒸剂的被吸收而引起中毒。

（三）熏蒸剂的检测

由于熏蒸剂在熏蒸过程中的泄漏、吸附以及化学反应等原因使熏蒸剂的浓度下降，因此必须在熏蒸过程及结束时对熏蒸剂的浓度进行检测，如果浓度达不到技术指标的要求，必须重新检查熏蒸容器的密闭性，补充投放熏蒸剂再次熏蒸处理。

不易燃易爆的熏蒸剂如溴甲烷、硫酰氟检测仪器是热导仪，易燃易爆的熏蒸剂如磷化铝、环氧乙烷等应使用特殊的检测管，不可使用热导仪，这类熏蒸剂熏蒸结束后，必须散气，出口美国货物集装箱熏蒸剂允许残留量为 $5mg/m^3$，其他国家参考此标准。

（四）熏蒸防护

熏蒸剂有杀虫、灭鼠、灭菌作用，但对人是剧毒的。因此，要做好熏蒸工作，首先要做好熏蒸防护，要有良好的管理措施，严格按熏蒸操作规程进行。

1. 基本防护

熏蒸操作人员应佩戴防毒面具，选择上风向投药，药液沾染皮肤，要及时冲洗，熏蒸期间应设立警示性标志，在高浓度环境下，应注意掌握呼吸频率。

2. 防毒面具

防毒面具是熏蒸人员最重要的防护装备。防毒面具包括面具和滤毒罐，不同类型滤毒罐应用于不同的熏蒸剂，使用寿命也不同，因此，使用滤毒罐应遵守使用说明。由于呼吸的气体浓度和呼吸速度都不可能确切知道，因此，滤毒罐在一次使用中最安全期限必须根据与实际剂量相当的浓度和最高的呼吸率计算。

在两次使用的间隔时间内，必须将滤毒罐的螺帽盖拧上，塞上橡皮塞，保持罐子密闭，以免受潮或失效。

（五）熏蒸处理设施

1. 保证一定的气密度

熏蒸室内壁不能被熏蒸剂穿透，接口必须焊接或用密封材料处理，门和通风道必须配有合适的垫圈和垫片，导线、温度计、管道系统、压力渗漏测试的连接器等的开口都必须是密封的。

熏蒸室的内壁无论是金属、水泥、混凝土及贴砖，还是用胶合板，都必须涂上环氧树脂、贴上尼龙塑料或在底层刷上沥青，以降低内壁对熏蒸剂的吸附，维持气体浓度。

砖石结构熏蒸室混凝土砌块的层与层之间灰浆应结合好，内壁表面涂 1~2cm 厚硬质水泥并使表面光滑坚实。用混凝土浇筑的结构，表面也应光滑和坚实。熏蒸室门可从顶部或侧面用合页安装。安装在熏蒸室顶部的门不能出现下垂现象，如果门安装在侧面应使用冰箱合页。沿门的周围必须装上高质量的氯丁（二烯）橡胶垫圈，还必须使用一致的垫圈以求最佳密闭效果。有条件的地方，用国际标准集装箱门作为熏蒸室门。

2. 气体循环和排放系统

排气设备每分钟最低排气量应相当于熏蒸容积的三分之一，鼓风机气流速度每分钟应使室内的气体几乎循环一遍，小型熏蒸室一般只需一台旋转式鼓风机就能形成所需要的气流运动，大型熏蒸室可选用旋转式或鼠笼式风扇，有助于混合气体从输送管道直接分散到地面附近，并能使气流穿过堆垛顶部。某些熏蒸剂，应使用无火花防爆型循环设备。排气管应高于附近的建筑物。

3. 分散熏蒸剂的设施

熏蒸剂必须以气态进入熏蒸室，溴甲烷进入熏蒸室前需气发器气化。最常见的气发器由铜管盘曲成螺旋状制成，并浸没在盛有水、温度保持在 $60\sim70℃$ 的水浴内。因为经气发的熏蒸剂必须在熏蒸室内与空气很好地混合，所以要把熏蒸剂的出口安装在气体循环系统（或气体搅拌系统）的适当位置上。

4. 压力渗漏检测和气体取样的固定装置

常压熏蒸室在密闭期间必须避免药剂漏出，因此，所有熏蒸室必须进行周期性的压力渗漏测试。为了用鼓风机或其他方法导入空气以提高室内气压，有必要在熏蒸室内开一个孔。熏蒸室内的压力用开臂式压力计根据液面差测定，室内压力从50mm高液态石蜡降至5mm所需的时间必须在22s以上，计时期间必须关掉鼓风机。压力检测记录为22～29s时，熏蒸室应每隔6个月重新检查一次，记录为30s或更长时间时，应每年重新检查一次。那些在规定时间内不能达到所需压力的熏蒸室则可认为存在渗漏现象，可用烟雾剂或其他装置探测渗漏的具体部位。另外，还应开设一个孔安放药剂取样管，取样管孔的内径通常为12～16mm的铜管，用于开臂式位差压力计孔的外径则为6.35mm（1/4in）。

5. 加热和制冷装置

熏蒸时，熏蒸材料和熏蒸室内空气温度要达到处理的温度。温度太低，必须加温后才能处理。熏蒸室要装有热水管和热气管或者条状加热器。不能使用明火及暴露的电线圈，否则可能使熏蒸剂分解。热水管和热气管要安装在表面，并围着熏蒸室墙内呈水平安装。加热器要装在电扇及鼓风机后面，通过装在熏蒸室外面的恒温器控制，以免影响气体升温效果。在热带地区，熏蒸室内需要装有冷却装置，以防熏蒸物品受高温损害。冷却设备的大小根据熏蒸室的空间和所装货物的形状、数量来决定。冷却器的推动器和冷却线圈装在熏蒸室内，散热的发动机装在室外。

6. 电力系统

根据操作的需要，环流装置、照明、空间加热、冷冻机、挥发器及实验室设备都需要电力，熏蒸室电力负荷中心至少要有四个电流断路器（保险丝）：环流装置两套；照明、挥发器及实验室设备一套；加热、冷冻设备一套。在熏蒸室外面要有照明系统，还要有几个通风口，用于操作热导分析仪等装置的需要。安放在熏蒸室外面的发电机，可以为熏蒸室内的气体环流、加热或制冷提供能量。

7. 气体输入系统

熏蒸剂分配系统由供气罐、输送管和气发器组成，这一系统的设计因使用的熏蒸剂类型而异。在溴甲烷和氢氰酸两种气体都使用的情况下，需要有各自的单独的分配系统。熏蒸剂是通过由供气罐伸出的粗5mm（3/16寸）钢管和塑料管输入熏蒸室的，塑料管必须不受熏蒸剂的影响，且能经受住熏蒸剂的压力。排气口附近的管子必须有数个开口孔，以排散熏蒸剂气体。溴甲烷输送管应安装在熏蒸室的最高处。

少量的熏蒸剂一般是按容积测量的。大量的熏蒸剂，是将供气罐放在台秤上，熏蒸剂的用量是通过罐内失去的重量来测定的。挥发器是由一个铜管组成，铜管浸在热水中，使用时水温度 $60\sim70℃$，输送管必须是放在电扇或鼓风机前强环流气流中。

8. 环流系统

熏蒸室内需要加强气体环流，以便气体分布均匀。在常压熏蒸室内的环流速度应是1～

3min 内室内熏蒸剂分布基本均匀。熏蒸室内的环流风扇电动机必须是防爆的。

在空的熏蒸室内应该进行循环试验，确定其循环性能。可用导热分析仪按以下程序进行：

① 室内四角和空间中央放置直径 0.6cm（1/4in）的聚乙烯管，吸取气体样品。

② 关闭熏蒸室，输入用量为 $32g/m^3$ 的溴甲烷。

③ 开动环流系统，导入气体 2min。

④ 在五个取样点上获取导热分析仪的读数；如果读数相近，则电风扇或鼓风机的安装比较满意；如果读数相差显著，则清除室内气体，需重新安装环流系统，必要时使用挡板改变空气流动的方向。

9. 排气系统

排气系统是通过排气管将熏蒸室内气体直接排到外面空气中。在排气过程中，排气管上要有新鲜空气的送气口，通过熏蒸室和建筑物上面顺畅地延伸出去，每分钟的排气量应相当于熏蒸室体积的 1/4～1/2。当熏蒸室能与外面大气直接通风时，排气管就可以不用了。排气鼓风机可以安装在熏蒸室内对着门的位置上，在发动机的上方建造一个舱口，该舱口可以向外打开，关上时有垫片可以保持密封。通风时要将熏蒸室的门部分打开，以保证新鲜空气进入，排空熏蒸剂。室外排气管与鼓风机连接时，一定要有一个能转动的门阀，并要能紧紧地与垫片密封。

（六）熏蒸药剂

常见的熏蒸药剂有：溴甲烷、磷化氢、硫酰氟、虫菌畏、二硫化碳（carbon disulphide）、氢氰酸（hydrocyanic acid）、氯化苦（chloropicrin）、甲醛（formaldehyde）、乙醛（acetaldehyde）等。

1. 溴甲烷（CH_3Br）

（1）理化性质　溴甲烷的分子式为 CH_3Br，微溶于水，20℃时溶解度为 1.75g/100g 水，能溶于酒精、乙醚、二硫化碳等有机溶剂中，在油类、脂肪、树脂、染料和醋等物质中溶解度也较高。在氧气中能燃烧，空气中不易燃，但在空气中遇明火、高热能形成爆炸性混合物，引起燃烧和爆炸。溴甲烷常温常压下为无色无味气体，在高压或冷冻下为无色或淡黄色的透明液体，高浓度时略带甜味，略有氯仿或乙醚气味，沸点为 3.56℃，易气化，相对密度 3.27。根据相对密度大的特性，施药点应选择上方向，注意角落和下层不通风处。溴甲烷扩散性和渗透性强，横向和向下扩散迅速，向上扩散缓慢。溴甲烷对金属无腐蚀，液态时与铝起反应而发生爆炸。对棉制品无损害，对橡胶有损害。牛皮纸等可被迅速渗透，不能迅速渗透玻璃纸、上蜡的牛皮纸及制作严密的木箱。对含硫高的农产品熏蒸后产生不正常的气味。溴甲烷化学性质稳定，不易被酸碱物质所分解，常温下，储存稳定。

（2）毒性　溴甲烷杀虫、灭鼠力强，并具有一定的杀菌能力，可广泛应用于植物的熏蒸，对禾谷类、豆类、牧草、棉籽、蔬菜作物等种子是安全的，一般也可用于熏蒸水仙属和其他种类的鳞茎，防治害虫。溴甲烷微溶于水，因此，种子的含水量越低越安全。但溴甲烷熏蒸含硫量高的农产品可能产生气味，有的属、种的植物对溴甲烷敏感，对含脂肪高的物品一般不用溴甲烷熏蒸。

溴甲烷熏蒸处理，可能影响鲜果和蔬菜的贮藏期限及植物和种子的生活力。溴甲烷对人有剧毒，空气中最高容许浓度为 $1mg/m^3$，主要损害大脑皮质。溴甲烷熏蒸农产品会有化学残留，液体溴甲烷还可通过人体皮肤被吸收，引起严重水泡。组织中的溴甲烷分解极缓慢，可产生积蓄中毒。由于溴甲烷没有警告气味，因此人和动物容易暴露在溴甲烷中。应避免皮肤接触液体溴甲烷，衣服溅污溴甲烷后应尽快脱去，接触溴甲烷部位应用水彻底冲洗。溴甲烷熏蒸时，应准备好防毒面具和滤毒罐等安全设备，两人或更多人共同作业（所有的熏蒸剂都如此），严禁单独操作。溴甲烷在不同浓度下的中毒情况见表7-1。

表7-1 溴甲烷不同浓度下的中毒情况

浓度/(mg/m^3)	中毒程度
50～170	轻微中毒
2000～4000	呼吸30～60min,严重中毒以至死亡
20000	立即死亡

（3）熏蒸方法 熏蒸前，应该去掉容器的外包装，由玻璃纸、塑料胶片和上蜡的、柏油层防水纸以及某些道林纸、制作严密的木箱等非渗透性材料制成的容器应打开顶部，处理后应侧放，以利通风。牛皮纸和瓦楞纸板能被溴甲烷迅速渗透，不需要去掉外包装，也不需要打开顶部。

在大多数情况下，必须用专门设备使溴甲烷气化。液态溴甲烷与铝会发生反应而爆炸，以溴甲烷为熏蒸剂，不应使用铝制仪器和设备。溴甲烷的定量可以在特殊的玻璃量筒分配器中进行，或用商业用的台秤称量。溴甲烷在较广泛的温度范围内有效，温度升高会增加熏蒸剂的效果。如处理温度有明确规定，应按规定温度进行，调整熏蒸剂量或熏蒸时间。

植物熏蒸需要高湿度，湿度可以通过放置湿的泥炭藓或木丝保持，或者使墙壁和地板增湿。熏蒸种子时，不应增加湿度。

溴甲烷横向和向下扩散迅速，向上扩散缓慢。为确保常压熏蒸室最初熏蒸气体的迅速分布，开始15min必须以风扇或鼓风机促进环流。活的生长植物或幼嫩植物应避免直接接触空气流。

溴甲烷的实际浓度决定熏蒸效果。最初引起溴甲烷浓度降低的原因，是密闭室内处理材料的吸附。吸附可能是表面吸附、物理吸附和化学吸附。吸附一般开始迅速，然后逐渐缓慢，某些农产品达到部分吸附饱和点，然后出现正常吸附速率（曲线）。常见的地毯背衬、芳香调料、马铃薯淀粉、木炭、樱桃李、橡胶（天然的或绉橡胶）、桂皮、阿月浑子坚果、蛭石、可可垫料、塑料废料、木制品（半成品）、硬纸板（绝缘纤维板）、羊毛（原毛、纺毛除外）等物品均对溴甲烷有强烈的吸附。因此，对溴甲烷有强烈吸附作用的农副产品，熏蒸时应实时测定溴甲烷的实际浓度。另外，由于熏蒸时熏蒸室的蒸汽压力大于外部大气压，如果熏蒸室封闭不严，溴甲烷气体会通过洞穴、裂缝或其他薄弱区域向外扩散，产生漏气，降低熏蒸效果，也很危险。因此测定溴甲烷浓度非常重要。溴甲烷浓度不低于 $17mg/m^3$ 时，可用卤化物检漏器迅速测定。操作时，为了观察到颜色的变化，尽量使火焰保持缓慢。更高的浓度可用热导分析仪或其他气体分析仪测定。用丙醇或丙烷作为燃料，以紫铜丝置于火焰上的测卤灯，仍不失为溴甲烷检漏的简便有效的仪器。

溴甲烷处理植物后，在48h内不能将植物放在阳光下或强烈通风场所。不应弄湿植物叶子，但植物可能需洒水或用潮湿材料覆盖，以防止植物萎蔫或损伤。

2. 磷化氢

（1）特性 磷化氢（phosphine）是一种无色气体，分子式为 PH_3，沸点 -87.4℃，微溶于水，具有大蒜或碳化钙气味。能腐蚀铜、铜合金、黄铜、金和银，因而能损坏电器设备。磷化氢在空气中的燃烧极限为1.7%，不与农产品发生不可逆化学反应，不会变质。

磷化氢气体是由磷化铝与大气中的水蒸气经水解作用形成的。磷化铝中的氨基甲酸酯首先分解，形成二氧化碳和氨两种保护气体，然后磷化铝与空气中水反应，放出磷化氢气体。二氧化碳和氨保护磷化氢，释放二氧化碳、氨和磷化氢气体时，片剂膨胀，外表由亮灰绿色变为白色，最终形成比最初体积大约5倍的灰白色灰堆，主要成分是氢氧化铝，可能含有微量的磷化铝，必须清除。

磷化铝制剂应存放在远离生活区和办公区、凉爽通风的地方，存放温度不能超过38℃（100F）。由于磷化铝制剂可能在容器内与水分冷凝，所以不应冷藏。在原包装完整无缺或按标准方法储藏时，其储藏时间是无期限的。

磷化氢对高等动物有剧毒。美国工业卫生学会议规定的浓度限值为$0.3mg/m^3$。轻微中毒感觉疲劳、恶心、胸部有压迫感、腹痛、腹泻和呕吐。中度到严重中毒可能出现干咳、气喘发作、强烈口渴、步态摇晃，严重至四肢疼痛、瞳孔扩大和急性昏迷。

发现中毒症状应立即离开熏蒸现场，呼吸新鲜空气；然后使坐下或躺下，盖上被毯保温；根据病情，注射强心针；输血或注射葡萄糖液。

（2）使用方法　磷化氢常用于防治动植物产品和其他贮藏品上的昆虫。对大多数害虫，长时间暴露于低浓度磷化氢下比短期暴露于高浓度下更为有效，不会影响大多数种子的萌发。磷化氢防治害虫效果随昆虫种类不同而变化，某些昆虫如皮蠹属（*Trogoderma*）和象虫属（*Sitophilus*）对磷化氢具有高的耐受性，某些螨类在某一生活期对普通剂量磷化氢具有耐药性。

使用磷化氢真空熏蒸不安全，也不能在温度低于4.4℃使用。饲料、谷物、棉种和类似产品可用磷化氢进行散装熏蒸。熏蒸可在仓库、农村贮藏室、火车车厢、大篷货车或类似熏蒸室里进行。散装谷物也可以在帐篷内熏蒸。

操作时必须戴上防毒面具，用手摄取投放药片或药丸时必须戴橡胶手套。不能依靠磷化氢的气味判断有无磷化氢的存在，要依靠化学或物理的方法测定。操作时，不能吸烟或饮食。片剂、丸剂、药袋等应放在浅盘或纸片上并推入帐幕下，或者在布置帐幕时均匀地分布于货物中；注意货物与货物之间不要相互接触；磷化氢对聚乙烯有渗透作用，一般使用厚0.15~0.21mm的高密度聚乙烯薄膜作熏蒸帐幕；拆除帐篷和检测磷化氢残留时应戴防毒面具。

丸剂或片剂放置后4h内开始产生磷化氢气体，丸剂和片剂的放置和帐篷的覆盖必须在4h内完成。在熏蒸结束前，要特别注意监测磷化氢气体浓度，磷化氢浓度常用检测管测定，如果未达到规定要求，必须纠正。

磷化氢帐幕熏蒸不必进行环流，熏蒸后可用不发火花的电风扇给货物通风。磷化氢尽管消散迅速，但散装货物至少需要2h通风工作人员才能进入贮存场地。

（3）残留处理　磷化氢熏蒸后，决不能把残灰直接倒入下水道，要佩戴防毒面具，将残灰放入干桶或干燥容器里并移到露天下，然后移入6~16L、装有一半水和120mL（半杯）洗衣粉的容器里，彻底搅动。残灰形成气体，引起水沸腾，当沸腾停止、残留物下沉底部时，残留物不再有毒，可以倒入排水沟。装磷化铝的容器应销毁，不能重复使用，一次性使用的盘子及纸张，可浸泡处理，然后倒掉。非一次性使用的盘子，用洗涤剂冲洗后保存。

3. 硫酰氟

（1）特性　硫酰氟（sulphuryl flouride，SF）是一种无色、无味气体，分子式 SO_2F_2，沸点 -55.2℃，不燃，不爆，化学性质稳定，不溶于水。硫酰氟的挥发无须辅助热源，具有高的蒸气压力，在空气中的相对密度为 2.88，易于扩散、渗透和解吸。硫酰氟对昆虫所有虫态都是剧毒的，但许多昆虫卵对硫酰氟具有耐性。硫酰氟熏蒸处理对正常含水量的粮、棉、油、蔬菜、豆、林木、牧草种子无不良影响。对生长着的苗木、花卉、瓜果有害，不宜对食品和饲料进行熏蒸。

（2）毒性与安全　硫酰氟是昆虫的一种神经毒剂，对酶起化学作用，杀虫谱广，在较低的温度下仍能发挥良好的杀虫作用，对人和高等动物的毒性中等，为溴甲烷的 1/3，空气中的最高允许浓度为 10mg/m^3（联合国粮农组织和美国规定，连续接触 8h 的空气中允许浓度为 5mg/m^3，短时间接触为 10mg/m^3）。

目前，尚没有硫酰氟中毒的解毒剂。应用硫酰氟熏蒸杀虫，必须严格遵守操作规程。硫酰氟不能用来处理食品和食品原料。在 21℃ 以下，硫酰氟的效力迅速下降。硫酰氟被农产品的吸收较溴甲烷小，而且能迅速地解除吸收。

（3）熏蒸　硫酰氟的帐篷熏蒸操作规程同溴甲烷。硫酰氟熏蒸可以在土壤进行，但土壤应充分湿润。为了保证熏蒸剂在整个密闭范围内的均匀分布，需要良好的空气环流。整个熏蒸期应监测熏蒸剂的浓度，以确保不发生泄漏。硫酰氟有高的蒸气压力，用计量分药器计量是不安全的，可用台秤计量盛药钢瓶的重量减少来计算。某些热导分析仪可检测硫酰氟的有效浓度。新鲜干燥剂必须与热导分析仪一起使用，同时不得用含苏打石棉的滤器吸收硫酰氟气体中的水分。

4. 虫菌畏

（1）理化性质　虫菌畏是环氧乙烷与二氧化碳的混合气体。环氧乙烷分子式为 C_2H_4O，常温常压下为无色气体，偏酸性，有刺激性芥末味，沸点 10.7℃，气体相对密度为 1.521。虫菌畏属熏蒸性杀虫杀菌剂，穿透能力强，药效好，具有广谱性，操作简单，使用安全，对被熏蒸物品不污染、不损害、残留低。不能用作熏蒸种粮及活的植物。

（2）毒理　环氧乙烷进入虫体或接触菌体后，与其蛋白质发生非特异性烷基化作用，抑制生物酶的活性，阻碍生物正常化学反应和新陈代谢，使虫菌死亡。二氧化碳能使生物缺氧，加快死亡速度。

环氧乙烷低毒，现场空气中允许值为 50mg/m^3，当超过 250mg/m^3 时可引起头痛、头昏、呕吐、呼吸困难、腹泻等中毒症状，应速离现场休息，必要时可给氧，注射呼吸兴奋剂。急性中毒可雾化吸入 1% 麻黄素及抗毒素或立即送医院救治。

（3）操作

① 操作现场严禁火种，气瓶不得暴晒火烤、敲击或碰撞，存放温度不得高于 50℃。

② 操作时要戴好防毒面具、耐酸橡胶手套，以免溅到皮肤上，引起过敏及冻伤。如轻微皮肤过敏或角膜充血，可立即用清水冲洗。

二、烟雾剂处理

（一）熏烟法

熏烟法是利用烟剂点燃后发出的浓烟（悬浮在空气中的极细的固体微粒）在气流的扰动

下，分散到空气中，扩散到很远的距离，沉降缓慢，药粒可沉积在靶体的各个部位，包括植物叶片的背面，或用农药直接加热发烟来防治病虫害的施药方法。主要应用在封闭的小环境中，如仓库、房舍、温室、塑料大棚以及大片森林和果园，防治病虫害和鼠害，但不能用于杂草。

1. 影响因素

（1）上升气流　上升气流使烟向上部空间逸失，不能滞留在地面或作物表面，所以白昼不能进行露地熏烟。

（2）逆温层　日落后地面或作物表面便释放热量，使近地面或近作物表面的空气温度高于地面或作物表面的温度，有利于烟的滞留而不会很快逸散，因此在傍晚和清晨放烟更好。

（3）风向风速　风向风速会改变烟云的流向和运行速度及广度，在邻近水域的陆地，早晨风向自陆地吹向水面，谓之陆风；傍晚风向自水面吹向陆地，谓之海风。在海风和陆风交变期间，地面出现静风区，在风较小时放烟能取得较好效果。

（4）地形地貌　烟容易在低凹地、阴冷地区相对集中。

2. 熏烟方法

熏烟前选好发烟堆位置，发烟堆一般设在上风方向，距离熏烟对象约 $1.5 \sim 2.0 m$ 处较为宽阔的区域，每隔 $8 \sim 10 m$ 布设一个烟堆，$10 \sim 15$ 堆/亩，分布在熏烟区域内部和四周。提前准备燃料，中间放干燥的树叶、草根、锯末等易燃杂物，外面再盖一层薄土。发烟堆以能维持 $4 \sim 5 h$ 为宜。

根据风向和风速将烟弹安置在合适的位置。将烟弹所有通风口打开，检查引火导线是否正常。首先上风方向点燃 $2 \sim 3$ 个发烟堆，第一批烟弹燃烧 $20 \sim 30 min$ 后，视园内烟雾覆盖情况和降温情况点燃其他烟弹，以便实现园区上方烟雾的无差别覆盖。当风向变化时，可将已点燃的烟弹移至新的上风方向，移动时须注意避免被烟弹附带的火源烧伤。当园内风速 > $1.5 m/s$ 时，可停止点燃烟堆。

3. 安全保障措施

熏烟过程中须专人在园内巡查，遇到发烟堆或烟弹出现明火时应及时扑灭。熏烟结束后应浇水或就地取土浇灭或覆盖发烟堆和烟弹燃烧后的残留物。

（二）喷雾法

将乳油、乳粉、胶悬剂、可溶性粉剂和可湿性粉剂等农药制剂加入一定量水混合调制，形成均匀的乳状液、溶液和悬浮液，利用喷雾器使药液形成微小的雾滴，雾滴的大小随喷雾水压的高低、喷头孔径的大小和形状、涡流室大小而定。通常水压愈大、喷头孔径愈小、涡流室愈小，则雾化出来的雾直径愈小，雾滴覆盖密度愈大，且由于乳油、乳粉、胶悬剂和可湿性粉剂等的展着性、黏着性比粉剂好，不易被雨水淋失，残效期长，药物与病虫接触的机会增多，效果更好。20世纪50年代前，主要采用大容量喷雾，即每亩每次喷施药液量大于50L，但近10多年来喷雾技术有了很大的发展，主要是超低容量喷雾技术在农业生产上得到推广应用后，喷药液量便向低容量趋势发展，每亩每次喷施药液量只有 $0.1 \sim 2L$。发达的国家多采用小容量喷雾方法，其优点在于：①用药液量少；②用工少；③机械动力消耗少；④工效高；⑤防治效果好；⑥经济效益高。

第二节　控温处理技术

一、速冻和冷处理

1. 速冻

速冻是在−17℃或更低的温度下急速冰冻被处理水果和蔬菜等农产品，以防治病虫害，包括在−17℃或更低的温度下预冻一定时间，然后在不高于−6℃的温度下保藏。速冻处理需具备满足上述温度处理的冷冻仓和贮藏仓，在冷冻仓内必须设置自动温度记录仪，记录速冻过程中温度的变化动态。

2. 冷处理

冷处理是指应用持续的不低于冰点的低温控制害虫的一种处理方法。这种方法对控制热带水果实蝇很有效。冷处理通常是在冷藏库内（包括陆地冷藏库和船舱冷藏库）进行。处理的时间常取决于冷藏的温度。

（1）冷藏库处理　冷藏库必须满足如下条件：制冷设备应符合处理温度的要求并保证温度的稳定性；冷藏库应配备足够数量的温度记录传感器，每 $300m^3$ 的堆垛应配备三个传感器，一个用于检测空气温度，两个用于监测堆垛内水果或蔬菜的温度；冷藏库内应有空气循环系统，使库内各部温度一致。

（2）集装箱冷处理　集装箱应具备制冷设备并能自动控制箱内温度，可以在运载过程中对某些检疫物进行冷处理。在进行低温处理时，于水果或蔬菜间放置温度自动记录仪，记录运输期间集装箱内水果或蔬菜的温度动态，40 英尺 ［1 英尺（ft）＝0.3048m］集装箱放置三个温度记录仪，20 英尺集装箱放置两个温度记录仪。集装箱运抵口岸时，由检疫人员开启温度记录仪的铅封，检查处理时间和处理温度是否符合规定的要求。

二、热处理

1. 蒸汽热处理

蒸汽热处理是利用热饱和水蒸气使农产品的温度提高到规定的要求，并维持在稳定状态，通过水蒸气冷凝作用释放出来的潜热，均匀而迅速地使被处理的水果升温，使可能存在于果实内部的实蝇死亡。

蒸汽热处理室主要设施及其功能如下：

（1）热饱和蒸汽发生装置　该装置能自动控制输出的蒸汽温度、输出量，使室内的水果在规定时间内达到规定的温度。

（2）蒸汽分配管和气体循环风扇　蒸汽分配管把蒸汽均匀地分配到室内果品任何部位，循环风扇使室内蒸汽均一，使每个水果均匀地吸收蒸汽热量。

（3）温度监测系统　温度监测系统包括多个温度传感器，均匀分布在室内空间各个点，传感器的探头插入水果的内部，通过温度显示仪可以了解室内各点水果果肉的温度动态。

2. 热水处理

热水处理多用于对鳞茎上的线虫和其他有害生物以及带病种子的处理。在热水中加入杀菌剂或湿润剂如福尔马林处理鳞茎，可以更有效地杀死线虫。

3. 干热处理

干热处理一般将被处理的物品置于烤炉或烤箱里，当被处理物内部温度达到要求时，开始计时，直到规定的时间。这种方法可以杀死引起植物病害的病原生物，但植物材料要能承受较高的处理温度。饲料和粉碎性的加工产品，可用 82.2℃ 的温度处理 7min。用同样的温度和时间，干热处理不如热水处理或蒸汽处理的效果好，因为病原体在水分存在下更易被杀死。

第三节　辐照处理技术

辐照技术是利用电离和激发产生的活化电子、原子和活化分子射线与处理材料分子相互作用，发生一系列物理、化学反应，导致物质的降解、聚合、交联、改性，使有害生物不能完成生活史或不育，从而防止其传播。

与传统的化学熏蒸处理以及冷、热处理等方法相比，辐照作为检疫处理方法具有处理速度快，货物不必拆开包装，可在室温或低温下进行，基本不改变货物温度，无污染、无化学残留，不影响农产品的后熟，不使被处理物品产生辐射性，小于 1000Gy 量处理的食品对人体无害等特点。

一、射线照射处理

（一）射线照射检疫处理机理

射线照射处理是利用波长极短的电离射线对检疫材料进行辐射处理，起到杀虫、消毒、杀菌、防霉等作用。射线辐射的作用分为初级作用和次级作用，初级作用是微生物细胞间质受高能电子射线照射后发生电离作用和化学作用，次级作用是水分经辐射和发生电离作用而产生各种游离基和过氧化氢再与细胞内其他物质作用。这两种作用会阻碍微生物细胞内的一切活动，从而导致微生物细胞死亡。

射线照射处理的射线有微波、紫外线（UV）、X 射线、γ 射线及可见光等。微波通过热杀死微生物；紫外线使 DNA 分子中相邻的嘧啶形成嘧啶二聚体，抑制 DNA 复制与转录，杀死微生物；X 射线能使分子氧化或产生自由基，打断生物分子氢键、使双键氧化、破坏环状结构或使某些分子聚合等，从而抑制或杀死微生物。可见光照射使光合生物叶绿素、细胞色素、黄素蛋白等光敏感色素吸收光能变成激发态或被活化，并将能量转移到氧，产生氧自由基作用于微生物，导致微生物突变或死亡。

（二）射线剂量选择

辐射目的不同，辐射剂量也不同，对于不同的微生物，需要控制不同的辐射剂量和电子能量。进行辐照处理时要确保整个材料处理部位的吸收剂量高于最低吸收剂量（D_{min}），以确保全部材料达到 D_{min}。

（三）射线照射处理要求

（1）射线照射处理需要专门设备来产生射线（辐射源）并提供安全防护措施，保证辐射线不泄漏，包括微波炉、紫外光灯、阴极射线管、X射线发生器等。

（2）射线照射处理时尽量采用小包装，包装材料必须耐辐照。

（3）电子射线主要由电子加速器中获得，穿透力较弱，一般用于小包装材料的杀菌，特别适用于对材料的表面杀菌处理。X射线由X射线发生器产生，穿透力强，可以在包装下及不解冻情况下辐照食品，杀灭深藏在食品内部的害虫、寄生虫和微生物。

（4）射线照射处理可以在常温或低温下进行，处理过程温升很小，有利于保持材料的质量，不留下任何残留物。与其他处理方法相比，射线照射处理能节约能源。

（5）射线照射处理的效果受许多因子制约，例如光可使嘧啶二聚体解体，降低紫外线作用效果，氧可提高X射线或γ射线作用效果等。

二、放射性同位素处理

（一）放射性同位素基本知识

具有相同的质子数而具有不同的中子数的元素叫同位素。一些同位素的原子核能自发地发射出粒子或射线，释放出一定的能量，同时质子数或中子数发生变化，从而转变成另一种元素的原子核。元素的这种特性叫放射性，这样的过程叫放射性衰变，这些元素叫放射性元素。具有放射性的同位素叫放射性同位素。发生放射性衰变的元素称为母体，由放射性衰变形成的元素称为子体。

根据放射性元素释放或吸收的粒子或射线，可将放射性衰变划分为以下几个类型：

1. α衰变

放射性元素自发地释放出α粒子的衰变过程叫α衰变。α粒子由2个质子和2个中子组成，是原子序数为2的氦原子核。高速运动着的α粒子流就是α射线。经过α衰变形成的放射性元素与其母体相比质量数减4，原子序数降低2位。

2. β衰变

放射性元素自发地使核内一个中子转变为质子，释放出β粒子的衰变过程叫β衰变。β粒子的质量与电荷均与电子相同，其实质就是一个高速运动的电子。高速运动着的β粒子流就是β射线。β射线具有比α射线高得多的穿透能力。经过β衰变形成的放射性元素与其母体相比质量数不变，但原子序数增加1位。

3. 电子俘获

放射性元素自发地俘获一个核外轨道电子，使核内一个质子变为中子的衰变过程叫电子俘获。经过电子俘获形成的放射性元素与其母体相比质量数不变，但原子序数减少1位。

4. 同质异能 γ 跃迁

通常 α 衰变或 β 衰变形成的新原子核处于不稳定的激发态，但这个时间很短（约 10^{-13}s），很快跃迁到较低能级或基态，并释放出 γ 射线。γ 射线是一种波长很短的电磁波，具有穿透能力。这种现象仅发生能级跃迁，而核的质量数和原子序数都不变，所以不产生新的元素。但有些原子核的激发态存在时间较长，可以作为独立的放射性核素，这种通过 γ 跃迁形成的子体与母体称为同质异能素。

放射性元素最基本的特征是不断发生衰变，同位素母体的数目不断减少，子体的数目不断增加。放射性同位素总原子数随着时间的减少服从指数定律。不同放射性元素的衰变速率相差很大，但每个放射性元素的衰变常数是一定的。衰变常数越大，元素衰变得越快，衰变速度随着时间的增长而降低，当放射性元素原子数衰变减少到原来的一半（$N = 1/2N_0$）时所经历的时间（T）称为半衰期。一般认为放射性元素经历 10 个半衰期后就已经完全衰变。放射性同位素单位时间内发生衰变的原子数目称为放射性强度，也可理解为放射性活度。放射性强度的常用单位是居里，表示在 1s 内发生 3.7×10^{10} 次核衰变，符号为 Ci（1Ci = 37GBq）。除居里外，过去常用的单位还有 dps 和 dpm，分别表示每秒钟衰变的次数和每分钟衰变的次数。

（二）放射性同位素检疫处理原理

放射性同位素检疫处理主要是利用放射性同位素同质异能 γ 跃迁释放出 γ 射线。γ 射线是一种波长很短的电磁波，具有强穿透能力，能穿透辐照货箱内的货物，作用于微生物，可杀灭大小包装、散装、液体、固体、干货、鲜果内部的病菌和害虫，尤其适用于一些不宜加热、熏蒸、湿煮处理的食品。γ 射线杀菌机理如下：

γ 射线频率高达 $3 \times 10^{18} \sim 3 \times 10^{21}$ Hz，能量大于分子键能，可使微生物体内分子电离和断键，使蛋白质变性，酶失活，使核糖核酸、蛋白质、酶和水分子被激发或电离；激发态分子的共价键断裂或与其他分子反应经电子传递产生自由基，作用于生物大分子，打断分子氢键、使双键氧化、破坏环状结构或使某些分子聚合等，直接或间接破坏微生物的核酸、蛋白质和酶，从而杀死微生物。

（三）放射性同位素剂量选择

电离辐射杀灭微生物一般以杀灭 90% 微生物所需的剂量（Gy）来表示，即残存微生物数下降到原菌数 10% 时所需用的 Gy 剂量，并用 D_{10} 值来表示。辐照前需测定样品的染菌量，根据染菌量确定辐照剂量，参照以下公式计算：

$$SD = D\lg(N_0/N)$$

式中，SD 为灭菌剂量；D 为菌的抵抗力；N_0 为灭菌前的染菌数；N 为灭菌后的存活菌数。

辐射目的不同，辐射剂量也不同。完全杀菌是杀死除芽孢杆菌以外的所有微生物，其辐照剂量为 25~50kGy，消毒杀菌是杀死食品中不产芽孢的病原体和减少微生物污染，其辐射剂量为 1~10kGy。

不同的微生物，对辐射敏感性差异很大，需要不同的辐射剂量和电子能量才能有效杀灭微生物。有些微生物不具有修复辐射引起的损伤的能力，对辐射敏感，有些微生物具有修复辐射引起的损伤的能力，对辐射不敏感。革兰阴性微生物对辐射敏感，一些革兰阳性微生物对辐射异常顽固。芽孢比生长的细胞更能抗辐射。病毒比细菌芽孢对辐射抵抗力更强。抗辐射性能随着微生物个体的减少而增大，芽孢的抗辐射性能从强到弱次序是细菌、酵母、霉菌。

微生物的致死剂量还取决于所处环境及其生长阶段。进行辐照处理时要确保整个材料处理部位的吸收剂量达到最低吸收剂量（$D_{\min}$）。

（四）放射性同位素检疫处理特点

放射性同位素检疫处理放射源是钴 60 和铯 137 或加速器。通常利用钴 60 辐射线源放出的 γ 射线。放射线同位素钴 60 是用高纯金属钴在原子反应堆中通过辐照，钴 59 吸收中子获得。钴 60 发生 β 衰变，放射出能量分别为 $1.17×10^6$ 电子伏特和 $1.33×10^6$ 电子伏特的两支 γ 射线。γ 射线属于电磁波，以光速运动，在电场或磁场不发生偏转，对物质的穿透能力很强，属电离辐射。钴的半衰期为 5.27 年，因此钴源可长期使用而无须更换。γ 射线能量是固定的，强度也不会改变，同位素钴 60 也是 X 射线管的重要替代物，X 射线机上发出的射线能量和强度是可以改变的。同位素钴 60 源小型轻便，无须电源。

加速器可以发射两种不同的粒子：电子束和 X 射线；其对被辐照物质的辐照效应是一样的。可以采用移动靶技术，按照需要及时选取不同的射线粒子进行辐照，但由电子转化成 X 射线损耗大量的能量。

在射线发射功率上，14kW 的加速器，相当于 100 万居里的钴 60 放射源；但由于钴 60 源是呈球形发射射线，射线的利用率低，只有大约 20%，其他方向的射线都被浪费，而加速器的射线呈一个方向，利用率高，达 93% 以上，所以如果将射线的利用率考虑在内，则 14kW 的电子加速器相当于 460 万～470 万居里的放射源。

放射性同位素检疫处理属于冷加工，不会引起食品内部温度的明显升高，10kGy 以下剂量辐照不会引起毒性危害，不需要进行毒理学检验，易于保持食品的风味和品质。

（五）放射性同位素检疫处理对处理材料的影响

1. 色泽

放射性同位素检疫处理对各种食品色素的影响不同。植物性色素对辐照处理较稳定，动物性色素对辐照敏感，辐照的水解物能导致肌红蛋白和脂肪的氧化，引起褪色。经辐照的肉，其还原性增加，产生 CO，CO 与血红色素强烈亲和，增加红色或粉红色的强度，增加程度依肉的种类、辐射的剂量、包装材料的不同而异。在 4.5kGy 的剂量辐射时，CO 能降低脂肪氧化的程度，并提供一种稳定的草莓红色。

2. 气味

放射性同位素检疫处理一般会使食品特有的香气损失，同时产生令人不愉快的臭味，尤其是肉类食品，伴随着脂肪的氧化和挥发性硫的生成，挥发性的异味产生，且随着辐射剂量的增加和时间的延长而增加。含硫化合物和蛋白质水解物的生成是辐照肉产生异味的原因。

3. 质地

低剂量辐射处理对食品质地不会产生明显的影响，相反可以抑制食品软化，破坏一些引起果实后熟的有关酶的活性，延缓水果后熟。高剂量辐照处理，会使大分子物质解聚，引起不同程度的软化，改善豆乳和豆腐的品质，使大豆豆乳的胶凝性质比高压杀菌的更好。辐照能增加鲑鱼的感官嫩度，增加鲶鱼片的风味。

食品在正常剂量辐射后其蛋白质、糖类及矿物质等营养成分损失很少，但维生素和脂肪对辐照敏感，脂溶性维生素较水溶性维生素更敏感，尤以维生素 E、维生素 K 损失较大。在水溶性维生素中维生素 C 损失最大，烟酸损失最小。脂肪经高剂量辐射后，因氧化反应产生的自由基及其衍生物会促进脂肪的氧化而发生酸败变性，导致脂肪的消化吸收率降低。

（六）注意事项

（1）放射性同位素与射线装置使用场所必须设置防护设施。其入口处必须设置放射性标志和必要的防护报警装置或工作信号。

（2）必须设专人对放射源和射线装置进行管理，定期检查、维修并做书面记录。发生故障时由专人处理。

（3）必须严格按照放射性同位素与射线装置安全操作规程操作，严格控制照射剂量，防止对人体造成伤害。

（4）放射性同位素和放射源须设置专用源库，严格管理，防止泄漏、丢失。建立健全保管、领用、返还登记制度；配备必要的防护检测仪表及防护用品；建立应急处理方案。

（5）发生放射源丢失、泄漏事故，必须立即采取防护措施，保护事故现场，并向主管部门以及省市公安、卫生防疫部门报告。

（6）注销、变更放射性同位素与射线装置，需持许可登记证到原审批部门办理注销、变更手续。

（7）停止使用放射性同位素时，须将放射性同位素、辐射源妥善处理。

第四节　气调处理技术

气调处理技术是通过调节装有检疫材料容器中的气体成分，给有害生物一种不适宜生存的气体环境而达到检疫处理的目的。一般通过降低处理容器中氧气含量和增加二氧化碳的含量使害虫死亡，减少害虫对检疫材料的危害。气调处理技术高效、无害、无残留，但气调时间长，对场所气密性要求高，害虫会产生抗性。

一、充气处理

充气处理是将检疫材料贮藏环境中的原有气体抽出，按检疫材料要求的最适浓度向密闭贮藏环境输入氮气、CO_2、氧气等气体，调节容器中的气体成分，给有害生物以一种不适宜其生存的气体环境而杀死害虫或减少害虫对检疫材料的危害的一种检疫处理方法。一般可在24h 或稍长时间内达到预定的气体浓度。

在对新鲜果蔬进行充气检疫处理时，还能兼顾果蔬储存保鲜对气体成分的需要，选择合适的气体成分，既要降氧抑制呼吸强度，又要考虑果蔬对低氧和高二氧化碳的耐受能力，一般认为，对于大多数果蔬气体中 O_2 浓度 2%～5%、CO_2 浓度 3%～8%是合适的。同时，充气包装新鲜果蔬必须在适当的低温下进行，防止呼吸强度过高使产品缺氧。

充气处理对果蔬检疫处理效果明显好于其他方法，但对设备要求高，成本昂贵，需要建立复杂的气调冷藏库。

实验表明，0.0329mm 的低密度乙烯塑料薄膜帐密封荔枝后，先抽真空，再充入 N_2，置于 5℃的环境中贮藏，在贮藏初期，帐内 O_2 浓度在 13%～15%，贮藏过程中 O_2 浓度在 8%～10%、CO_2 浓度保持在 3%左右。经 40 天贮藏后，好果率为 70%，糖度仅下降 4.2%。而对照在 13 天内已丧失商品价值。新鲜肉和肉制品则采用 60% CO_2 和 40% N_2 充气包装，低氧可防止氧合血红蛋白的形成，有利于保持生鲜肉的鲜红色，同时还可防止肉制品中好氧微生物的生长和不饱和脂肪酸的氧化变质。60% CO_2 和 40% N_2 充气包装的火腿，其走油情况、氧化哈变程度、保存时间均优于单纯的真空包装。但应保留微量的氧以抑制厌氧微生物的繁殖。

二、抽真空处理

抽真空处理是将检疫材料容器抽真空，使水蒸发带走大量热量，检疫材料迅速降温，容器内的氧气大大减少，各种酶活性大大降低，生物化学反应无法进行，检疫微生物不能生存，从而达到检疫处理效果。

抽真空处理可实现果蔬预冷与减压气调的同库并行，迅速排出 CO_2、C_2H_4 等有害气体，快速降氧，果蔬等检疫材料呼吸速率降低，可以延长保鲜期。

抽真空处理主要包括减压处理和真空冷却。

（一）减压处理

减压处理及时排出贮藏环境中乙烯、乙醇等有害气体，抑制果蔬呼吸热和乙烯产生。低压和良好换气能使植物气孔在黑暗中张开，利于气体扩散和传输，即使 O_2 含量低于 0.1%，也不会发生缺氧伤害。在减压处理中，2.7kPa 以下气体压力抑制微生物尤其是霉菌生长；杀死物品内外成虫、幼虫、蛹和卵；各种果蔬最佳贮藏压力为 $(1.33～2.67)$ kPa $\pm$ 0.067kPa，肉、鱼、禽为 0.6kPa；压力高于 10kPa，保鲜效果不明显。

减压贮藏技术有两种类型，即间断抽气型和连续抽气型。前者抽真空、加湿和换气都是间断的，后者为连续抽气、连续加湿、连续换气同时运行，保持持续"低压、高湿、换气"或持续"低压、低温、高湿、换气"贮藏环境。据报道，通过减压贮藏荔枝 60 天，好果率有 90%以上。

（二）真空冷却

真空冷却（vacuum cooling，vacuum cold）是在真空环境下检疫材料水分迅速蒸发而冷却。对于果蔬常用真空冷却机进行。果蔬真空冷却机真空室内压力降低到饱和蒸发压即达到闪点值时，检疫材料表面的水分开始沸腾而蒸发，至温度降低到所要求的温度。在压力闪点值以上，物品不发生真空冷却，只有在气体流动的环境中才能被冷却。对冷却刚出锅高温熟食品的真空冷却机，只要抽真空检疫材料温度就下降。

果蔬真空冷却每蒸发 1%的水分可使自身温度下降约 6℃，从 30℃冷却至 5℃，大约需要失水 4%，耗时 30min，只要适当增湿就不会出现失水萎蔫现象，风味品质也不会受影响。肉类真空冷却，从24℃降到10℃约需30min，失重4.8%，有利于防止鱼、虾、肉氧化哈变。谷物类产品温度在30min内由室温降到4～8℃，并能得到进一步干燥（脱水6%左右），抑制种子的发芽。

第五节　脱毒处理技术

一、植物脱毒的意义

全世界已发现植物病毒有近700种。植物一旦染毒，终生带毒，难以用药剂控制，通过嫁接、虫媒以及无性繁殖传播，导致大幅度减产，品质退化，甚至全株死亡。植物脱毒技术是通过技术手段去除植物体内病毒，恢复种性或生产。"脱毒苗"是指经检测不含有该种植物的主要危害病毒，在植物体内主要病毒表现为阴性的苗木。通过植物组织培养等方法生产无病毒种苗可以同时除去真菌、细菌和线虫，使植物产量大幅增加。

二、脱毒方法

（一）热处理脱毒

1. 热处理脱毒的原理

病毒耐热性差，当植物组织处于高于正常温度的环境（35～40℃）时，组织内部的病毒繁殖减慢，不能生成或生成病毒很少，而死亡加快，以致病毒含量不断降低，直至消亡，但寄主植物的组织很少或不会受到伤害，从而达到脱毒的目的。

2. 热处理的方法

（1）温汤浸渍处理　将休眠器官、剪下的接穗或种植材料放在50～55℃的温水中浸渍数分钟至数小时或在35℃热水中处理30～40h，使病毒失活。此方法简便易行，但易造成材料受伤。

（2）热空气处理

① 恒温处理　将生长期植株先进行盆栽，成活后移入有照明、通风、调温、给水、温度35～40℃、相对湿度85%～95%的培养箱处理几十分钟至几个月。

② 变温处理　如对马铃薯块茎每天40℃处理4h与16～20℃处理20h交替进行，可清除芽眼中马铃薯的叶片病毒，而且保持芽眼的活力。

3. 热处理脱毒的特点

（1）热处理脱毒技术简单，对设备要求不高，短时间可除去病毒。

（2）热处理不能脱除所有病毒，只对那些球形病毒（如葡萄扇叶病毒、苹果花叶病毒）和线形病毒（马铃薯X、Y病毒，康乃馨病毒）有效。而对杆状病毒（牛蒡斑驳病毒、千日红病毒）不起作用。

（3）对植株有伤害，只有部分植株成活。对寄主植物进行较长时间的高温处理有可能钝化植物组织中的阻抗因子，使寄主植物中抗病毒因子难于活化，从而增加无效植株的发生率。

（二）茎尖培养脱毒

1. 茎尖培养脱毒原理

病毒在感染植株上的分布是不均匀的，即老叶片及成熟的组织和器官中病毒含量较高，而幼嫩的及未成熟的组织和器官中病毒含量较低，生长点（约 $0.1 \sim 1.0$ mm 区域）因无维管束，病毒只能通过胞间连丝传递，不及细胞分裂和生长的速度，因此茎尖几乎不含或含病毒很少，可利用微茎尖培养脱毒。茎尖培养脱毒效果好，后代稳定，是目前培育无病毒苗最常用的方法。

2. 茎尖培养的方法

（1）材料的选择和预处理　选择具有原品种典型特征、病毒危害较轻的健壮植株，采集外植体。如果将植株盆栽后进行热处理，可以切取较大的茎尖培养。

（2）外植体的表面消毒　在植株上取顶芽或侧芽（$3 \sim 5$mm），剥去大叶片，用自来水冲洗干净，在 75％酒精中浸泡 30s 左右，用 1％～3％次氯酸钠或 5％～7％的漂白粉溶液消毒 $10 \sim 20$min，取出后用无菌水清洗 3 次，用无菌滤纸吸去多余水分备用。

（3）茎尖剥离　在超净台上，将茎尖切成 1.5cm 长、下端约 1.0cm 长留作夹持部分。先用肉眼观察，剥离外层幼叶，至 0.5cm 大小时，再移至双筒解剖镜下，用镊子夹住茎部，将解剖针蘸少许酒精，过火灭菌，冷却，用解剖针轻轻剥掉幼叶和叶原基，当看见一个闪亮半圆球的顶端分生组织点，只剩两枚叶原基时，用解剖刀将微茎尖切下来，然后接到培养基中，注意随切随接，防止变干变褐。

（4）茎尖培养　茎尖培养一般用琼脂培养基。培养基组成在 White、Morel、MS 培养基的基础上适当提高 K^+ 与 NH_4^+ 含量。糖浓度一般为 2％～4％，蔗糖、葡萄糖较好。适当提高生长素（$0.1 \sim 0.5$mg/L）与细胞分裂素浓度，用萘乙酸（NAA）或吲哚丁酸（IBA）、激动素（KT）或苄氨基嘌呤（BA）。大多数植物的茎尖培养以 MS＋NAA $0.1 \sim 1.0$mg/L＋CM（椰乳）5％～10％为培养基。也可加 $0.1 \sim 1$mg/L 的 KT 和活性炭。其中 BA 促进丛生芽形成。对于在固体培养基上易形成愈伤组织的须用滤纸桥。培养温度为 25℃，光照强度为 2000lx，光照时间 16h。期间应更换新鲜培养基。茎尖培养一般 2 个月以上才开始茎尖的分化，一般由茎尖直接分化出芽丛。生根培养的方法是将 $2 \sim 3$cm 高的无根苗转入生根培养基继续培养 $1 \sim 2$ 个月。茎尖培养无病毒植株如图 7-1 所示。

3. 影响茎尖培养的因素

（1）茎尖大小　茎尖大小与脱除病毒的效果成反相关，即剥取茎尖越小，脱毒效果越好。但茎尖大小与茎尖的成活率成正相关，即茎尖越小培养难度越大，成活率越低。考虑到脱毒效果及提高成活率，一般切取 $0.2 \sim 0.5$mm 带 $1 \sim 2$ 个叶原基的茎尖为培养材料。

（2）光　在茎尖培养中，光下培养的效果通常比暗培养效果好。

（3）外植体的生理状态　茎尖最好从在萌动期活跃生长的芽上切取，一般培养顶芽茎尖比培养腋芽茎尖效果好。

（三）其他脱毒方法

目前在生产实践中还有愈伤组织培养脱毒、茎尖微体嫁接脱毒、珠心胚培养脱毒、花药

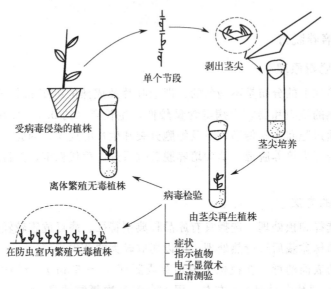

图 7-1 茎尖培养无病毒植株

培养脱毒、抗病毒药剂处理脱毒等方法，但都没有热处理和茎尖培养脱毒应用广泛。

1. 愈伤组织培养脱毒

愈伤组织病毒的复制赶不上细胞的增殖速度，愈伤组织分化植株，60%单细胞没有病毒。所以将感染病毒的组织离体培养获得愈伤组织，再诱导愈伤组织分化成苗，从而获得无病毒植株，即愈伤组织培养脱毒法。

2. 茎尖微体嫁接脱毒

木本植物茎尖培养难以生根成植株，将实生苗砧木在人工培养基上种植培养，再从成年无病树枝上切取 0.4～1.0mm 茎尖，在砧木上进行微体嫁接，以获得无病毒植株。果树上应用多。

3. 珠心胚培养脱毒

柑橘类种子为多胚种子，除具有合子胚外还有珠心胚，因为珠心细胞与维管束无联系，所以珠心胚培养产生的植株不易带病毒。

4. 化学疗法脱毒

许多化学药品（包括嘌呤、嘧啶类似物、氨基酸、抗生素等）对离体组织和原生质体具有脱毒作用。常用的药品有：8-氮鸟嘌呤、2-硫脲嘧啶、杀稻瘟抗生素、放线菌素 D、庆大霉素等。例如，将 $100\mu g$ 2-硫脲嘧啶加入培养基可除去烟草愈伤组织中的 PVY（马铃薯病毒）。

三、无病毒苗的鉴定

（一）直接检查法（非潜隐性病毒的鉴定）

非潜隐性病毒在植株上能产生明显可见的症状，直接观察待测植株生长状态是否异常，茎叶上有无特定病毒引起的可见症状，从而可判断病毒是否存在。

非潜隐性病毒在植株上产生的症状分为 3 种类型：

(1) 叶片变色：由于病毒干扰叶绿素的形成，引起叶片花叶或黄花。

(2) 枯斑和组织坏死。

(3) 畸形：果实、枝、叶变形或植株矮化。

以上各症状可单独发生，也可混合发生。

（二）指示植物法

指示植物法是利用病毒在指示植物上产生枯斑作为鉴别病毒的方法。专门用以产生局部病斑的寄主植物即为指示植物。应根据不同的病毒选择适合的指示植物，并且一年四季都可栽培。指示植物法简单、方便、经济而有效，只能鉴定靠汁液传染的病毒，只能测出病毒的相对感染力。

（三）抗血清鉴定法

植物病毒作为抗原，给动物注射后会在血清中产生抗体称抗血清。抗原与抗体间能发生高度专一性的血清学反应（免疫反应）。这样就可用已知抗血清鉴定未知的病毒。该方法特异性高，测定速度快，几小时甚至几分钟就可以完成。

（四）电子显微镜检查法

人的眼睛难以分辨小于 0.1mm 的微粒，采用电子显微镜能分辨 $0.5\mu m$ 大小的病毒颗粒，能在植物粗提液中检查病毒的存在，病毒颗粒的大小、形状、结构和种类，灵敏度高，但需一定的设备和技术。

（五）分子生物学鉴定

1. 双链 RNA 法

一般认为，RNA 分子是单链的，只有部分碱基序列自相互补，形成局部折叠的双螺旋。但一些病毒完全是双链 RNA（double-stranded RNA，ds RNA），通过提取待测植物 RNA，并进行电泳，可确定双链 RNA 是否存在，从而判断待检植物是否带双链 RNA 病毒。

2. 互补 DNA（cDNA）检测法

互补 DNA（cDNA）检测法也叫 DNA 分子杂交法、核酸分子杂交法。

四、无病毒苗的保存

通过脱毒方法所获得的植株经鉴定确系无病毒者即为无病毒原种。无病毒植株有可能很快又被重新感染，所以一旦培育得到无病毒苗，就应很好保存。无病毒原种可以保存利用 5～10 年。

（一）隔离保存

通常无病毒苗应种植在 300 目隔虫网内，即网眼为 0.4～0.5mm 大小的网纱，防止蚜虫进入。也可用盆钵栽，栽培用的土壤也应进行消毒，并及时喷施农药，以保证植物材料与病毒严密隔离。另一种更简便经济的方法是把由茎尖得到的并已经过脱毒检验的植物通过离体培养进行繁殖和保存。

（二）低温保存

长期保存无病毒苗的方法是将无病毒苗原种器官或幼小植株接种到培养基上，低温下离体保存，半年或一年更换培养基。

（三）冷冻保存（超低温保存）

将无病毒苗用冷冻保护剂如二甲基亚砜（DMSO）（5%~8%）、甘油、脯氨酸（10%）、各种可溶性糖、聚乙二醇等保护，置于液氮（-196℃）保存。

第八章 »»»
转基因动植物及产品检验检疫

第一节　转基因动植物及产品

一、转基因产品的种植情况

目前，转基因技术已成为全球应用最为广泛的生物技术之一，带来了巨大的经济效益、社会效益和生态效益。到2018年，全球转基因农作物商业化应用已有23年，全球有26个国家种植了转基因农作物，转基因农作物商业化种植面积为1.92亿公顷（hm²），较1996年增长了约113倍。前五大转基因农作物种植国中，美国以7500万公顷的转基因作物种植面积居世界首位，其次是巴西（5130万公顷）、阿根廷（2390万公顷）、加拿大（1270万公顷）和印度（1160万公顷），总计1.74亿公顷，占全球种植面积的91%。转基因技术使上述5个国家的19.5亿人口（占当前全世界76亿人口的26%）受益。转基因作物在世界五大转基因作物种植国的平均应用率（大豆、玉米和油菜的平均应用率）分别是：美国93.3%、巴西93%、阿根廷接近100%、加拿大92.5%、印度95%。另外有44个国家（地区）进口转基因农作物用于粮食和饲料，2018年年初，欧盟批准有6种转基因作物进口用于粮食和饲料加工。

四大主要转基因作物中，转基因大豆以9590万公顷的种植面积居首，占全球转基因作物种植面积的50%，其次是玉米（5890万公顷）、棉花（2490万公顷）和油菜（1010万公顷）。从全球单一作物的种植面积来看，2018年转基因大豆的应用率为78%，转基因棉花的应用率为76%，转基因玉米的应用率为30%，转基因油菜的应用率为29%。

转基因农作物种类已经扩展到四大作物（玉米、大豆、棉花和油菜）之外，转基因紫花苜蓿、甜菜、木瓜、南瓜、茄子、马铃薯和苹果在某些国家已上市。具有多种性状组合的转基因作物也获得批准生产，包括高油酸油菜、耐除草剂异噁唑草酮棉花、复合耐除草剂高油酸大豆、耐除草剂耐盐大豆、抗虫甘蔗和具有抗虫耐除草剂的转基因玉米等。

我国广大消费者对转基因作物的接受度比较低，目前转基因作物主要在科研院所用于实验种植，并且需要向国家申报转基因专用地。但不可否认的是，转基因作物商业化已是农业现代化发展的大势所趋。

2015年，中国转基因作物的种植面积为370多万公顷，其中转基因棉花为370万公顷、转基因木瓜7000公顷，还有543公顷的转基因杨树。

二、转基因动植物及产品的种类

转基因技术（transgenic technology）是将人工修饰过的基因导入到生物体基因组表达，引起生物体性状的可遗传的改变。常用的转基因方法有显微注射、基因枪、电破法、脂质体等。转基因动植物及产品的种类有以下几种：

（一）转基因抗性育种产品

1. 抗病性

1986年华盛顿大学Powell通过基因工程技术首次将烟草花叶病毒（TMV）外壳蛋白（CP）基因转入烟草，培育出了能稳定遗传的抗病毒植株。

2. 抗虫性

目前，广泛应用的植物抗虫基因是从苏云金芽孢杆菌中分离出来的一种毒蛋白基因——Bt基因。至1997年初，在80种已经批准或即将批准的商品化转基因作物中，有21种是转Bt基因作物，其中以玉米、马铃薯、棉花为主。我国种植的转基因抗虫棉，在完全不喷杀虫剂的情况下，单产仍高于喷洒2～3次杀虫剂的国产棉，显示出了控制棉铃虫的极好前景。

3. 抗逆性

抗逆性包括抗除草剂、抗寒、抗旱、抗热等。日本北海道生物研究所用电击法将小麦过氧化氢酶基因导入水稻（尤加拉、松马埃），培育成耐低温水稻，与正常水稻相比，过氧化氢酶活性在25℃时提高约4.5倍、在5℃时提高约1.5倍。

（二）转基因改善作物品质产品

转基因改善作物品质主要是通过转基因，改变植物中氨基酸、蛋白质含量等品质特性以及一些材料作物的加工性能。英国Zeneca公司和London大学研究小组培育出了总胡萝卜素和番茄红素含量极高的番茄，这种番茄对预防癌症有良好作用。

（三）转基因食品（genetically modified food，GMF）

是利用现代分子生物技术，将某种生物的基因转移到食品作物中去，使食品在外观、营养品质、消费品质等方面向人们所需要的方向产生可遗传的变化，以转基因生物为直接食品或为原料加工生产的食品就是"转基因食品"。

三、转基因产品的安全性问题

（一）转基因技术对环境的影响

转基因作物本身获得某种特定基因，在生长势、越冬性、耐受性、种子产量等方面强于非转基因植物。若被推广，可能迅速成为新的优势种群，演变成农田杂草。

基因漂流影响其他物种。转基因作物中的一些抗除草剂、杀虫剂和病毒的抗性基因通过花粉杂交等途径向其同种或近缘野生种转移，从而产生一些可抗除草剂、杀虫剂和病毒的所谓"超级杂草"，对非目标生物造成危害，造成生物数量剧减，甚至会使原有物种灭绝，形成生态灾难。美国康奈尔大学 Lowey 等发现，转 Bt 基因玉米花粉能导致非目标害虫黑脉金斑蝶（*Danaus plexippus* L.）幼虫死亡。

另外，自然界存在植物病毒的重组现象，随着抗病毒转基因作物的大面积推广，可能产生侵染力、致病力更强的"超级病毒"，从而造成更大的危害。

（二）转基因技术对食品安全的影响

1. 毒性问题

外源基因插入受体生物基因组开放性阅读框，会破坏开放性阅读框结构，使至少一个基因表达受阻。外源基因的插入还会干扰侧翼 20kb DNA 序列的转录水平和转录方式，可能使原先关闭的基因被打开。许多食品生物含有毒素，其表达水平对人体是安全的，外源基因插入可能改变受体食品生物毒素基因表达，产生新的毒素或提高毒素水平。因此，在分析转基因食品的毒性时，应考虑如果受体生物含有毒素，转基因生物的毒素含量是否在受体生物水平范围内或低于受体水平；如果外源基因的供体能表达毒素，应考虑毒素合成的关键酶是否伴随外源基因转入受体生物，生产加工过程是否对转基因食品毒素造成影响。

2. 过敏反应问题

许多食品具有过敏性，转基因技术可能导致过敏原从过敏性供体转移到受体，或使受体过敏原的过敏性水平提高。因此，在转基因食品过敏性分析时，要比较非转基因食品和转基因食品中已知过敏原的水平，如果受体生物含有过敏原，应考虑转基因生物的过敏原含量是否在受体生物水平的范围内或低于受体水平；如果外源基因的供体含有过敏原，应考虑过敏原合成过程的关键酶是否能伴随外源基因转入转基因生物，生产加工过程和人消化系统是否对转基因食品过敏原有影响。若一种过敏原的水平只对少数人引起轻微的皮疹，这种过敏原的影响可以忽略；如果引起过敏性休克，则这种过敏原就要高度注意。

3. 营养问题

外源基因插入会对受体生物基因表达产生影响，破坏食物中的营养成分，降低食品的营养价值，引起营养失衡。在分析转基因食品的营养成分时，要综合考虑转基因对食物营养成分的影响。如与一般大豆相比，耐除草剂的转基因大豆防癌的成分异黄酮减少了。

4. 对抗生素的抵抗作用

抗生素抗性基因是目前转基因植物食品中常用的标记基因。但抗生素标记基因是否会转移到肠道微生物或上皮细胞，从而降低抗生素在临床治疗中的有效性，一直受到人们的关注。

5. 转基因的稳定性

在转基因植物中，被转移的基因是不稳定的。会发生部分或全部的转基因 DNA 丢失，甚至保持到繁殖期的转基因 DNA 也会发生丢失。在全球已商业化或进入大田试验的转基因植物株系中，遗传物质在植物基因组的插入位置是否稳定，都缺乏证据证明。

6. 用转基因生物制造的产品也存在危险

基因修饰过的牛生长激素，被注射到奶牛体内以提高牛奶产量，提高了牛奶中 IGF-1（促生长因子-1）的浓度，IGF-1 与人类乳腺癌和前列腺癌有关。

四、国内外转基因生物安全管理与评价

转基因生物安全性评价是根据供体生物、受体生物、基因操作、转基因生物及其产品的生物学特性、应用前途和释放环境等，对人类健康和生态环境可能带来的影响进行综合评价，确定其安全等级，提出相应的监测和控制措施。生物安全评价有利于对生物技术进行安全管理并提供科学决策，保障人类健康和环境安全，促进国际贸易，促进生物技术的可持续发展。

（一）转基因生物安全性评价原则

我国对农业转基因生物进行安全性评价遵从以下原则：

① 对农业转基因生物进行安全性评价应该保障人类健康和生态环境安全，同时促进农业转基因生物的发展。

② 对农业转基因生物进行安全性评价一般采取个案分析的原则。考虑到基因、转基因生物种类、释放环境的多样性及用途。

③ 逐步完善对农业转基因生物进行安全性评价的原则。

④ 对农业转基因生物进行安全性监控管理逐步宽松和简化的原则。

（二）转基因生物安全评价与安全等级的研究程序

一般转基因生物安全评价与安全等级的研究按以下程序进行：

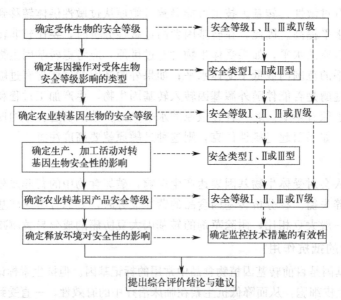

我国农业农村部《农业转基因生物安全评价管理办法》按照对人类、动植物、微生物和生态环境的危险程度，将转基因生物分为四个安全等级，如表 8-1 所列。

表 8-1 农业转基因生物安全等级的划分标准

安全等级	潜在危险程度	安全等级	潜在危险程度
Ⅰ	尚不存在危险	Ⅲ	具有中度危险
Ⅱ	具有低度危险	Ⅳ	具有高度危险

（三）转基因生物安全等级评价指标

我国从对人类健康的直接影响和生态环境的影响两个方面开展对转基因生物进行安全等级评价。

1. 受体生物（植物）的安全等级

受体生物（植物）分为四个安全等级，具体的评价指标与内容如表 8-2、表 8-3 所示。

表 8-2 受体生物（植物）安全等级

安全等级	符合条件
Ⅰ	对人类健康和生态环境未曾发生过不利影响； 演化成有害生物的可能性极小； 用于特殊研究的短存活期受体生物,实验结束后在自然环境中存活的可能性极小
Ⅱ	对人类健康和生态环境可能产生低度危险,但是通过采取安全控制措施完全可以避免其危险
Ⅲ	对人类健康和生态环境可能产生中度危险,但是通过采取安全控制措施,基本上可以避免其危险
Ⅳ	对人类健康和生态环境可能产生高度危险,而且在封闭设施之外尚无适当的安全控制措施避免其发生危险

表 8-3 受体生物（植物）安全评价指标与内容

指标	评价内容
背景资料	学名、俗名和其他名称；分类学地位；试验用受体动物品种名称；是野生种还是驯养种；原产地及引进时间；用途；在国内的应用情况；对人类健康和生态环境是否发生过不利影响； 从历史上看,受体动物演变成有害动物的可能性；是否有长期安全应用的记录
生物学特性	是一年生还是多年生；对人及其他生物是否有毒；是否有致敏原；繁殖方式；在自然条件下与同种或近缘种的异交率；育性；全生育期；在自然界中生存繁殖的能力
生态环境	在国内的地理分布和自然生境；生长发育所要求的生态环境条件；是否为生态环境中的组成部分；与生态系统中其他植物的生态关系；与生态系统中其他生物(动物和微生物)的生态关系；对生态环境的影响及其潜在危险程度；涉及国内非通常种植的植物种类时,应描述该植物的自然生境和有关其天然捕食者、寄生物、竞争物和共生物的资料
遗传变异	遗传稳定性；是否有发生遗传变异而对人类健康或生态环境产生不利影响的资料；在自然条件下与其他植物种属或其他生物(例如微生物)进行遗传物质交换的可能性
其他内容	监测方法和监控的可能性；其他资料；划分安全等级

2. 基因操作对受体生物安全等级的影响类型

基因操作对受体生物安全等级的影响分为三个安全类型（表 8-4）。其主要评价内容包括：转基因生物中引入或修饰性状和特性的叙述；DNA 删除区域的大小和功能；目的基因的核苷酸序列和推导的氨基酸序列,标记基因和报告基因特性；转基因方法；插入序列的大小、结构、拷贝数,在植物细胞中的定位,表达的器官和组织,表达量及其分析方法,表达的稳定性；基因操作的安全类型等。

表 8-4　基因操作对受体生物安全等级的影响类型与评价内容

安全类型	划分标准	基因操作内容
Ⅰ	增加受体生物安全性的基因操作	去除或抑制某个（些）已知具有危险的基因表达
Ⅱ	不影响受体生物安全性的基因操作	改变受体生物的表型或基因型而对人类健康和生态环境没有影响或没有不利影响
Ⅲ	降低受体生物安全性的基因操作	改变受体生物的表型或基因型，并可能对人类健康或生态环境产生不利影响或不能确定对人类健康或生态环境的影响

3. 转基因生物（植物）及其产品的安全等级与评价

转基因生物的安全等级是根据受体生物的安全等级和基因操作对其安全等级的影响类型及影响程度来确定。其安全性评价主要是从转基因生物的遗传稳定性、转基因生物与受体或亲本生物在环境安全性的差异及对人类健康影响的差异来进行。

转基因产品的生产、加工对转基因生物安全等级的影响分为三种类型：类型 1（增加转基因生物的安全性）、类型 2（不影响转基因生物的安全性）和类型 3（降低转基因生物的安全性）。

转基因产品的安全等级则根据转基因生物的安全等级和产品的生产、加工活动对其安全等级的影响类型和影响程度来确定，也相应地分为安全等级Ⅰ，Ⅱ，Ⅲ和Ⅳ四个等级。

4. 转基因生物安全控制措施及安全性综合评价

转基因生物的安全控制措施主要是指隔离措施、防止转基因生物及其基因扩散的措施、实验过程中出现意外事故的应急措施、收获部分之外的残留物的处理措施及收获后试验地的监控措施等。转基因生物安全性综合评价是对受体生物、转基因生物及其产品的性质、用途、潜在释放环境的特性、监控措施的有效性等相关特性进行综合考察与评价。

第二节　转基因成分的检测处理

一、基因重组体的构成元件

（一）基因克隆载体

能够承载外源基因，并将其带入受体细胞并稳定存在的 DNA 分子称为基因克隆载体（gene clone vector）。克隆载体在基因工程中占有十分重要的地位，目的基因能否有效转入受体细胞，并在其中维持和高效表达，在很大程度上取决于克隆载体。目前已构建和应用的基因克隆载体不下几千种，根据克隆载体 DNA 来源可分为质粒载体、病毒或噬菌体载体、质粒 DNA 与病毒或噬菌体 DNA 组成的载体、质粒 DNA 与染色体 DNA 片段组成的载体等。基因克隆载体一般具备以下条件：

① 克隆载体必须含有允许外源 DNA 片段组入的克隆位点，这样的克隆位点应尽可能地多。克隆位点的限制性内切核酸酶的识别序列只有一个。克隆载体中往往组装一个含多种限制性内切核酸酶识别序列的多克隆位点（MCS）连杆，以便多种类型末端的 DNA 片段的克隆。

② 克隆载体能携带外源 DNA 片段（基因）进入受体细胞，或能停留在细胞质中进行自我复制；或能整合到染色体 DNA、线粒体 DNA 和叶绿体 DNA 中，随这些 DNA 同步复制。

③ 克隆载体必须含有供选择转化子的标记基因，如根据转化子耐药性升降进行筛选的氨苄青霉素抗性基因（*ap* 或 *amp*）、氯霉素抗性基因（*cm*）、卡那霉素抗性基因（*km* 或 *kan*）、链霉素抗性基因（*str*）、四环素抗性基因（*tc* 或 *tet*）等，根据转化子蓝白颜色筛选的 β-半乳糖苷酶基因（*lacZ'*），以及表达产物容易观察和检测的报告基因 *gus*（β-葡糖醛酸酶基因）、*gfp*（绿色荧光蛋白基因）等。

④ 克隆载体必须是安全的，不应含有对受体细胞有害的基因，并且不会转入受体细胞以外的其他生物细胞，尤其是人的细胞。

1. 质粒克隆载体

质粒（plasmid）是细胞染色体外的裸露 DNA 分子。质粒含有复制起始位点，能在相应的宿主细胞内进行自我复制，但不会像某些病毒那样进行无限制地复制，导致宿主细胞的崩溃。每种质粒在相应的宿主细胞内保持相对稳定的拷贝数，少者几个，多者上百个。在宿主细胞内，质粒 DNA 分子小的不足 2kb，大的可达 100kb 以上，多数在 10kb 左右，一般以 ccc DNA 的形式存在。许多细菌、蓝藻、酵母等生物中均含有质粒，并构建了相应的质粒载体。质粒载体是以质粒 DNA 分子为基础构建而成的克隆载体，含有质粒的复制起始位点，能够按质粒复制的形式进行复制。

（1）大肠杆菌质粒载体　大肠杆菌质粒载体是应用最广泛的克隆载体之一，含有大肠杆菌质粒的复制起始位点，能够在转化的大肠杆菌中按质粒复制的形式进行复制。

pBR322 是一种常用的典型大肠杆菌质粒载体，由大肠杆菌质粒 Col El 衍生的质粒 pM-Bl 作为出发质粒构建而成，含有 Col El 复制起始位点（Col-ori），组装了 *ap* 基因和 *tc* 基因作为筛选转化子的选择标记基因。在 *ap* 基因区有限制性内切核酸酶 *Pst*Ⅰ、*Sca*Ⅰ 和 *Pv*Ⅰ 的识别序列，在 *tc* 基因区有限制性内切核酸酶 *Bam*HⅠ、*Sal*Ⅰ、*Eco*RⅤ、*Sph*Ⅰ、*Nhe*Ⅰ、*Eol*Ⅻ 和 *Nru*Ⅰ 的识别序列，以及在 *tcr* 基因的启动调控区有 *Cla*Ⅰ 和 *Hind*Ⅲ 的识别序列。并且这些限制性内切核酸酶在此质粒载体上只有一个识别序列，因此均可作为克隆外源 DNA 片段的克隆位点。pBR322 分子大小为 4363bp，足以克隆 10kb 以下的外源 DNA 片段，能在大肠杆菌细胞中高拷贝复制，主要用于基因克隆，此外也常常取其基本元件作为构建新克隆载体的骨架。为了便于外源 DNA 片段的克隆，在载体合适的位置组装一个多克隆位点（MCS）连杆，如常用的质粒载体 pUC18 和 pUC19。pUC18 和 pUC19 两者的差别只是多克隆位点上各种克隆位点的走向相反。设计这样一对质粒载体，便于用两种限制性内切核酸酶酶切产生的一个 DNA 片段以正、反两个方向组入载体，保证 DNA 片段中基因的信息链与质粒载体信息链连接，进行有效的表达。

（2）蓝藻穿梭质粒载体　某些蓝藻含有内源质粒，但是不能直接作为载体用于转化蓝藻，必须构建成穿梭质粒载体，即除了大肠杆菌质粒载体必备元件外，还必须含有蓝藻源质粒的复制起始位点。这样的质粒载体既可以在转化的大肠杆菌中进行复制，也可以在转化的蓝藻中进行复制。

（3）农杆菌 Ti 质粒载体　致癌农杆菌（*Agrobacterium tumefaciens*）含有一种内源质粒，当农杆菌同植物接触时，会引发植物产生肿瘤（冠瘿瘤），所以称此质粒为 Ti 质粒（tumor-inducing plasmid）。Ti 质粒是一种双链环状 DNA 分子，其大小为 200kb 左右，但是能进入植物细胞的只有约 25kb，称为 T-DNA（transfer DNA）。T-DNA 左右两边界

（LB，RB）各有一个25bp长的正向重复序列（LTS和RTS），对T-DNA的转移和整合是不可缺少的，T-DNA只要保留两端边界序列，中间的序列被任何一个外源DNA片段所替换，仍可转移整合到植物基因组中。根据Ti质粒的这一性质构建含LB和RB的质粒载体已被广泛地用于植物的基因转移，使含有目的基因的外源DNA片段整合到植物基因组中。此外，也构建了一些保留以农杆菌为中间介导，通过感染进入敏感植物细胞的Ti质粒载体。

（4）酵母 $2\mu m$ 质粒载体　酵母是一种最简单的单细胞异养真核生物，具有对外源基因翻译后进行蛋白质加工和修饰的功能，能够在廉价的培养基上生长，可进行高密度发酵。酿酒酵母是表达外源基因产物重要的宿主细胞，酿酒酵母菌中存在一种质粒，即 $2\mu m$ 质粒，可以构建一系列用于酵母转基因的质粒载体，也可以构建成穿梭质粒载体，含有 $2\mu m$ 质粒的复制起始位点和大肠杆菌质粒复制起始位点。

（5）T-克隆载体和U-克隆载体　在PCR反应中，*Taq* 酶通常会在PCR产物3′末端加上一个非配对的碱基A，根据这一特性研制出了一种线性质粒，其5′端各带一个不配对的碱基T。这样的质粒可将PCR产物以TA配对连接的方式直接进行克隆，即TA克隆。用于TA克隆的载体被称为T-克隆载体，它的出现使PCR产物的克隆更加简便快捷。

脱氧胸腺嘧啶核苷（T）容易与其他碱基发生非特异性配对，而且T-克隆载体也容易同反应系统中残留的引物或不完整的PCR扩增片段连接。相比之下，UA配对具有更高的特异性。因此研制出一种5′端带一个不配对碱基U的线性质粒，即U-克隆载体。

2. 病毒（噬菌体）克隆载体

病毒主要由DNA（或RNA）和外壳蛋白组成，经包装后成为病毒颗粒。通过感染，病毒颗粒进入宿主细胞，利用宿主细胞的合成系统进行DNA（或RNA）复制和壳蛋白的合成，实现病毒颗粒的增殖。人们利用这些性质构建了一系列适用于不同生物的病毒克隆载体。感染细菌的病毒称为噬菌体，由此构建的载体则称为噬菌体载体。下面介绍几种常用的病毒（噬菌体）克隆载体。

（1）λ噬菌体克隆载体　λ噬菌体由DNA（λDNA）和外壳蛋白组成，对大肠杆菌具有很高的感染能力。λDNA在噬菌体中以线状双链DNA分子存在，全长48502bp。其左右两端各有由12个核苷酸组成的5′凸出黏性末端（cohesive end），而且两者的核苷酸序列互补，进入宿主细胞后，黏性末端连接成为环状DNA分子，此末端称为COS位点（cohesive-end site）。λ噬菌体能包装原λDNA长度的75%～105%，约36.4～51.5kb。λDNA上约有20kb的区域对λ噬菌体的生长不是绝对需要的，可以缺失或被外源DNA片段取代。这就是用λDNA构建克隆载体的依据。

构建λ噬菌体克隆载体的策略是：

① 用合适的限制性内切核酸酶切去λDNA上的部分或全部非必需区，相应保留这种酶的1个或2个识别位点作为克隆位点，并用点突变或甲基化酶处理等方法使必需区内的这种酶的识别序列失效，避免外源DNA片段插入必需区。

② 若有必要可在非必需区组入选择标记基因。

③ 构建的λDNA载体应介于36.4～51.5kb。

举例如下：

在λDNA分子上有5个 *Eco*R I 的识别位点，其中21226、26104和31743等位置的识别位点在非必需区内，而39618和44972等位置的识别位点在必需区内。如果用 *Eco*R I 酶切，可把λDNA分子酶切成6个片段，以A、B、C、D、E和F表示，各片段长分别为

21.6kb、4.9kb、5.5kb、7.5kb、5.9kb 和 3.3kb。其中片段 B 是非必需的，片段 C 的缺失会阻断 λ 噬菌体的溶源生长途径，但是不影响溶菌生长途径。因此，用 Eco R I 切去片段 C（5.5kb），而保留片段 B（4.9kb）及其两侧的 Eco R I 识别序列；用点突变或甲基化酶处理，使片段 E 两侧处于必需区内的 Eco R I 识别序列失效，并且使片段 E 内不影响溶菌生长途径的序列（2.6kb）缺失，由此构建成 λ 噬菌体载体。此载体的大小是 48.5kb 减去 5.5kb 和 2.6kb，即 40.4kb，可有效地被包装成噬菌体颗粒。由于此载体仍保留非必需的片段 B 及其两侧的 Eco R I 识别序列，可以通过 Eco R I 的完全酶切，片段 B 被这种酶酶切产生的外源 DNA 片段所替换。用于替换的外源 DNA 片段最大可达 16kb，即 51.5kb 减去 40.4kb 加上 4.9kb；最小为 0.9kb，即 36.4kb 加上 4.9kb 减去 40.4kb。此载体也可以通过 Eco R I 的部分酶切，使这种酶酶切产生的外源 DNA 片段插入片段 B 任一侧的 Eco R I 识别位点。由于此载体本身已大于 36.4kb，所以插入的外源 DNA 片段只要不超过 11.1kb 即 51.5kb 减去 40.4kb，均能被包装成噬菌体颗粒。根据 λ 噬菌体允许包装的 DNA 大小范围，凡是大于 51.5kb 或小于 36.4kb 的重组 λDNA 不能被包装成噬菌体颗粒，在体外包装过程中自然被淘汰。所以根据重组 λDNA 分子大小就可以进行选择。但是这种选择方法不能区别野生型 λ 噬菌体与包装了重组 λDNA 分子的 λ 噬菌体，所以一般在 λDNA 的非必需区内组入选择标记基因。

λ 噬菌体载体用转导法可使 1μg 重组 DNA 分子获得 10 个以上的噬菌斑，适合用于建立 cDNA 基因文库，也可用于克隆外源目的基因。

（2）Cosmid 载体　由于 λ 噬菌体载体本身必须大于 36.4kb，限制了允许克隆的外源 DNA 片段。研究发现只要保留了 λDNA 片段两端不少于 280bp 并含有 COS 位点以及与包装相关的核苷酸序列，当插入外源 DNA 片段后总长大于 36.4kb、小于 51.5kb，这样的重组 λDNA 分子就能进行有效包装和转导受体细胞。根据这一性质构建了 Cosmid 载体。

Cosmid 载体是一种环状双链 DNA 分子，由质粒 DNA 和上述部分 λDNA 组成。质粒部分含有大肠杆菌内源质粒复制起始位点、克隆位点和选择标记基因等基本构件，可以像质粒载体一样承载外源 DNA 片段，转化大肠杆菌细胞，并自行复制和增殖。λDNA 部分允许重组 λDNA 分子进行有效包装和转导受体细胞。但是由于 Cosmid 载体不含 λ 噬菌体溶菌生长途径和溶源生长途径，所以不会产生子代噬菌体。

Cosmid 载体一般在 10kb 以下，因此能承载比较大的外源 DNA 片段。如果 Cosmid 载体的大小为 6.5kb，按 λ 噬菌体允许包装的量计算，能承载的外源 DNA 片段最大可达 45kb（即 51.5～6.5kb），最小的也有 29.9kb（即 36.4～6.5kb）。由于用 Cosmid 载体可以克隆大片段的外源 DNA 片段，所以被广泛地用于构建基因组文库。

（3）植物病毒克隆载体　植物病毒种类繁多，用于构建植物克隆载体的双链 DNA 病毒有花椰菜花叶病毒（CaMV）；单链 DNA 病毒有番茄金黄花叶病毒（TGMV）、非洲木薯花叶病毒（ACMV）、玉米线条病毒（MSV）、小麦矮缩病毒（WDV）；RNA 病毒有雀麦草花叶病毒（BMV）、大麦条纹花叶病毒（BSMV）、番茄丛矮病毒（TBSV）、马铃薯 X 病毒（PVX）、烟草花叶病毒（TMV）、烟草蚀刻病毒（TEV）、李痘病毒（PPV）等。

构建植物病毒克隆载体的基本策略是对病毒 DNA（包括 RNA 反转录的 DNA）进行加工，消除其对植物的致病性，保留其通过转导或转染进入植物细胞的特性，使携带的目的基因导入植物细胞。由于植物病毒克隆载体的应用局限性比较大，并且目前已有比较好用的由 Ti 质粒改建的克隆载体和不受植物种类限制的整合平台系统克隆载体，所以植物病毒克隆载体用得并不普遍。

利用 CaMV 感染植物后能启动 35S RNA 转录的强启动子，构建了含 35S 启动子的一系列高效表达载体，能启动目的基因在植物细胞（或蓝藻细胞）中进行高效表达。

（4）动物病毒克隆载体　动物病毒克隆载体在动物转基因研究中起着更重要的作用。目前用于构建克隆载体的动物病毒有痘苗病毒、腺病毒、杆状病毒、猿猴空泡病毒和反转录病毒等。下面简单介绍痘苗病毒构建的克隆载体。

痘苗病毒能感染人、猪、牛、鼠、兔、猴、羊等脊椎动物。痘苗病毒基因组是线形双链 DNA 分子，其长度因毒株不同而异，在 $180\sim200$kb 之间。两端为 10kb 左右的倒置重复序列，与病毒毒力和宿主范围有关，其中 70bp 是痘苗病毒复制所必需的，尤其是 20bp（ATITAGTGTCYAGAAAAAAT）特别重要。

构建痘苗病毒克隆载体采用同源重组的方法。在外源目的基因（和报告基因）两端组装痘苗病毒的 tk（胸苷激酶）基因或 ha（血凝素）基因作为同源重组的 DNA 片段，通过与痘苗病毒基因组的 tk 基因或 ha 基因同源重组，将外源目的基因整合到 tk 基因与 ha 基因之间，使其成为弱毒化的痘苗病毒，包装后的重组痘苗病毒转导敏感的动物。目前按此方法已构建了多种痘苗病毒载体，广泛地用于外源基因表达。痘苗病毒载体的特点是：

① 表达的产物较原核及酵母系统的表达产物更接近于天然产物的生物活性和理化性质，可以进行各种翻译后修饰，纯化过程相对简单，产物对外界环境相对稳定及易于保存运输。

② 重组痘苗病毒具有较好的免疫原性，无须佐剂就可刺激机体产生体液免疫和细胞免疫，用痘苗病毒系统表达的外源目的基因在实验动物中可提供保护性免疫反应。

③ 外源基因的插入量大。

④ 宿主细胞广泛。

3. 染色体定位整合载体

采用上述质粒载体或病毒（噬菌体）载体进入受体细胞的外源 DNA 分子，或者游离在细胞质中，作为染色体外遗传物质自行复制；或者随机插入染色体 DNA，随染色体 DNA 的复制而复制。前者虽然能多拷贝复制，但是容易丢失，导致转基因生物的不稳定性；后者虽然能稳定维持，但是由于插入的位点的不确定性，可能对受体细胞基因组的自稳系统产生干扰，导致有害的突变，给选育转基因生物带来不可知性和难度。染色体定位整合载体可克服两者的负面效应，已广泛应用于转基因动植物的研究中。

染色体定位整合载体包括整合平台和定位整合载体两部分。整合平台是一段 DNA 区域，是外源 DNA 定位整合的位置（靶位），可以处于基因区，也可以处于基因间隔区。整合平台位于受体细胞基因组的整合载体叫内源平台整合载体，分为双交换置换载体、单交换插入载体和双交换插入载体；整合平台是预先整合到受体细胞基因组的外源 DNA 区的整合载体叫外源平台整合载体。外源平台整合载体多采用双交换插入载体。

定位整合载体除了一般质粒载体必备元件外，还必须含有一个或两个与整合平台 DNA 区域核苷酸序列同源的 DNA 片段。同源 DNA 片段的长度最好在 1kb 以上。定位整合载体携带的目的 DNA 片段（目的基因或者目的基因加报告基因）进入受体细胞后，通过同源 DNA 片段核苷酸序列之间的交换，把外源 DNA 片段定位整合到整合平台 DNA 区域，随受体细胞染色体 DNA 的复制而复制，从而改变受体生物的遗传性状。

定位整合载体的定位整合效率随着载体同源 DNA 片段长度增加而提高。但是不管载体的同源 DNA 片段有多长，也不管用什么受体细胞，转化后，外源 DNA 片段除了定位整合外，还会出现不同程度的随机整合，这给筛选定位整合的转化子增加了难度。

4. 人工染色体克隆载体

人工染色体载体实际上是一种"穿梭"载体，含有质粒载体第一受体（大肠杆菌）内源质粒复制起始位点（ori），还含有第二受体（如酵母菌）染色体DNA着丝点、端粒和复制起始位点的序列，以及合适的选择标记基因。这样的载体与目的DNA重组后，在第一受体细胞内按质粒复制形式进行高拷贝复制，再转入第二受体细胞，按染色体DNA复制的形式进行复制和传递。一般采用抗生素抗性选择标记筛选第一受体的转化子，用与受体互补的营养缺陷型筛选第二受体的转化子。人工染色体载体能容纳长达1000kb甚至3000kb的外源DNA片段，主要用于构建基因组文库，也可用于基因治疗和基因功能鉴定。

酵母人工染色体（YAC）是早期构建的人工染色体克隆载体。将含有酵母染色体的DNA端粒（TEL）、DNA复制起点（ARS）和着丝粒（CEN）以及必要的选择标记（HISA4和TRP1）基因和多克隆位点（MCS）的DNA片段克隆到pBR322中，构建成YAC载体。使用YAC载体时，首先用 $EcoR$ I 和 $BamH$ I 双酶酶切，获得均具 $BamH$ I 和 $EcoR$ I 酶切末端的两个DNA片段（双臂），随后与两端具 $EcoR$ I 酶切末端的外源DNA连接，构成酵母人工染色体。用电激仪把此人工染色体转入酵母受体细胞。

5. 特殊用途的克隆载体

（1）启动子探针载体　启动子探针（promoter probe）载体是一种经济、快速分离基因启动子的工具，除了质粒载体必备的元件外，还含有检测部件。检测部件是将把需检测的启动子片段连接到一个缺少启动子报告基因前面，报告基因所编码的蛋白质容易被检测和定量，通过测定报告基因所编码的蛋白质的量确定需检测启动子的活性和在基因表达中的作用。例如把需检测的启动子片段替换 β-半乳糖苷酶基因启动子，连接到 β-半乳糖苷酶基因前面，构建重组载体，通过检测 β-半乳糖苷酶表达活性来判断需检测的启动子活性。

目前检测的启动子活性标记基因主要有抗生素抗性基因和绿色荧光蛋白基因，真核生物一般用荧光素酶报告基因载体，用表达的荧光素酶多少与底物发光的强弱来判断需检测的启动子活性。

（2）诱导型表达载体　诱导型表达载体是指启动子必须在特殊的诱导条件下才有转录活性或比较高的转录活性的表达载体。外源基因处于这样的启动子下，必须在合适的诱导条件下才能表达。采用这种表达载体获得的转基因生物即使进入自然环境中，由于不存在合适的诱导条件，因此不能表达外源基因产物，也不会导致环境污染和破坏生态平衡，是一类较安全的基因表达载体，能人为地控制基因时空的表达，为基因治疗及基础研究提供良好的手段。目前用作诱导型的启动子有二价金属离子诱导启动子、红光诱导启动子、热诱导启动子和干旱诱导启动子等。

（3）组织特异性表达载体　在较高等的真核生物中，有一类特殊的调控序列（启动子等）可以调控基因只能在一定的组织中才能表达。这样的调控序列可以构建一系列组织特异性表达载体，为研究动植物发育和人类基因治疗等提供了手段。目前已构建的组织特异性表达载体有乳腺组织特异性表达载体、肿瘤细胞特异性表达载体、神经组织特异性表达载体、花药特异性表达载体和种子特异性表达载体等。

（4）反义表达载体　反义核酸技术是利用人工合成或重组的与靶基因互补的一段反义DNA或RNA片段，特异性地与靶基因结合，达到封闭其表达的目的。此技术已成为基因治疗的重要手段，其中构建反义表达载体就可以在靶细胞内直接产生致病基因的反义 RNA 片段。如将致病基因反向组入表达载体，就构建成反义表达载体。当反义表达载体导入靶细胞后，就可转录出与致病基因 mRNA 互补的反义 RNA，特异性地封闭致病基因的表达。

（二）目的基因

目的基因，也称靶标基因，在基因克隆过程中就是要分离、纯化、克隆并转化到受体细胞，带来预期表型的编码蛋白质的结构基因。通常，目的基因要么是已知供体生物基因组"文库"的一部分，要么是来自于先前未研究过的供体生物基因组。

1. 目的基因的获取

原核基因采取直接分离获得，真核基因是人工合成。人工合成目的基因的常用方法有反转录法和化学合成法，通过 PCR 扩增达到需要量。如图 8-1 所示。

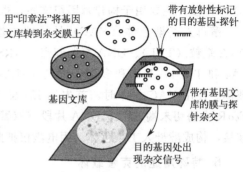

图 8-1　目的基因的获取

2. 目的基因表达载体的构建

将目的基因与启动子、终止子和标记基因与载体连接。

3. 将目的基因导入受体细胞

（1）将目的基因导入植物细胞　常用的方法是农杆菌转化法，其次还有基因枪法、花粉管通道法、茎尖转化法、叶绿体转化法、碳化硅纤维介导法、真空渗入法等。

（2）将目的基因导入动物细胞　常用的方法是显微注射技术，其受体细胞多是受精卵。另外还有体细胞核移植技术、病毒载体法、转座子介导的基因转移法、RNAi 介导的基因敲除法、基因打靶技术和诱导性多潜能干细胞法等。

（3）将目的基因导入微生物细胞　最常用的微生物细胞是原核细胞大肠杆菌，先用 Ca^{2+} 处理细胞，使其成为感受态细胞，再将重组表达载体 DNA 分子溶于缓冲液中与感受态细胞混合，在一定的温度下感受态细胞吸收 DNA 分子，完成转化过程。

4. 目的基因细胞筛选

重组细胞导入受体细胞后，依据标记基因是否表达筛选含有基因表达载体的受体细胞。

5. 目的基因的检测和表达

目的基因被成功地转化并整合到受体细胞本身不能保证基因在新的遗传环境中能得到准确的表达，必须进行测试以确定是否存在表达。

（1）首先采用 DNA 分子杂交技术检测转基因生物的染色体 DNA 上是否插入了目的基因。

（2）其次采用标记的目的基因作探针与 mRNA 杂交，检测目的基因是否转录出了 mRNA。

（3）最后从转基因生物中提取蛋白质，用相应的抗体进行抗原-抗体杂交，检测目的基因是否翻译成蛋白质。

（4）有时还需进行个体生物学水平的鉴定。如转基因抗虫植物是否出现抗虫性状。

如果转基因后代分离比例不符合孟德尔遗传规律，转入的外源基因有可能干扰了内源基因的表达，也可能是在受体基因组中的不同位点整合了两个或更多个转基因拷贝。

（三）调控元件

1. 顺式作用元件

在分子遗传学领域，相对同一染色体或 DNA 分子而言为"顺式"（*cis*）；对不同染色体或 DNA 分子而言为"反式"（*trans*）。

顺式作用元件（*cis*-acting element）是基因旁侧与结构基因串联的特定 DNA 序列，通过与转录因子结合而调控基因转录的精确起始和转录效率。顺式作用元件本身不编码任何蛋白质，仅仅提供一个作用位点，与反式作用因子相互作用，参与基因表达的调控。

按功能特性顺式作用元件分为通用调节元件如启动子、增强子及沉默子和专一性元件如激素反应元件、cAMP 反应元件；确定顺式作用元件的试验方法主要有 DNA 结构分析、序列分析和基因删除或替换等，软件预测是确定顺式作用元件的另一种方法，但不同软件预测结果差异较大，将试验方法与软件预测相结合能够提高顺式作用元件预测的准确性。

（1）启动子　启动子是 RNA 聚合酶结合位点周围的一组转录控制组件。真核生物启动子包括至少一个转录起始点以及一个以上的机能组件，每一组件含 7～20bp 的 DNA 序列。在这些机能组件中最具典型意义的是位于转录起始点上游−25～−30bp 的 TATA 盒，它的共有序列是 TATAAAA，是基本转录因子 TFⅡD 结合位点，控制转录起始的准确性及频率。TATA 盒及转录起始点即可构成最简单的启动子。

除 TATA 盒外，GC 盒（GGGCGG）和 CAAT 盒（GCCAAT）也是很多基因常见的，它们通常位于转录起始点上游−30～−110bp 区域。此外，还发现很多其他类型的机能组件，如 ATF 结合位点、特殊启动子成分如淋巴细胞中的 Oct（octamer）和 κB。这些元件都为不同的转录因子及蛋白质识别和结合位点，来调节基因转录。

（2）增强子　增强子是远离转录起始点，决定基因表达的时间、空间特异性，增强启动子转录活性的 DNA 序列（图 8-2）。增强子最早是在 SV40 病毒中发现的长约 200bp 的一段 DNA，可使旁侧的基因转录效率提高 100 倍，其后在多种真核生物，甚至在原核生物中都发现了增强子。增强子可能提供转录因子进入启动子区的位点，改变染色质的构象，促进 B-DNA 到 Z-DNA 的构象变化，从而增强启动子转录活性。

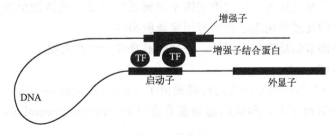

图 8-2　增强子

增强子的特点如下：

① 增强子的长度通常为 100～200bp，大多为重复序列，一般长约 50bp，和启动子一样由若干组件构成，基本核心组件常为 8～12bp，可以单拷贝或多拷贝串联形式存在，内部常含有一个核心序列，即（G）TGGA/TA/TA/T（G），能与某些蛋白质因子结合，增强转

录效应。

②增强子可远距离提高同一条 DNA 链上的基因转录效率，通常距离 1～4kb，个别情况下离开所调控的基因 30kb 仍能发挥作用，而且在基因的上游或下游都能起作用，与其序列的正反方向无关，将增强子方向倒置依然能起作用。而将启动子倒置就不能起作用。

③增强子要有启动子才能发挥作用，没有启动子存在，增强子不能表现其活性。但增强子对启动子没有严格的专一性，同一增强子可以影响不同类型启动子的转录。

④增强子必须与特定的蛋白质因子结合后才能增强基因转录。增强子一般具有组织或细胞特异性，许多增强子只在某些细胞或组织中表现活性，是由这些细胞或组织中具有的特异性蛋白质因子所决定的。例如，人类胰岛素基因 5′端上游约 250 个核苷酸处有一组织特异性增强子。在胰岛素 β 细胞中有一种特异性蛋白质因子，可以与这个增强子结合，增强胰岛素基因的转录。在其他组织细胞中没有这种蛋白质因子，这就是为什么胰岛素基因只有在胰岛素 β 细胞中才能表达的原因。

⑤增强子的功能是可以累加的。SV40 增强子序列可以被分为两半，每一半序列本身作为增强子功能很弱，但合在一起，即使其中间插入一些别的序列，仍然是一个有效的增强子。对 SV40 增强子而言，没有任何单个的突变可以使其活力降低 10 倍。因此，要使一个增强子失活必须在多个位点上造成突变。

⑥增强效应十分明显，一般能使基因转录频率增加 10～200 倍。经人巨大细胞病毒增强子增强后的珠蛋白基因表达频率比该基因正常转录高 600～1000 倍。

⑦许多增强子还受外部信号的调控，如金属硫蛋白的基因启动区上游所带的增强子，就可以对环境中的锌、镉浓度做出反应。

(3) 沉默子　某些基因含有的一种负调节元件，当其与特异蛋白因子结合时，对基因转录起阻遏作用，称为沉默子。有些 DNA 序列既可作为正性又可作为负性调节元件发挥顺式调节作用，这取决于不同类型细胞中 DNA 结合因子的性质。

2. 反式作用因子

反式作用因子是指和顺式作用元件结合的可扩散性蛋白，包括基础因子、上游因子、诱导因子。真核生物的转录调控是最重要的调控途径之一，大多是通过顺式作用元件和反式作用因子复杂的相互作用而实现的。编码反式作用因子的基因与靶序列（基因）不在同一染色体上。反式作用因子有两个重要的功能结构域：DNA 结合结构域和转录活化结构域，它们是其转录调控功能的必需结构。反式作用因子可被诱导合成，其活性也受多种因素的调节。同一类序列特异性的反式作用因子由多基因家族所编码。

参与转录水平调节的反式作用因子，按功能通常可分为四大类：

(1) RNA 聚合酶。

(2) 和 RNA 聚合酶相联系的普遍性转录因子（general transcription factor，GTF）。它们结合在靶基因的启动子上，形成前起始复合物（pre-initiationcomplex，PIC），启动基因的转录。

(3) 特异性转录因子［gene-specific（DNA-binding）regulatory factor］（如激活因子和抑制因子），一类与靶基因启动子和增强子或沉默子特异结合的转录因子，具有细胞及基因特异性，可以增强或抑制靶基因的转录。

(4) 协调因子（coregulatory factor），可以改变局部染色质的构象（如组蛋白酰基转移酶和甲基转移酶），对基因转录的起始具有推动作用，或者直接在转录因子和前起始复合物之间发挥桥梁作用［如中介因子（mediator）］，推动前起始复合物（PIC）形成。

参与转录水平调节的反式作用因子，按分子结构通常可分为五类：

（1）螺旋-转角-螺旋（Helix-turn-helix） 有 2 个螺旋由一个转角链接。螺旋 1 和蛋白质结合，螺旋 2 一般与大沟识别并和 DNA 结合。

（2）锌指结构 由一小组保守的氨基酸和锌离子结合形成了相对独立的蛋白质功能结构域，像一根根手指伸向 DNA 的大沟。两种类型的 DNA 结合蛋白——锌指蛋白、甾类受体具有这种结构。

（3）亮氨酸拉链（leucine zipper） 亮氨酸拉链是一种富含亮氨酸的蛋白链形成的二聚体，一个亲水的 α-螺旋在其表面的一侧有疏水基团（包括亮氨酸），另一侧表面带有电荷。

（4）螺旋-环-螺旋（basic helix-loop-helix，HLH） 一个 HLH 结构是由一个短的 α-螺旋通过一个环与另一个长的 α-螺旋组成的。

（5）同源异型结构域（homeodomain，HD） 同源异型盒（homeobox）是一种编码 60aa 的序列，长 180bp，几乎存在于所有真核生物中。

（四）标记基因和报告基因

标记基因通常用来检验重组 DNA 载体是否转化成功，或者检测目的基因在受体细胞或组织中的定位。常用的标记基因是一些抗生素抗性基因，如具有氨苄抗性基因（标记基因）的质粒与外源 DNA 片段组合形成重组质粒，并被转入受体细胞后，就可以根据受体细胞是否具有氨苄抗性来判断受体细胞是否获得了目的基因。当用选择培养基（含有氨苄的培养基）来培养受体细胞时，能够在培养基中存活的受体细胞就可以认为是成功地导入了外源 DNA。

报告基因是已被克隆和全序列已测定，其表达产物容易被发现并能定量测定，受体细胞不存在与其相同和相似的表达产物，即无背景。目前常用的报告基因有氯霉素乙酰转移酶基因（cat）、荧光素酶基因（luc）、β-葡糖醛酸糖苷酶基因（gus）、分泌型碱性磷酸酶基因（seap）、绿色荧光蛋白基因（gfp）等。

绿色荧光蛋白来源于海洋生物水母，其基因开放阅读框长约 740bp，编码 238 个氨基酸残基，其肽链内部第 65～67 位丝氨酸-脱氢酪氨酸-甘氨酸通过自身环化和氧化形成一个发色基团，在长紫外波长或蓝光照射下可产生绿色荧光，在荧光显微镜或流式细胞仪（FACS）中直接观察其转染后的细胞的基因表达。

二、转基因成分定性检测方法

（一）生物化学测定法

生物化学测定法是应用凝胶电泳等技术，分离转基因蛋白质，使其发生酶反应，观察蛋白质的直观表现，对蛋白质氨基酸特性与相应的对照进行对比分析，进而确定是否含有目的蛋白。

（二）蛋白质分析法

蛋白质分析法又称免疫分析法，是检测转基因蛋白质最常用的方法。该法利用抗体与抗原的特异性结合来检测外源蛋白的存在，主要分为酶联免疫分析法和蛋白质印迹（Western blotting）杂交法两种。

1. 酶联免疫吸附测定法

酶联免疫吸附测定（ELISA）法是利用抗原抗体反应，对样品中的蛋白质进行定性或定量检测。王新桐等采用双抗体夹心酶联免疫吸附法定量检测转基因棉花中新霉素磷酸转移酶（NPT）基因，结果表明该方法具有良好的应用价值和应用前景。刘志浩等采用双抗体夹心酶联免疫吸附法定量检测转基因玉米中膦丝菌素乙酰转移酶（PAT）基因，结果表明该方法对转基因玉米中的 PAT 蛋白能够进行准确、特异和有效的检测。

2. 蛋白质印迹杂交法

利用 Western Blot 分子杂交技术可以检测转基因特异蛋白质是否表达以及表达水平，特别适合不溶性蛋白质的检测和分析。杨烁等采用 Western Blot 分子杂交技术对转基因水稻中的 HPT 蛋白质进行分析，结果表明只需要单粒种子的 1/10 就可以确定是否含有 HPT 蛋白质成分。由于蛋白质在深加工过程中容易失去抗原性，此项技术不适合深加工转基因产品的检测。

（三）PCR 测定法

PCR 检测技术是一种灵敏度高、技术较成熟的转基因成分检测方法。根据特异性的不同可把它分为筛查法、目的基因特异性、构造特异性和事件特异性 4 种方法。检测的主要基因包括调控基因、标记基因和目的基因，其中调控基因包括启动子和终止子。常用的启动子是花椰菜花叶病毒 CaMV 33S，终止子是胭脂碱合成酶 NOS，标记基因有抗草丁膦基因、抗卡那霉素基因、抗新霉素基因、抗潮霉素基因。转入多个目标基因，需要用多重 PCR 技术进行检测，这不但能提高检测效率，而且能够有效地防止假阳性。在烟叶、甘蔗、大豆、玉米、柑橘和棉花上都成功地检测到转基因成分。

1. 检测类型

根据检测策略 PCR 检测法可分为通用元件筛选 PCR 检测、基因特异性 PCR 检测、构建特异性 PCR 检测和品系特异性 PCR 检测四类（见图 8-3 和图 8-4）。

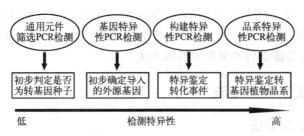

图 8-3　PCR 检测方法类型

（1）通用元件筛选 PCR 检测　主要以转基因产品的通用元件和标记基因为特异性扩增片段，例如 CaMV 35S 启动子、NOS 终止子等通用元件以及 *NPT* Ⅱ、*Hpt*、*GUS* 等标记基因。由于相同的通用元件和标记基因经常被用于多种转基因产品的研究与生产中，因此该法只能用于转基因产品检测的初步筛选。至于导入了何种基因，还需作进一步的鉴定。

（2）基因特异性 PCR 检测　以插入外源基因的特异性 DNA 片段作为目的检测片段。目前商业化种植的转基因产品的外源目的基因基本都已建立了这种检测方法。但是，该法不能特异性地区分具有相同农艺性状的转基因植物及其品系。

（3）构建特异性 PCR 检测　该法以外源插入载体中两个元件连接区的 DNA 序列为检测目标，具有相对较高的特异性，目前商业化种植的各种转基因植物基本都已建立这种检测方法。但是由于转基因外源表达载体可能以一个、两个或者多个拷贝的形式插入到不同或者相同的植物基因组中，从而形成具有相同农艺性状的不同转基因品系，因此构建特异性检测方法不能特异性地区分具有相同农艺性状的转基因植物和不同培育品系。

（4）品系特异性 PCR 检测　品系特异性 PCR 检测以外源插入载体与植物基因组的连接区序列为检测目标。由于每一个转基因植物品系都具有特异的外源插入载体与植物基因组的连接区序列，并且连接区序列是单拷贝的，所以品系特异性检测方法具有非常高的特异性和准确性。

PCR 检测方法特点如图 8-4 所示。

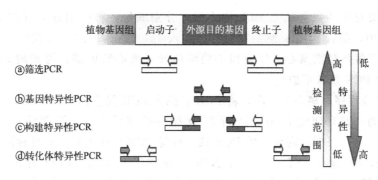

图 8-4　PCR 检测方法特点

2. 转基因检测程序

（1）DNA 的提取。

（2）PCR 扩增

① 引物的选择　引物的选择见表 8-5，用 TE 缓冲液（pH8.0）或双蒸水将引物稀释到 $10\mu mol/L$。

表 8-5　引物的选择

检测基因	引物	引物序列(5'—3')	PCR 产物大小/bp
SPS	Primer1	SPS-F1：TTGCGCCTGAACGGATAT	277
	Primer2	SPS-R1：GGAGAAGCACTGGACGAGG	
CaMV 35S	Primer1	35S-F1：GCTCCTACAAATGCCATCATTGC	195
	Primer2	35S-R1：GATAGTGGGATTGTGCGTCATCCC	
NOS	Primer1	NOS-F1：GAATCCTGTTGCCGGTCTTG	180
	Primer2	NOS-R1：TTATCCTAGTTTGCGCGCTA	
Bt	Primer1	Bt-F1：GAAGGTTTGAGCAATCTCTAC	301
	Primer2	Bt-R1：CGATCAGCCTAGTAAGGTCGT	

② 对照设置　在试样 PCR 反应的同时，应设置阴性对照、阳性对照和空白对照。

阴性对照：用非转基因玉米材料中提取的 DNA 作为 PCR 反应体系的模板；

阳性对照：用转 Bt 基因玉米含量为 1% 的玉米 DNA 作为 PCR 反应体系的模板；

空白对照：用无菌重蒸水作为 PCR 反应体系的模板。

③ 反应体系制备　一组样品（包括样品/阳性/阴性/空白对照）的体系要一起制备，每

个试样 2 次重复。取 1.5mL 离心管，按照表 8-6 的顺序依次加入试剂。在配制反应体系时所有的试剂都应置于冰上，用移液器轻轻混合反应体系并轻微离心。

表 8-6　PCR 反应体系（不包含模板 DNA）

试剂	终浓度	单样品体积	10 倍样品体积
ddH$_2$O		14.375μL	143.75μL
10×PCR 缓冲液	1×	2.5μL	25μL
25mmol/L MgCl$_2$	2.5mmol/L	2.5μL	25μL
dNTPs	0.2mmol/L	2μL	20μL
10μmol/L Primer 1	0.5μmol/L	1.25μL	12.5μL
10μmol/L Primer 2	0.5μmol/L	1.25μL	12.5μL
5U/μL *Taq* 酶	0.025U/μL	0.125μL	1.25μL
总体积		24μL	240μL

注：PCR 缓冲液中有 Mg^{2+} 的，不应再加 MgCl$_2$。

根据需扩增的样品数量取 0.2mL 离心管，分别编号，将配制好的反应混合物分装在 0.2mL 离心管中，每管 24μL；然后在每管中加入 1μL 25ng/μL DNA 模板，盖上盖子，弹去气泡，轻轻振荡并轻微离心，短暂离心使液体置于离心管底部，再加约 50μL 液状石蜡（有热盖设备的 PCR 仪可不加）。

④ PCR 反应程序　离心 10s 后，将 PCR 管插入 PCR 仪中。

反应程序为：95℃变性 5min；进行 35 次循环扩增反应（94℃变性 1min，56℃退火 30s，72℃延伸 30s。根据不同型号的 PCR 仪，可将 PCR 反应的退火和延伸时间适当延长）；72℃延伸 7min；4℃保存（*SPS*、*35S*、*NOS*、*Bt* 均使用相同的反应程序）。

反应结束后取出 PCR 反应管，加入约 3μL 的加样缓冲液，混匀备用。

（3）琼脂糖凝胶电泳　根据琼脂糖溶解温度，把琼脂糖分为一般琼脂糖和低熔点琼脂糖。低熔点琼脂糖熔点为 62～65℃，溶解后在 37℃下维持液体状态约数小时，主要用于 DNA 片段的回收、质粒与外源性 DNA 的快速连接等。

琼脂糖凝胶浓度选择按表 8-7 进行。

表 8-7　琼脂糖凝胶的浓度与 DNA 分离范围

琼脂糖浓度/%	线性 DNA 分子的分离范围/kb	琼脂糖浓度/%	线性 DNA 分子的分离范围/kb
0.3	5～60	1.2	0.9～6
0.6	1～20	1.5	0.2～3
0.7	0.8～10	2.0	0.1～2
0.9	0.5～7		

常用电泳缓冲液是 Tris-硼酸（TBE）、Tris-乙酸（TAE）、Tris-磷酸（TPE）三种。TBE 与 TPE 缓冲容量高，DNA 分离效果好，但 TPE 在 DNA 片段回收时含磷酸盐浓度高，容易使 DNA 沉淀。TAE 缓冲容量低，但价格较便宜，因而推荐选用 TAE。缓冲液中的 EDTA 可螯合二价阳离子，从而抑制 DNA 酶的活性，防止 PCR 扩增产物降解。

上样缓冲液（loading buffer）一般由水、蔗糖和染料（例如：二甲苯胺、溴酚蓝、溴甲酚绿等）组成。DNA 样品首先要与上样缓冲液混合，才能加入凝胶中电泳。DNA 样品的最大上样量根据片段的数量而定。在 0.5cm 宽的条带中，能被凝胶成像仪检测到的溴化乙锭染色的 DNA 最小量约为 2ng。如果含有超过 500ng 的 DNA，导致拖尾。

上样缓冲液增加样品的密度保证 DNA 均匀加入到点样孔中；使样品着色，以简化点样过程；在样品中加入染料，能使其在电场中以可预见的速率移动。

常用琼脂糖电泳的染色剂溴化乙锭（EB）是一种荧光染料，EB分子可嵌入核酸双链的碱基对之间，在紫外线激发下，发出红色荧光，是极强的诱变剂/致癌物质，有慢性毒性。在操作时必须戴手套。

为了判断DNA分子大小，电泳时需要同时加入DNA分子量标准。DNA分子量标准应能覆盖所测DNA片段的预期大小。

PCR产物电泳检测操作步骤如下：

① 制胶　将适量的琼脂糖加入$1 \times$TAE缓冲液中，加热溶解，配制成浓度为2.0%（w/V）的琼脂糖溶液，然后按每100mL琼脂糖溶液中加入5μL EB溶液的比例加入EB溶液，混匀，稍冷却后，将其倒入电泳板上（防漏胶），插上梳板，室温下凝固成凝胶后，放入$1 \times$TAE缓冲液中，轻轻垂直向上拔去梳板（如样品孔内有气泡，应除去）。

② 点样　吸取10μL PCR产物加入点样孔中，在其中一个点样孔中加入DNA分子量标准；在点试样的同时，应点阴性对照、阳性对照和空白对照。

③ 电泳　接通电源，在5V/cm（长度以两个电极之间的距离计算）条件下电泳30～40min。切记DNA样品由负极往正极泳动（靠近加样孔的一端为负）！

如表8-8所示是三种电泳检测的区别。

表8-8　三种电泳检测的区别

检测目的	检测对象	电泳方法	电泳仪	电泳槽	染色方法
室内纯度	蛋白质	非变性聚丙烯酰胺凝胶电泳（胶厚度0.5cm左右）	基础电泳仪（100V左右）	垂直小板电泳槽	考马斯亮蓝染色法
真实性	DNA	变性聚丙烯酰胺凝胶电泳（胶厚度0.04cm左右）	高压电泳仪（2000V左右）	垂直测序电泳槽（大板）	硝酸银染色法
转基因	DNA	琼脂糖凝胶电泳（胶厚度0.3～0.5cm）	基础电泳仪（100V左右）	水平电泳槽	核酸染色剂（EB等）显色

（4）结果分析　如果阳性对照的PCR反应中，玉米内标准ZSSⅡB基因、CaMV 35S启动子和/或NOS终止子和Bt基因得到了扩增，且扩增片段大小与预期片段大小一致，而在阴性对照中仅扩增出SPS基因片段，空白对照中没有任何扩增片段，表明PCR反应体系正常工作。否则，表明PCR反应体系不正常，需要查找原因重新检测。

在PCR反应体系正常工作的前提下，检测结果通常有以下几种情况：

在试样PCR反应中，内标准ZSSⅡB基因和Bt基因均得到了扩增，且扩增出的DNA片段大小与预期片段大小一致，无论CaMV 35S启动子和/或NOS终止子是否得到扩增，表明样品检出Bt基因。

在试样PCR反应中，内标准ZSSⅡB基因、CaMV 35S启动子和/或NOS终止子得到了扩增，且扩增片段大小与预期片段大小一致，但Bt基因没有得到扩增，或扩增出的DNA片段与预期大小不一致，表明样品检出CaMV 35S启动子和/或NOS终止子，未检出Bt基因。

在试样的PCR反应中，内标准ZSSⅡB基因片段得到扩增，且扩增片段大小与预期片段大小一致，Bt基因、CaMV 35S启动子和NOS终止子没有得到扩增，表明样品未检出Bt基因。

参 考 文 献

[1] 李志红，杨汉春．动植物检疫概论［M］．2 版．北京：中国农业大学出版社，2021.

[2] 吴晖．动植物检验检疫学［M］．北京：中国轻工业出版社，2008.

[3] 余以刚，陈永红．动植物检验检疫学［M］．2 版．北京：中国轻工业出版社，2017.

[4] 鞠兴荣．动植物检验检疫学［M］．北京：中国轻工业出版社，2018.

[5] 马贵平．进出境动物检疫手册［M］．北京：中国农业大学出版社，1992.

[6] 《中华人民共和国进出境动植物检疫法》．1991.

[7] 《中华人民共和国进出境动植物检疫法实施条例》．1996.

[8] 高启兴，朱莉，苏明明．动物检疫方法分析［J］．畜牧兽医科学（电子版），2017（02）：67.

[9] 徐梅，黄蓬英，安榆林，等．检疫性有害生物——南洋臀纹粉蚧［J］．植物检疫，2008，22（2）：100-102.

[10] 李新芳，周贤．检疫性害虫——玫瑰短喙象［J］．植物检疫，2011，25（4）：54-57.

[11] 邹费伦．动物检疫存在的问题及对策［J］．中国动物保健，2017（02）.

[12] 冯霞．动物检疫常见问题及改进对策分析［J］．中国畜牧兽医文摘，2017（02）.

[13] 张国香．动物检疫常见问题及改进对策分析［J］．中国畜牧兽医文摘，2017（02）.

[14] 苟辅成．乡镇动物检疫存在的问题及对策［J］．畜牧兽医科技信息，2017（05）.

[15] 李江虹，马骏．关于我国植物检疫性有害生物分子鉴定标准化的思考［J］．标准科学，2009（5）：25-28.

[16] 地力达·加拿提克．基层动物检疫存在问题及解决方案分析［J］．中国畜牧兽医文摘，2016（01）.

[17] 和春花．动物检疫措施［J］．中国畜牧兽医文摘，2016，（01）.

[18] Notomi T，Okayama H，Masubuchi H，et al. Loop-mediated isothermal amplification of DNA［J］．Nucleic Acids Research，2000，28：63.

[19] Mori Y，Nagamine K，Tmita N，et al. Detection of Loop-mediated isothermal amplification reaction by turbidity derived from magnesium pyrophosphate formation［J］．Bioch and Bioph Res Com，2001，289：150-154.

[20] 周广青，常惠芸，邵军军．环介导等温基因扩增技术及其在病毒检测中的应用［J］．生物技术通讯，2008，19（2）：290-292.

[21] 岳志芹，梁成珠，吕朋，等．LAMP 技术及其在水生动物疫病诊断中的应用［J］．检验检疫学，2006，16（5）：70-74.

[22] Nagamine K，Watanage K，Ohtsuka K，et al. Loop-mediated isothermal amplification reaction using a nondenatured template［J］．Clin Chem，2001，47：1742-1743.

[23] Maruyama F，Kenzaka T，Yamaguchi N，et al. Detection of bacteria carrying the stx 2 gene by in situ loop-mediated isothermal amplification［J］．Appl Environ Microbiol，2003，69（8）：5023-5028.

[24] 《中国出入境检验检疫指南》编委会．中国出入境检验检疫指南［M］．北京：中国检察出版社，2000.

[25] Kayoko O，Keiko Y，Kosuke T，et al. Detection of salmonella enteric in naturally contaminated liquid eggs by loop-Mediated isothermal amplification and characterization of salmonella isolates［J］．Applied and Environmental Microbiology，2005，11（71）：6730-6735.

[26] 朱胜梅，吴佳佳，徐驰，等．环介导等温扩增技术快速检测沙门菌［J］．现代食品科技，2008，24（7）：725-730.

[27] Han F，Ge B L. Evaluation of a loop-mediated isothermal amplification assay for detecting Vireo vulnificus in raw oysters［J］．Food borne Pathogens and Disease，2008，5（3）：311-320.

[28] 徐芊，孙晓红，赵勇，等．副溶血弧菌 LAMP 检测方法的建立［J］．中国生物工程杂志，2007，27（12）：66-72.

[29] Seki M，Yamashita Y，Torigoe E H，et al. Loop-Mediated Isothermal Amplification method targeting the lytA gene for detection of streptococcus pneumoniae［J］．J Clin Microbiol，2005，43（4）：1581-1586.

[30] 申建维，王旭，范希明，等．多重分子信标环介导等温扩增快速检测耐甲氧西林金黄色葡萄球菌［J］．中华医院感染学杂志，2006，16（7）：729-733.

[31] Horisaka T，Fujita K，Iwata T，et al. Sensitive and specific detection yersinia pseudotuberculosis by Loop-Mediated Isothermal Amplification［J］．J Clin Microbiol，2004，42（11）：5349-5352.

[32] Yoshikawa T，Ihira M，Akimoto S，et al. Detection of Human Herpes virus 7 DNA by Loop-Mediated Isotherm al

Amplification [J] . Journal of Clinical Microbiology, 2004，42（3）：1348-1352.

[33] Ihira M，Yoshikawa T，Enomoto Y，et al. Rapid diagnosis of Human Herpes virus 6 Infection by a Novel DNA Amplification Method. Loop-Mediated Isothermal Amplification [J] . Journal of Clinical Microbiology, 2004，42（1）：140-145.

[34] Enomoto Y，Yoshikawa T，Ihira M，et al. Rapid diagnosis of herpes simplex virus infection by a loop-mediated iso-thermal amplification method [J] . Clin Microbiol，2005，43（2）：951-955.

[35] 江彦增，朱鸿飞. 非洲猪瘟病毒环介导等温扩增快速检测方法的建立 [J] . 中国畜牧兽医，2009，36（2）：72-74.

[36] En F X，Wei X，Jian L，et al. Loop-mediated isothermal amplification establishment for detection of pseudo rabies virus [J] . Virological Methods，2008，151（1）：35-39.

[37] Kono T，Savan R，Sakai M，et al. Detection of white spot Microbiology syndrome virus in shrimp by loop-mediated isothermal amplification [J] . Journal of Virological Methods，2004，115（1）：59-65.

[38] Gunimaladevi I，Kono T，Venugopal M，et al. Detection of koi herpesvirus in common carp, Cyprinus carpio L by loop-mediated isothermal amplification [J] . Journal of Fish Diseases，2004，27（10）：583-589.

[39] Fukuta S，Kato S，Yoshida K，et al. Detection of tomato yellow leaf curl virus by loop-mediated isothermal amplific-ation reaction [J] . Virol Methods，2003，112（1-2）：35-40.

[40] Imai M，Ninomiya A，Minekawa H，et al. Development of H5RT-LAMP (loop-mediated isothermal amplification) system for rapid diagnosis of H5 avian influenza virus infection [J] . Vaccine，2006，24（44）：6679-6682.

[41] Imai M，Ninomiya A，Minekawa H，et al. Rapid diagnosis of H5N1 avian influenza virus infection by newly devel-oped influenza H5 hemagglutinin gene specific loop-mediated isothermal amplification method [J] . J Virol Methods，2007，141（2）：173-180.

[42] 李启明，侯云德. 逆转录环介导等温核酸扩增技术（RT-LAMP）在 H5N1 禽流感病毒基因检测中的应用 [J] . 病毒学报，2008，24（3）：178-207.

[43] Thai H T C，Le M Q，Vuong C D，et al. Development and evaluation of a novel loop-mediated isothermal amplifica-tion method for rapid detection of severe acute respiratory syndrome corona virus [J] . J Clin Microbiol，2004，42（5）：1956-1961.

[44] Gunimaladevi I，Kono T，LaPatra S E，et al. A loop mediated isothermal amplification（LAMP）method for detec-tion of infectious hematopoietic necrosis virus（IHNV）in rainbow trout [J] . Arch Virol，2005，150（5）：899-909.

[45] Parida M，Horioke K，Ishida H，et al. Rapid Detection and Differentiation of Dengue Virus Serotypes by a Real-Time Reverse Transcription Loop-Mediated Isothermal Amplification Assay [J] . Journal of Clinical Microbiology，2005，43（6）：2895-2903.

[46] Kurostki Y，Takada A，Ebihara H，et al. Rapid and simple detection of Ebola virus by reverse transcription-loop-mediated isothermal amplification [J] . Journal of Virological Methods，2007，141（1）：78-83.

[47] Toriniwa H，Komiya T. Rapid detection and quantification of Japanese Encephalitis Virus real-time reverse transcrip-tion loop-mediated isothermal amplification [J] . Microbiol Immunol，2006，50（5）：379-387.

[48] Fukuda S，Takao S，Kuwayama M，et al. Rapid Detection of Norovirus from Fecal Specimens by Real-Time Reverse Transcription Loop Mediated Isothermal Amplification Assay [J] . Journal of Clinical Microbiology，2006，44（4）：1376-1381.

[49] Li Q，Xue C，Qin J，et al. An improved reverse transcription loop-mediated isothermal amplification assay for sensi-tive and specific detection of Newcastle disease virus [J] . Arch Virol，2009，154（9）：1433-1440.

[50] Kuboki N，Tnoue N，Sakurai T，et al. Loop-mediated isothermal amplification for detection of African trypanosome [J] . J Clin Microbiol，2003，41（12）：5517-5524.

[51] Poon L，Wong B W，Ma E H，et al. Sensitive and inexpensive molecular test for falciparum malaria：detecting Plas-modium falciparum DNA directly from heat-treated blood by Loop-mediated isothermalamplification [J] . Clin Chem，2006，52（2）：303-306.

[52] Iseki H，Alhassan A，Ohta N，et al. Development of a multiplex loop-mediated isothermal amplification (mLAMP) method for the simultaneous detection of bovine Babesia parasites [J] . Microbiol Methods，2007，71（3）：281-287.

[53] 杨秋林，许丽芳，张愉快，等. 环介导等温扩增技术检测日本血吸虫尾蚴的实验研究 [J] . 中国血吸虫病防治杂

志，2008，20（3）：209-211.

［54］ Karanis P，Thekisoe O，Kiouptsi K，et al. Development and preliminary evaluation of a loop-mediated isothermal amplification procedure for sensitive detection of *Cryptosporidium oocysts* in fecal and water samples［J］. Appl Environ Microbiol，2007，73（17）：5660-5662.

［55］ Endo S，Komori T，Ricci G，et al. Detection of gp43 of Paracoccidioides brasiliensis by the loop-mediated isothermal amplification（LAMP）method［J］. FEMS Microbiol Lett，2004，234（1）：93-97.

［56］ Saito R，Misawa Y，Moriya K，et al. Development and evaluation of a loop-mediated isothermal amplification assay for rapid detection of Mycoplasma pneumoniae［J］. J Med Microbiol，2005，54（11）：1037-1041.

［57］ Irayama H，Kageyama S，Moriyasu S，et al. Rapid sexing of bovine preimplantation embryos using loop-mediated isothermal amplification［J］. Theriogenology，2004，62（5）：887-896.

［58］ 罗应荣，黄河，李鑫，等. 奶牛胚胎性别控制技术的试验研究进展［J］. 中国畜牧兽医，2005（6）：32-35.

［59］ 吴阳升. PCR 及 LAMP 法牛胚胎性别鉴定的应用研究［D］. 乌鲁木齐：新疆农业大学，2004.

［60］ Shiro F，Yuko M，Akira I，et al. Real-time loop-mediated isothermal amplification for the CaMV-35S promoter as a screening method for genetically modified organisms［J］. Eur Food Res Technol，2004，218（5）：496-500.

［61］ 兰青阔，王永，赵新，等. LAMP 在检测转基因抗草甘膦大豆 cp4-epsps 基因上的应用［J］. 安徽农业科学，2008，36（24）：10377-10378，10390.

［62］ 刘彩霞，梁成珠，徐彪，等. 抗草甘膦转基因大豆及加工品 LAMP 检测研究［J］. 大豆科学，2009，28（2）：305-309.

［63］ 徐凌，殷建华，朱秀，等. 胃癌相关基因 Serpine1 的 RT-LAMP 快速检测法［J］. 安徽医科大学学报，2007，42（6）：695-697.

［64］ 李明远，徐志凯，江立芳等. 医学微生物学. 北京：人民卫生出版社，2015：244-252.

［65］ 宝福凯，柳爱华. 立克次体目微生物的系统分类进展［J］. 中国人兽共患病学报，2007（12）：1262-1264.

［66］ 张振兴，李玉峰. 巴尔通体病研究进展［J］. 畜牧与兽医，2012，44（11）：91-95.

［67］ 马建山，杨作丰，董娜，王强. 猫抓热研究进展［J］. 现代畜牧兽医，2012（08）：33-36.

［68］ 宋贺超，齐文杰. 立克次体病的诊治方法进展［J］. 临床和实验医学杂志，2014，13（20）：1738-1741.

［69］ 张骁鹏，李炘榴，郑波，胡晓梅. 立克次体与立克次体病的检测与鉴定［J］. 微生物与感染，2015，10（03）：194-198.

［70］ 范明远，栾明春. 新发现的蚤传斑点热立克次体病［J］. 中国人兽共患病学报，2008，24（1）：74-77.

［71］ 叶晓东，郑寿贵，孙毅，等. 蜱传斑点热群立克次体研究进展［J］. 中国人兽共患病学报，2008，24（4）：368-371.

［72］ Zhang J Z，Fan M Y，Yu X J，et al. Phylogenetic analysis of the Chinese Rickettsia isolate BJ-90［J］. Emerg Infect Dis，2000，6（4）：432-433.

［73］ 张健之，范明远，毕德增. 斑点热群立克次体 BJ-93 株的分离和鉴定［J］. 中华微生物学和免疫学杂志，1997，17（1）：33-38.

［74］ 张丽娟，范明远. 黑龙江蜱传斑点热研究进展［J］. 中国人兽共患病杂志，2005，21（3）：250-251，201.

［75］ 赵俊伟，王环宇，王英. 中国蜱传病原体分布研究概况［J］. 中国媒介生物学及控制杂志，2012，23（5）：445-448.

［76］ 何剑峰，郑夔，黎薇，等. 广东省斑点热群立克次体自然疫源地调查［J］. 中华流行病学杂志，2003，24（8）：700-703.

［77］ 牛东升，陈香蕊. 斑点热的实验室诊断技术研究进展［J］. 传染病信息，2008，21（1）：33-36.

［78］ 唐琨，左双燕，郑元春，等. 黑龙江省旅游区蜱伯氏疏螺旋体和斑点热群立克次体复合感染的动态调查［J］. 中华流行病学杂志，2012，33（5）：508-511.

［79］ Sunyakumthorn P，Bourchookarn A，Pornwiroon W，et al. Characterization and growth of polymorphic *Rickettsia felis* in a tick cell line［J］. Appl Environ Microbiol，2008，74（10）：3151-3158.

［80］ de Sousa R，Barata C，Vitorino L，et al. Rickettsia sibirica isolation from a patient and detection in ticks，Portugal［J］. Emerg Infect Dis，2006，12（7）：1103-1108.

［81］ Shpynov S N，Fournier P E，Rudakov N V，et al. Molecular identification of a collection of spotted fever group rickettsiae obtained from patients and ticks from Russia［J］. Am J Trop Med Hyg，2006，74（3）：440-443.

［82］ 田丽丽，王小梅，任海林，等. 2005－2010 年北京市立克次体病流行病学特征分析［J］. 中华预防医学杂志，

2012，46（1）：82-83.

[83]　宁宜宝．动物支原体病预防与控制的研究进展［J］．中国兽医杂志，1999，33（1）：45-48.

[84]　毕丁仁，王桂枝编著．动物霉形体及研究方法［M］．北京：中国农业出版社，1998：118-171.

[85]　Elmiro R N, Richard Y, Kevin R H, et al. Polymerase chain reaction for detection of *Mycoplasma gallisepticum*
　　　　［J］. Avian Diseases, 1991, 35：62-29.

[86]　林居纯．氟喹诺酮类药物耐药性检测基因芯片的研究［D］．广州：华南农业大学，2005：34-36.

[87]　吴清民，杨秀玉，沈志强，等．鸡毒支原体的分离鉴定和最低抑菌浓度测定［J］．中国预防兽医学报，2003，25
　　　　（4）：309-312.

[88]　张道永，王文贵，林毅，等．四川地区鸡毒支原体的分离鉴定及血清学定型［J］．中国预防兽医学报，1999，21
　　　　（2）：93-95.

[89]　Kiss I, Matiz K, Kaszanyitzky E, et al. Detection and identification of avian mycoplasma by polymerase chain reac-
　　　　tion and restriction fragment length polymorphism assay［J］. Veterinary Microbiology, 1997, 58（1）：23-30.

[90]　Mekkes D R, Feberwee A. Real- time polymerase chain reaction for the qualitative and quantitative detection of My-
　　　　coplasma gallisepticum［J］. Avian Pathology , 2005，34（4）：348-354.

[91]　De Ley P, De Ley I T, Morris K, et al. An integrated approach to fast and informative morphological vouchering of
　　　　nematodes for applications in molecular barcoding［J］. Phil Trans R Soc B, 2005, 360：1945-1958.

[92]　Bhadury P, Austen M C, Bilton D T, et al. Development and evaluation of a DNA barcoding approach for the rapid
　　　　identification of nematodes［J］. Mar Ecol Prog Ser, 2006, 320：1-9.

[93]　朱延书，康宁．生物技术在植物检疫检测中的应用［J］．江苏林业科技，2003（03）：42-47.

[94]　陶玲珠，杨洁磊．斑点免疫结合法对进口马铃薯脱毒组培苗的病毒检测［J］．植物检疫，1992，6（2）：1118.

[95]　胡伟贞，由雪娟．免疫电镜技术在植物病毒研究中的应用和进展［J］．植物检疫，1990，4（5）：356-359.

[96]　黄海泉．实时荧光定量 PCR 技术在植物检疫中应用的研究进展［J］．湖北农业科学，2012，1：5-8.

[97]　黄伟，杨秀娟，曹志勇，等．应用近红外光谱检测滇南小耳猪肉化学组分含量［J］．云南农业大学学报，2016，
　　　　31（2）：303-309.

[98]　张磊，岳洪水，鞠爱春，等．基于近红外光谱技术的注射用丹参多酚酸生产过程分析系统构建及相关探讨［J］．
　　　　中国中药杂志，2016，41（19）：3569-3573.

[99]　DNA 条形码：植物分类鉴别新方法．中国科技网，2012-08-21.

[100]　罗阿东，焦彦朝，曹云恒，等．转基因大豆检测技术研究进展［J］．贵州农业科学，2012，40（5）：20-22.

[101]　Holst- Jensen A, Rønning S B, Løvseth A, et al. PCR technology for screening and quantification of genetically
　　　　modified organisms（GMOs）［J］. Analytical and Bioanalytical Chemistry, 2003, 375（8）：985-993.

[102]　林 清，彭于发，吴红，等．转基因作物及产品检测技术研究进展［J］．西南农业学报，2009，22（2）：513-517.

[103]　张广远，孙红炜，李凡，等．转基因玉米 MIR162 转化事件特异性检测方法及其标准化．作物学报，2013，39
　　　　（7）：1141-1147.

[104]　郭云鹏，俞淑芳，张凤红，等．大豆中转基因成分的定性 PCR 检测［J］．中国饲料，2013（20）：40-42.

[105]　王渭霞，赖凤香，洪利英，等．转基因水稻 DNA 样品浓度以及存放条件对 PCR 定性检测的影响［J］．农业生物
　　　　技术学报，2010，18（5）：846-852.

[106]　刘易科，张菲菲，廖玉才，等．一种适合普通小麦转基因检测的内标准基因［J］．农业生物技术学报，2015，23
　　　　（5）：683-689.

[107]　魏霜，陈贞，芦春斌，等．多重 PCR 检测转基因水稻的转基因成分［J］．食品科学，2012，33（12）：159-162.

[108]　余婧，郭玉双，林世锋．等．多重 PCR 技术快速检测烤后烟叶转基因成分［J］．生物技术通报，2015，31（7）：
　　　　64-68.

[109]　张卓，许莉萍，陈平华，等．多重 PCR 快速检测甘蔗转基因成分研究［J］．热带作物学报，2014，35（5）：
　　　　897-903.

[110]　刘营，张明辉，甄贞，等．OsDREB3 大豆品系特异性巢式 PCR 及多重 PCR 检测方法的建立［J］．东北农业大
　　　　学学报，2014，45（4）：7-11.

[111]　李会，任志莹，王颖，等．多重 PCR 法快速检测转基因玉米多种转化体技术优势的比较分析［J］．江苏农业科
　　　　学，2014，42（5）57-59.

[112]　Zheng- li L I. Establishment of a multiplex PCR system for detecting transgenic ingredients from Citrus［J］. Agricultural
　　　　Science ＆ Technology, 2012, 13（5）：952- 957.

[113] 陈贞，芦春斌，杨梦婕，等．棉花中转基因成分多重 PCR 检测体系的建立［J］．中国农业大学学报，2011，16（3）：15-20.

[114] 汪秀秀，杨捷琳，宋青，等．转基因棉花 GHB119 品系特异性定量 PCR 检测方法的建立［J］．农业生物技术学报，2014，22（3）：380-388.

[115] 沈元劼，齐谢敏，刘标，等．棉花黄萎病菌实时荧光定量 PCR 检测方法的建立及应用［J］．生态学杂志，2015，34（7）：2058-2063.

[116] 仇有文，张明辉，于艳波，等．实时荧光定量 PCR 技术在转基因大豆 A5547-127 检测中的应用［J］．东北农业大学学报，2013，44（7）：6-10.

[117] 王盛，谢芝勋，谢丽基等．转基因烟草中外源基因实时荧光定量 PCR 检测方法的建立［J］．南方农业学报，2015，46（5）：745-749.

[118] Notomi T，Okayama H，Masubuchi H，et al. Loop mediated isothermal amplification of DNA［J］．Nucleic Acids Res，2000，28（12）：63.

[119] 邵碧英，陈文炳，曾莹，等．LAMP 法检测转基因大豆 A274.12 品系［J］．食品科学，2013，34（24）：202-207.

[120] 闫兴华，许文涛，商颖，等．环介导等温扩增技术（LAMP）快速检测转基因玉米 LY038［J］．农业生物技术学报，2013，21（5）：621-626.

[121] 王永，兰青阔，赵新，等．抗虫转 Bt 基因水稻外源转基因成分环介导等温扩增技术检测方法的建立及应用［J］．天津农业科学，2012，18（1）：7-10.

[122] 刘桂松，郭昊淞，潘涛，等．Vis-NIR 光谱模式识别结合 SG 平滑用于转基因甘蔗育种筛查［J］．光谱学与光谱分析，2014，34（10）：2701-2706.

[123] Farid E A. Detection of genetically modified organisms in foods［J］．Trends in Biotechnology，2002，20（5）：215-223.

[124] 闫灵．基于近红外光谱的转基因菜籽油快速鉴别机理研究［D］．重庆：西南大学，2010.

[125] 翟亚锋，苏谦，邬文锦，等．基于仿生模式识别和近红外光谱的转基因小麦快速鉴别方法［J］．光谱学与光谱分析，2010，30（4）：924-928.

[126] 吴江，黄富荣，黄才欢，等．近红外光谱结合主成分分析和 BP 神经网络的转基因大豆无损鉴别研究［J］．光谱学与光谱分析，2013，33（6）：1537-1541.

[127] 芮玉奎，黄昆仑，田慧琴，等．用近红外光谱分析转基因抗虫棉根际全氮和有机质含量［J］．光谱学与光谱分析，2007，27（1）：35-37.

[128] 唐丽娟，张亚楠，宋中邦，等．应用 FTIR 分析过量表达转基因与野生型天竺葵叶片在甲醛胁迫下的生理特性差异［J］．光谱学与光谱分析，2012，32（5）：1198-1202.

[129] 蒋雪松，许林云，卢利群，等．生物传感器在食品污染物检测中的应用研究进展［J］．食品科学，2013，34（23）：357-362.

[130] 郑德论，张锐龙，佘佐圆，等．电化学生物传感器在环境检测中的研究进展［J］．广东化工，2015，42（17）：131-132.

[131] 叶雪梅，胡佳佳，胡静．检测食品沙门氏菌的生物传感器持久性研究［J］．农业工程学报，2014，30（20）：334-338.

[132] 高学金，刘广生，程丽，等．发酵过程葡萄糖在线检测系统的研制［J］．分析化学，2012（12）：1945-1949.

[133] 王学亮，杨婕．DNA 电化学生物传感器在转基因植物特定序列基因检测中的应用［J］．理化检验，2011，7（2）：133-138.

[134] 许凯，叶尊忠，应义斌．电化学 DNA 生物传感器定量检测根癌农杆菌终止子基因片段［J］．分析化学，2008，36（8）：1113-1116.

[135] 茹柿平．检测转基因蛋白 Cry1Ab 的电化学免疫生物传感器研究［D］．杭州：浙江大学，2012.

[136] 肖守斌．运用表面等离子共振（SPR）生物传感器检测转基因玉米的研究［J］．玉米科学，2009，7（2）：38-43.

[137] 武海斌，孙红炜，李宝笃，等．转基因玉米多重 PCR-基因芯片联用的检测方法［J］．农业生物技术学报，2009，7（6）：1075-1078.